水工混凝土性能及检测

姜福田　著

黄河水利出版社
·郑州·

内 容 提 要

本书从水工混凝土的视野阐述了混凝土的性能和检测方法,是一部水工混凝土的专著。全书内容包括:绪论、水工混凝土原材料、新拌混凝土、硬化混凝土、特种混凝土、水工混凝土配合比设计、水工砂浆、水工混凝土质量检控导则、现场结构混凝土质量检测、大坝混凝土的强度溯源和全级配碾压混凝土,并附有综合思考题。

本书既有必要的理论阐述,也有实践经验的总结,可供从事水工混凝土研究、试验、质量检控和教学等工作人员阅读使用,也可作为水工混凝土工程类上岗培训人员的培训教材或参考书。

图书在版编目(CIP)数据

水工混凝土性能及检测/姜福田著. —郑州:黄河水利
出版社,2012.6
ISBN 978 - 7 - 5509 - 0271 - 8

Ⅰ.①水… Ⅱ.①姜… Ⅲ.①水工结构 - 混凝土结
构 - 性能检测 Ⅳ.①TV331

中国版本图书馆 CIP 数据核字(2012)第 102074 号

出 版 社:黄河水利出版社
　　　　地址:河南省郑州市顺河路黄委会综合楼 14 层　　邮政编码:450003
发行单位:黄河水利出版社
　　　　发行部电话:0371-66026940、66020550、66028024、66022620(传真)
　　　　E-mail:hhslcbs@ 126. com
承印单位:黄河水利委员会印刷厂
开本:787 mm×1 092 mm　1/16
印张:17.75
字数:432 千字　　　　　　　　　　　　　印数:1—2 500
版次:2012 年 6 月第 1 版　　　　　　　　印次:2012 年 6 月第 1 次印刷
定价:49.00 元

前　言

本书从水工混凝土的视野阐述了混凝土的性能和检测方法,是一部水工混凝土的专著。笔者曾参加《混凝土工程类从业资格培训教材》编写工作,并授课三年,本书吸收了教材培训大纲内容,对要求参加上岗培训的人员也是一本有益的教材。本书有以下特点:

(1)研究了大坝混凝土设计强度的特征和强度溯源。全级配大坝混凝土对研究大坝强度和耐久性的重要性。

(2)水工混凝土配合比设计提出了统计经验法,一个可直接探索最优配合比的方法,可节省大量试验时间和费用。

(3)介绍了水工碾压混凝土新检测技术和方法:①碾压混凝土压实度质量检测的核子密度计法和表面波法;②变态混凝土浆液设计、变态工艺和性能检测等关键技术,有利于提高碾压混凝土筑坝技术水平。

(4)系统地研究了水工混凝土质量检控方法,开创性地提出了水工混凝土质量检控导则。

(5)对水工混凝土结构设计指标提出了新的建议:①水工混凝土抗渗性设计指标用渗透系数代替抗渗等级;②水工混凝土抗冻等级设计指标采用以结构物使用年限为体系的冻融耐久性指数评定指标和方法。

本书在内容上既有必要的理论阐述,也有实践经验的总结,会对广大从事水工混凝土研究、试验、质量检控和教学等工作的专业人员具有较大的参考价值。

受作者水平所限,书中存在的不当之处,敬请读者指正。

作　者

2011 年 10 月 18 日于北京

目　录

前　言

第一章　绪　论 ……………………………………………………………（1）

　　第一节　水工混凝土技术水平的发展 ……………………………（1）

　　第二节　工程质量检测（检验）的作用和依据 …………………（4）

第二章　水工混凝土原材料 ……………………………………………（7）

　　第一节　水　泥 ………………………………………………………（7）

　　第二节　矿物掺合料 ………………………………………………（13）

　　第三节　外加剂 ……………………………………………………（27）

　　第四节　骨　料 ……………………………………………………（33）

　　第五节　养护和拌和用水 …………………………………………（43）

第三章　新拌混凝土 ……………………………………………………（45）

　　第一节　概　述 ……………………………………………………（45）

　　第二节　混凝土拌和物的流动性 …………………………………（46）

　　第三节　混凝土拌和物的凝结时间 ………………………………（52）

　　第四节　混凝土拌和物的含气量 …………………………………（55）

　　第五节　混凝土拌和物的泌水率 …………………………………（57）

　　第六节　混凝土拌和物的拌和均匀性 ……………………………（57）

第四章　硬化混凝土 ……………………………………………………（58）

　　第一节　混凝土性能试验试件规格、成型方法和养护 …………（58）

　　第二节　混凝土力学性能 …………………………………………（60）

　　第三节　混凝土变形性能 …………………………………………（70）

　　第四节　混凝土热性能 ……………………………………………（80）

　　第五节　混凝土抗裂性能 …………………………………………（88）

　　第六节　混凝土的耐久性 …………………………………………（90）

　　第七节　混凝土中钢筋锈蚀 ……………………………………（109）

第五章　特种混凝土 …………………………………………………（111）

　　第一节　泵送混凝土 ……………………………………………（111）

　　第二节　喷射混凝土 ……………………………………………（113）

　　第三节　自流平自密实混凝土 …………………………………（117）

　　第四节　水下不分散混凝土 ……………………………………（122）

　　第五节　膨胀混凝土 ……………………………………………（128）

　　第六节　纤维混凝土 ……………………………………………（133）

　　第七节　变态混凝土（碾压混凝土变态） ………………………（140）

第六章 水工混凝土配合比设计 ………………………………… (149)

第一节 设计要求、依据和基本资料 ………………………… (149)

第二节 配合比设计参数的确定及其计算方法 …………… (150)

第三节 碾压混凝土配合比选择示例(一)规范法 ……… (154)

第四节 碾压混凝土配合比选择示例(二)统计经验法 … (158)

第七章 水工砂浆 …………………………………………………… (166)

第一节 硅酸盐水泥砂浆 ……………………………………… (166)

第二节 聚合物水泥砂浆 ……………………………………… (172)

第八章 水工混凝土质量检控导则 ……………………………… (176)

第一节 目标、范围及体系 …………………………………… (176)

第二节 原材料质量检验 ……………………………………… (177)

第三节 混凝土性能要求 ……………………………………… (180)

第四节 混凝土配合比检控 …………………………………… (182)

第五节 混凝土生产质量检控 ………………………………… (183)

第六节 碾压混凝土浇筑 ……………………………………… (186)

第七节 混凝土性能检验 ……………………………………… (187)

第八节 混凝土强度验收与评定 …………………………… (189)

第九章 现场结构混凝土质量检测 ……………………………… (195)

第一节 概 述 ………………………………………………… (195)

第二节 结构混凝土强度检测 ………………………………… (196)

第三节 结构混凝土裂缝深度检测 ………………………… (212)

第四节 结构混凝土内部不密实区和空洞检测 …………… (216)

第五节 结构混凝土中钢筋位置和锈蚀检测 ……………… (220)

第六节 碾压混凝土现场质量检测 ………………………… (225)

第十章 大坝混凝土的强度溯源和全级配碾压混凝土 ……… (240)

第一节 大坝混凝土设计强度的特征及其与国外的差异 … (240)

第二节 大坝混凝土强度溯源 ………………………………… (245)

第三节 全级配碾压混凝土 …………………………………… (247)

综合思考题 ………………………………………………………… (263)

参考文献 …………………………………………………………… (274)

第一章　绪　论

第一节　水工混凝土技术水平的发展

一、水工混凝土的特性

水工混凝土是指用于坝、闸和泄水建筑的混凝土，又称为大体积混凝土。混凝土最大骨料粒径采用 80～150 mm，但也不尽然，特殊部位也采用最大骨料粒径为 40 mm 的普通混凝土或特种混凝土。

现浇大体积混凝土的属性是：浇筑后混凝土因水泥水化升温，而又不易散失；因边界温度变化而产生温度应力，有导致混凝土开裂的潜在危害，应采取相适宜的防裂措施。

水工混凝土在静水和动水作用下工作，要求其具有以下特性：

（1）对混凝土强度等级（标号）要求一般不高，C10～C30（R100～R300），特别是依靠重力保持稳定的重力坝。但对拱坝和支墩坝，混凝土应力较高，所以要求混凝土具有较高的抗压强度和抗拉强度。

（2）为降低混凝土温升而引起的温度应力以防裂缝，要求混凝土具有较高的抗拉强度和极限拉伸值。

（3）对坝体某些部位的混凝土，高速水流过水面容易产生空蚀和泥沙磨损，要求混凝土强度等级（标号）不低于 C40（R400）。

（4）水工建筑物运行的耐久性要求混凝土能抵抗大气与水的物理和化学侵蚀：水位变动区混凝土的冻融破坏，高盐碱地区混凝土硫酸盐侵蚀破坏，钢筋混凝土水工结构的碳化和氯离子侵蚀而引起的钢筋锈蚀。

二、水工混凝土技术水平的发展

20 世纪 30 年代，美国着手建设坝高 211 m 的胡佛坝，对水工混凝土进行全面研究，形成了一套完整的水工混凝土材料配制体系和柱状法坝体浇筑技术，是创世纪的技术创新。自 1936 年胡佛坝建成半个多世纪，水工混凝土技术又有了很大发展，其中主要有：①在水工混凝土中掺用掺合料、引气剂和减水剂；②提高混凝土的耐久性；③采取更有效的温控措施；④采取不分纵缝的通仓浇筑法；⑤发展强力高频振动设备。

至 20 世纪 70 年代，国际上提出了混凝土坝快速施工讨论，一改过去坝体惯用的柱状法坝体浇筑技术，将土石坝施工大型机械水平摊铺和碾压技术引入混凝土坝施工，从而形成碾压混凝土筑坝技术，将混凝土坝的建设工期缩短一半，而建坝造价减少 1/5～1/4。

（一）水泥和掺合料

早期大体积混凝土所用水泥偏重于低热水泥。美国胡佛坝就专门研究了这种水泥。因其熟料中 C_3A 和 C_3S 矿物含量低，早期强度低，且烧结困难，故成本高，后来不再采用。国外水工混凝土采用中热水泥居先。

我国 20 世纪 60 年代研制生产了大坝水泥和矿渣大坝水泥,曾用于刘家峡坝、葛洲坝和白山坝等工程。该种水泥目前已修订为《中热硅酸盐水泥、低热硅酸盐水泥、低热矿渣硅酸盐水泥》(GB 200—2003)。据对 2000 年以后建设的坝高 100 m 以上的混凝土坝统计,我国水工混凝土所用水泥多为 42.5 普通硅酸盐水泥和 42.5 中热硅酸盐水泥,通用水泥中其他品种水泥很少采用。

水工混凝土掺入一定量的活性掺合料,不仅可以降低水化热温升,而且可改善水工混凝土的抗侵蚀性,因此很早就有研究。国外大体积混凝土掺用的掺合料种类很多,有浮石、灰质页岩、天然火山灰、凝灰岩等。20 世纪 60 年代集中到矿渣粉和粉煤灰的开发利用上。

虽然我国 20 世纪 60 年代已开始粉煤灰在水工混凝土的应用研究,并在三门峡坝、刘家峡坝中采用,但是大规模应用还是 20 世纪 80 年代与碾压混凝土在我国推广应用同步进行。目前,粉煤灰仍是水工混凝土的主要掺合料。在西电东输项目开发中,西南地区很多工程采用了矿渣粉、钢渣粉、磷渣粉作为水工混凝土掺合料。还有工程采用了石灰岩粉、凝灰岩粉与矿渣粉和磷渣粉复合掺合料。经验表明,这些新开发的掺合料与粉煤灰具有类同的填充效应、二次水化效应和改善和易性效应,只是程度上有所差异。

水泥中的碱和骨料的反应是 20 世纪 40 年代美国派克坝发现裂缝时开始发现的。在碱骨料反应的研究中,除已发现的碱和无定形二氧化硅的反应外,又发现了碱-碳酸盐反应和碱-硅酸盐反应。因此,碱骨料反应仍是水工混凝土值得重视的问题。除研究碱骨料反应机制和评定方法外,相当多的研究工作是寻求抑制碱骨料反应的措施。其主要措施是:①限制水泥中的碱含量(<0.6%);②掺加粉煤灰 30% 或矿渣粉 50% 能有效抑制碱骨料反应。

(二)降低水工混凝土水泥用量的研究

水工混凝土是从研究降低水泥用量开始的。20 世纪 30 年代,混凝土坝的水泥用量有一条不成文的规定:内部混凝土水泥用量为 223 kg/m^3(每立方码用 4 包水泥,1 立方码 = 0.764 6 m^3),外部混凝土水泥用量为 338 kg/m^3(每立方码用 6 包水泥),但发现混凝土坝体裂缝较多。40 年代,打破了这个规定,采取了一系列降低水泥用量的措施,改进了混凝土施工工艺,使大坝混凝土水泥用量逐步降低,相应坝体裂缝也逐渐减少。至 70 年代,大坝内部混凝土水泥用量由 225 kg/m^3 降到胶凝材料用量为 160 kg/m^3(包含 30% 粉煤灰)。80 年代,碾压混凝土筑坝技术得到很快推广,混凝土水泥用量进一步下降,内部碾压混凝土水泥用量已降到 50 kg/m^3,总胶材用量为 150 kg/m^3。这是目前可接受的最低水泥用量水平,在广西岩滩坝曾经采用过,但仍要执行严格的温控措施,否则仍会有裂缝发生。

(三)控制温升、防止裂缝的措施

水工混凝土控制温升、防止裂缝的研究,首推美国 1936 年建成的胡佛坝,提出了三个创造性的理念:①第一次提出大坝混凝土柱状浇筑法,即用纵缝和横缝将坝体分隔成许多柱状,浇筑后再将这些缝灌浆处理;②夏季预冷混凝土,降低混凝土浇筑温度,减小温升;③在混凝土浇筑坝内埋设水管,通水冷却,以降低混凝土温升,一直沿用至今。

20 世纪 70 年代,我国研究混凝土表面保温防裂措施,是防止混凝土块体在气温变化较大季节发生裂缝的有效措施。近几年提出坝体表面全部保温防裂措施,但是如果有裂缝发生,如何检测出来也要有相应的技术保证。

总结防止大坝裂缝的技术措施有:①采用水化热低的水泥;②降低水泥用量;③合理分

缝分块;④预埋水管,通水冷却,降低混凝土的最高温升;⑤预冷混凝土,降低混凝土的浇筑温度;⑥表面保护,保温隔热。

上述 6 项水工混凝土防裂措施可分为两类:一是水工混凝土材料本身,二是温控设计和防裂施工技术。对水工混凝土材料本身,除①和②两项外,混凝土极限拉伸值研究表明,相同稠度的纯水泥浆体的极限拉伸值基本是常数,随着骨料的加入和含量增加,混凝土极限拉伸值逐渐降低,所以水工混凝土的胶材用量规定一个限值是必要的。采用弹性模量低的骨料如砂岩,混凝土的极限拉伸值增大,而弹性模量减小,增加混凝土的抗裂性。另外,采用热胀系数低的骨料如石灰岩,有利于减小温度应力。欲得无危害性裂缝的混凝土坝,这两类防裂措施必须认真执行。

(四)水工混凝土的耐久性

水工混凝土的耐久性包括抗渗透性、抗冻融性、抗冲磨性、抗化学侵蚀性、碱骨料反应和钢筋锈蚀等。

1. 抗渗透性

混凝土是一种透水材料,它的渗透性与它的孔隙率、孔隙分布及孔隙连续性有关。捣固密实的混凝土,水胶比愈小、水化龄期愈长,则渗透性愈小。一般来讲,水工混凝土的渗透系数都可以达到 1×10^{-9} cm/s 量级。

《水工混凝土试验规程》(SL 352—2006)中有两种测定水工混凝土抗渗透性的方法,即渗透系数测定法和抗渗等级逐级加压法。由于技术的进步,现代混凝土的抗渗透性比 20 世纪的混凝土的抗渗透性有显著的提高,其实有抗渗等级(W40)超出规范规定最大抗渗等级(W12)数倍,已失去检控水工混凝土抗渗透性质量的作用。为此,建议采用渗透系数表征水工混凝土的抗渗透性。

2. 抗冻融性

早在 20 世纪 30 年代对混凝土冻融破坏机制的研究表明,混凝土冻融破坏是由于混凝土中的水分在降到负温的过程中浆体迁移而引起的。混凝土的饱水程度愈高、冻结速度愈快、水分迁移距离愈长,混凝土愈易遭受冻融破坏。混凝土掺加引气剂是提高混凝土抗冻融性的有效措施,原因是掺入的无数微小气泡缩短了水分在冻结过程中的迁移距离。研究表明,水分迁移距离的临界长度是 0.20 mm(200 μm)。这就是根据实测混凝土气泡间隔系数判定混凝土是否发生冻融破坏的依据。美国混凝土学会(ACI)的判则是抗冻融混凝土的气泡间隔系数应小于 200 μm,美国垦务局(USBR)的判则是气泡间隔系数不应超过 250 μm。

水工混凝土抗冻融破坏能力的研究最终要落实到其在自然暴露条件下的损坏状态。美国、日本等国家都重视混凝土的暴露试验,但因影响混凝土抗冻融的因素比较复杂,至今未见定量分析的研究报告。混凝土抗冻融设计规范和评定方法中存在一个普遍性问题,即现有的评定方法和现场实际之间缺乏相关性。

我国混凝土抗冻融试验方法的行业标准多采用快冻法,试验仪器的参数也较相近,基本上是以美国材料与试验协会 ASTM C666《混凝土抗快速冷冻和解冻特性的试验方法》标准为蓝本,但试验龄期和评定方法标准不尽相同。

我国《混凝土结构耐久性设计规范》(GB/T 50476—2008)规定,对重要工程和大型工程采用混凝土抗冻耐久性指数评定指标,与美国 ASTM C666 标准相同,而水利水电行业标准《水工建筑物抗冰冻设计规范》(DL/T 5082—1998)采用抗冻等级评定标准。两个标准对比，《水工建筑物抗冰冻设计规范》（DL/T 5082—1998）标准对水工混凝土抗冻融设计指标比《混凝土结构耐久性设计规范》（GB/T 50476—2008）标准对普通混凝土抗冻融设计指标低许多。实际大坝混凝土冻融破坏调查也表明冻融破坏存在比较普遍，是否与此相关，提请注意。

3. 高速水流过水表面混凝土

高速水流过水表面混凝土发生破坏有两个原因：一是空蚀破坏，二是泥沙磨损。

空蚀是一个水力学问题。早在20世纪40年代就提出了空蚀现象的研究成果，采用一个无量纲的临界空蚀指数（初生空穴数）评定水流是否发生空蚀。当水流的空蚀指数大于临界空蚀指数时，即可能发生空蚀，过水建筑物控制水流的空蚀指数低于临界空蚀指数下运行。此外，要限制过水表面混凝土的不平整度和设置通气孔向水流中掺气，体积比达到8%，使水流不产生负压。70年代后，大多数坝的过水建筑物均采取掺气消除空蚀破坏措施，因此过水建筑物很少再发生空蚀破坏。

过水建筑物冲磨破坏与空蚀破坏是两种截然不同的破坏作用。冲磨破坏是指机械摩擦和冲击破坏，破坏的混凝土表面比较光滑、有擦痕。空蚀破坏的过水混凝土表面呈蜂窝状、不规则，破坏面积集中在负压区，严重者会将闸门槽、消力墩击穿。泥沙磨损破坏也会引起空蚀，导致空蚀破坏，其结果是严重的，在过水建筑物工程中曾经发生过。

过水建筑物不产生空穴水流，只过不含泥沙的清水水流，强度等级（标号）C40（R400）的混凝土可承受40 m/s的水流流速而不破坏。但是，对含沙水流的过水混凝土表面都会发生磨损，只是磨损破坏程度不同而已。

溢洪道底板、消力池、泄洪隧洞衬砌及冲沙道等部位的混凝土表面最易发生磨损。当磨损量过大时，都应采取修复措施，防止磨损表面因边界不平整度超限而导致空蚀破坏。修复措施应因水流挟带砂、石的粒径和含量不同而异，因水流的流速不同而异。对粒径较大、流速较低者，可以采用抗磨镶护材料；对流速较高者，可以采用特种混凝土，如钢纤维混凝土、浸渍混凝土、聚合物混凝土等，均可延长过水建筑物的使用寿命。

第二节　工程质量检测（检验）的作用和依据

一、工程质量检测的作用和意义

（一）检测与检验

检测：对实体的一种或多种性能进行检查、度量、测量和试验的活动。检测的目的是希望了解检测对象某一性能或某些性能的状况。例如，对混凝土用砂进行细度模数检测，对混凝土粗骨料进行含泥量检测，对混凝土拌和物进行坍落度、含气量检测，对混凝土进行力学性能（如抗拉、抗剪强度）、变形性能（如极限拉伸变形、徐变）、热学性能（如绝热温升、比热容）、耐久性（如抗冻性、抗渗性）等检测。

检验：对实体的一种或多种性能进行的检查、度量、测量和试验，并将结果与规定要求进行比较，以确定每项特性合格情况所进行的活动。也就是说，检验的目的是要求判定检测的对象是否合格。所检验对象的性能要有明确的规定，即指标要求，如在技术标准、规范或经批准的设计文件中具体的规定。对混凝土工程来说，混凝土质量的检验，除需要遵循《水工混凝土试验规程》(SL 352—2006)规定的检测方法外,还需要将结果与《水工混凝土施工规范》(DL/T 5144—2001)中规定的有关指标进行对比,才能判定所检验的对象是否合格。因此,检验应包括以下内容:

(1)确定检测对象的质量标准;

(2)采用规定的方法对检测对象进行检测;

(3)将检测结果与标准指标进行比较;

(4)做出检测对象是否合格的判断。

(二)工程质量检测(检验)的重要性

1. 检测是控制工程质量的重要技术保证

施工过程中在各个环节设定检测,是要保证各个环节的质量,将问题消灭在各个环节中,避免将不合格的产品传到下一个环节中,连带造成以后环节的质量问题。例如,在混凝土施工之前,要对工程进场的混凝土原材料进行品质检验,避免将不合格的原材料用于混凝土中。对混凝土拌和物的凝结时间、坍落度、含气量等性能进行检测,以保证符合施工要求和设计要求,避免混凝土浇筑时产生质量不合格问题。

2. 检测是工程质量监督和监理的重要手段

水利水电工程实行"政府监督、社会监理、施工企业自控"的质量监管体系。检测不仅是施工企业自己对施工过程的质量进行自我控制的手段,也是国家工程质量监督部门和监理单位对工程质量进行监控的主要手段。在施工过程中,施工单位按规范要求的取样频次进行自检,监督部门和监理单位在施工单位自检的基础上进行一定比例的抽检。监理工程师除对施工单位进行的原材料、施工过程的检验进行核查确认外,还可以以旁站的方式监督核查施工单位检验过程和结果的正确性与准确性。质量监督部门在需要时也抽样委托具有相应资质的检测机构进行复核性检验,作为确认工程质量的补充性依据。施工单位自检、监理和质量监督单位抽检也是工程合同管理的重要环节。

3. 检测结果是工程质量评定、验收和质量纠纷评判的依据

工程质量的评定、验收离不开检测数据。质量的认定必须以检测数据或具有系统的检测数据的统计结果为依据。混凝土的原材料品质是否符合规范要求,混凝土的强度、变形特性和耐久性是否符合设计要求,混凝土结构物的体形尺寸是否符合设计要求,都需要用检测数据证明。另外,国家计量法规定,经计量认证合格的检测机构,在其认定的检测项目参数范围内进行检测取得的数据和检测结果具有法律效力,在质量纠纷中作为评判的依据。

二、工程质量检测的依据

(一)质量检测(检验)的依据

水利工程质量检测的依据是:

(1)法律、法规、规章的规定;

(2)国家标准、水利水电行业标准;

(3)工程承包合同认定的其他标准和文件;

(4)批准的设计文件、金属结构、机电设备安装等技术说明书;

(5)其他特定要求。

(二)标准的使用

水工混凝土质量检测时,标准的使用一般遵循如下规则:

(1)当检测对象有水利部发布施行的行业标准时,应采用水利部发布的行业标准;当检测对象只有国务院其他部委发布施行的行业标准时,如检测水泥性能的标准,应采用该部委发布的行业标准;当检测对象没有行业标准只有国家标准时,应采用国家标准;当检测对象没有国家标准、行业标准时,可以视情况采用企业标准。水利工程一般不采用地方标准,只有地方标准的要求高于行业标准时,才采用地方标准。

(2)原则上检测机构无权决定对检测对象采用何种标准,采用标准的决定权在设计单位和检测委托的业主(建设、监督、监理、施工)单位。设计单位在设计和招标文件中已经明确了检测采用的标准,业主应按设计和招标文件规定采用的标准委托检测。检测机构应按合同要求采用检测标准,但检测机构应负有提醒责任,当发现委托方在合同中不确定采用标准或对指定采用的标准有疑问时,应当提醒确认,以免用错标准。采用的标准应在合同书中明确。

(3)在任何情况下,检测应使用现行有效的标准。除非委托人为某种特殊目的,明确要求采用某过期标准对检测对象进行检测,或对标准的某条款加以修改使用,这时,检测机构应负有提醒和明确责任的义务,在合同中特别说明该情况,并应明确告知委托人,所出具的检测报告按规定不能加盖计量认证 CMA 章。

第二章　水工混凝土原材料

第一节　水　泥

水泥是水利水电工程混凝土结构物的主要建筑材料。混凝土中常用的水泥是硅酸盐水泥，包括通用硅酸盐水泥和中热、低热硅酸盐水泥。通用硅酸盐水泥中使用最多的是普通硅酸盐水泥，中热、低热硅酸盐水泥中使用最多的是中热硅酸盐水泥。据统计，2000 年以来修建的混凝土坝，主体工程大部采用 42.5 中热硅酸盐水泥，或 42.5 普通硅酸盐水泥。

对环境水有侵蚀的部位，根据侵蚀类型及程度常采用高抗硫酸盐水泥，或中抗硫酸盐水泥。当骨料有碱活性反应时，常采取硅酸盐水泥掺加 30% 粉煤灰抑制措施。

一、硅酸盐水泥熟料的化学成分及矿物组成

国家水泥标准规定的硅酸盐水泥的定义为：凡以适当成分的生料，烧至部分熔融，得到以硅酸钙为主要成分的硅酸盐水泥熟料，加入适量的石膏，磨细制成的水硬性胶凝材料，称为硅酸盐水泥。

(一)硅酸盐水泥的主要化学成分

硅酸盐水泥熟料的化学成分主要有氧化钙(CaO)、氧化硅(SiO_2)、氧化铝(Al_2O_3)、氧化铁(Fe_2O_3)、氧化镁(MgO)等。它们在熟料中的含量范围大致如下：CaO 为 60% ~ 67%、SiO_2 为 19% ~ 25%、Al_2O_3 为 3% ~ 7%、Fe_2O_3 为 2% ~ 6%、MgO 为 1% ~ 4%、SO_3 为 1% ~ 3%、$K_2O + Na_2O$ 为 0.5% ~ 1.5%。

(二)硅酸盐水泥的矿物组成

在高温下煅烧成的水泥熟料含有四种主要矿物，即硅酸三钙($3CaO \cdot SiO_2$)，简称 C_3S；硅酸二钙($2CaO \cdot SiO_2$)，简称 C_2S；铝酸三钙($3CaO \cdot Al_2O_3$)，简称 C_3A；铁铝酸四钙($4CaO \cdot Al_2O_3 \cdot Fe_2O_3$)，简称 C_4AF。这几种矿物成分的性质各不相同，它们在熟料中的相对含量改变时，水泥的技术性能也就随之改变，它们的一般含量及主要特征如下：

(1)C_3S——含量 40% ~ 55%，它是水泥中产生早期强度的矿物，C_3S 含量越高，水泥 28 d 以前的强度也越高，水化速度比 C_2S 快，28 d 可以水化 70% 左右，但比 C_3A 慢。这种矿物的水化热比 C_3A 低，较其他两种矿物高。

(2)C_2S——含量 20% ~ 30%，它是四种矿物成分中水化最慢的一种，28 d 水化只有 11% 左右，是水泥中产生后期强度的矿物。它对水泥强度发展的影响是：早期强度低，后期强度增长量显著提高，一年后强度还继续增长。它的抗蚀性好，水化热最小。

(3)C_3A——含量 2.5% ~ 15%，它的水化作用最快，发热量最高。强度发展虽很快但不高，体积收缩大，抗硫酸盐侵蚀性能差，因此有抗蚀性要求时 $C_3A + C_4AF$ 含量不超过 22%。

(4)C_4AF——含量 10% ~ 19%，它的水化速度较快，仅次于 C_3A。水化热及强度均属中

等。含量多时对提高抗拉强度有利,抗冲磨强度高,脆性系数小。

除上述几种主要成分外,水泥中尚有以下几种少量成分:

(1)MgO——含量多时会使水泥安定性不良,发生膨胀性破坏。

(2)SO_3——主要是煤中的硫及由掺入的石膏带来的。掺量合适时能调节水泥凝结时间,提高水泥性能,但过量时不仅会使水泥快硬,也会使水泥性能变差。因此,规定SO_3含量不得超过3.5%。

(3)游离CaO——为有害成分,当含量超过2%时,可能使水泥安定性不良。

(4)碱分(K_2O,Na_2O)——含量多时会与活性骨料作用引起碱骨料反应,使体积膨胀,导致混凝土产生裂缝。

二、硅酸盐水泥的凝结和硬化

水泥加水拌和后,最初形成具有塑性的浆体,然后逐渐变稠并失去塑性,这一过程称为凝结。此后,强度逐渐增加而变成坚固的石状物体——水泥石,这一过程称为硬化。水泥凝结与硬化过程是一系列复杂的化学反应及物理化学反应过程。

(一)凝结硬化的化学过程

水泥的凝结与硬化主要是由于水泥矿物的水化反应,水泥的水化反应比较复杂,一般认为水泥加水后,水泥矿物与水发生如下一些化学反应。

硅酸三钙与水作用反应较快,生成水化硅酸钙及氢氧化钙:

$$2(3CaO \cdot SiO_2) + 6H_2O \rightarrow 3CaO \cdot 2SiO_2 \cdot 3H_2O + 3Ca(OH)_2$$

硅酸二钙与水作用反应最慢,生成水化硅酸钙及氢氧化钙:

$$2(2CaO \cdot SiO_2) + 4H_2O \rightarrow 3CaO \cdot 2SiO_2 \cdot 3H_2O + 3Ca(OH)_2$$

铝酸三钙与水作用反应极快,生成水化铝酸钙:

$$3CaO \cdot Al_2O_3 + 6H_2O \rightarrow 3CaO \cdot Al_2O_3 \cdot 6H_2O$$

铁铝酸四钙与水和氢氧化钙作用反应也较快,生成水化铝酸钙和水化铁酸钙:

$$4CaO \cdot Al_2O_3 \cdot Fe_2O_3 + 2Ca(OH)_2 + 10H_2O \rightarrow 3CaO \cdot Al_2O_3 \cdot 6H_2O + 2CaO \cdot Fe_2O_3 \cdot 6H_2O$$

以上列出的反应式实际上是示意性的,并不是确切的化学反应式。因为矿物的水化反应生成物都是一些很复杂的体系。随着温度和熟料的矿物组成比的变化,水化物的类型和结晶程度都会发生变化。比较确切的反应式为:

$$3CaO \cdot SiO_2 \xrightarrow{\text{水}} CaO \cdot SiO_2 \cdot H_2O + nCa(OH)_2$$

$$2CaO \cdot SiO_2 \xrightarrow{\text{水}} CaO \cdot SiO_2 \cdot H_2O + nCa(OH)_2$$

$$3CaO \cdot Al_2O_3 \xrightarrow{\text{水}} CaO \cdot Al_2O_3 \cdot H_2O + nCa(OH)_2$$

$$3CaO \cdot Al_2O_3 \cdot Fe_2O_3 \xrightarrow{\text{水}} CaO \cdot Al_2O_3 \cdot H_2O + CaO \cdot Fe_2O_3 \cdot H_2O$$

反应式后面生成的水化物,表示组合不固定的水化物体系。

各种矿物的水化速度对水泥的水化速度有很大的影响,是决定性的因素。

C_3S最初反应较慢,但以后反应较快。C_3A则与C_3S相反,开始时反应很快,以后反应较慢。C_4AF开始的反应速度也比C_3S快,但以后变慢。C_2S的水化速度最慢,但在后期稳步增长。

(二)凝结硬化的物理过程

硅酸盐水泥的水化过程可分为四个阶段:初始反应期、诱导期、凝结期和硬化期。

当硅酸盐水泥与水混合时,立即产生一个快速反应,生成过饱和溶液,然后反应急剧减慢,这是由于在水泥颗粒周围生成了硫铝酸钙微晶膜或胶状膜。接着就是慢反应阶段,称为诱导期。诱导期终了后,由于渗透压的作用,使水泥颗粒表面的薄膜包裹层破裂,水泥颗粒得以继续水化,进入凝结期和硬化期。

水泥在凝结硬化过程中,发生水化反应的同时又发生着一系列物理化学变化。水泥加水后,化学反应起初是在颗粒表面上进行的。C_3S 水解生成的 $Ca(OH)_2$ 溶于水中,使水变成饱和的石灰溶液,使其他生成物不能再溶解于水中。它们就以细小分散状态的固体析出,微粒聚集形成凝胶。这种胶状物质有黏性,是水泥浆可塑性的来源,使水泥浆能够黏着在骨料上,并使拌和物产生和易性。随着化学反应的继续进行,水泥浆中的胶体颗粒逐渐增加,凝胶大量吸收周围的水分,而水泥颗粒的内核部分也从周围的凝胶包覆膜中吸收水分,继续进行水解和水化。随着水泥浆中的游离水分逐渐减小,凝胶体逐渐变稠。水泥浆也随之失去可塑性,开始凝结。

所形成的凝胶中有一部分能够再结晶,另一部分由于在水中的可溶性极小而长期保持胶体状态。氢氧化钙凝胶和水化铝酸钙凝胶是最先结晶的部分。它们的结晶和水化硅酸钙凝胶由于内部吸水而逐渐硬化。晶体逐渐成长,凝胶逐渐脱水硬化,未水化的水泥颗粒内核又继续水化,这些复杂交错的过程使水泥硬化能延续若干年之久。

水泥凝结硬化过程可以归纳为以下 4 个特点:

(1)水泥的水化反应是由颗粒表面逐渐深入到内层的复杂的物理化学过程,这种作用起初进行较快,以后逐渐变慢。

(2)硬化的水泥石是由晶体、胶体、未完全水化的水泥颗粒、游离水分及气孔等组成的不均质结构。

(3)水泥石的强度随龄期而发展,一般在 28 d 内较快,以后变慢。

(4)温度越高,凝结硬化速度越快。

三、水泥矿物组成对水泥性能的影响

(一)对强度的影响

硅酸盐水泥的强度受其熟料矿物组成影响较大。矿物组成不同的水泥,其水化强度的发展是不相同的。就水化物而言,C_3S 具有较高的强度,特别是较高的早期强度。C_2S 的早期强度较低,但后期强度较高。C_3A 和 C_4AF 的强度均在早期发挥,后期强度几乎没有发展,但 C_4AF 的强度大于 C_3A 的强度(见表 2-1)。

(二)对水化热的影响

水泥单矿物的水化热试验数值有较大的差别,但是其规律是一致的。不同熟料矿物的水化热和放热速度大致遵循下列顺序:

$$C_3A > C_3S > C_4AF > C_2S$$

硅酸盐水泥四种主要组成矿物的相对含量不同,其放热量和放热速度也不同。C_3A 与 C_3S 含量较多的水泥,其放热量大,放热速度也快,对大体积混凝土防止开裂是不利的,见表 2-2。

表 2-1　水泥熟料单矿物的水化物强度

矿物名称	抗压强度（MPa）				
	3 d	7 d	28 d	90 d	180 d
C_3S	29.6	32.0	49.6	55.6	62.6
C_2S	1.4	2.2	4.6	19.4	28.6
C_3A	6.0	5.2	4.0	8.0	8.0
C_4AF	15.4	16.8	18.6	16.6	19.6

表 2-2　水泥熟料矿物的水化热（溶解热法）

矿物名称	水化热（J/g）					
	3 d	7 d	28 d	90 d	180 d	完全水化
C_3S	410	461	477	511	507	510
C_2S	80	75	184	230	222	247
C_3A	712	787	846	—	913	1 536
C_4AF	121	180	201	197	306	427

（三）水泥熟料矿物的水化速度

不同水泥熟料矿物的结合水量和水化速度见表 2-3。

表 2-3　不同水泥熟料矿物的结合水量和水化速度　　　　　　　　　（%）

矿物名称	水化时间										结合水量	完全水化
	3 d		7 d		28 d		90 d		180 d			
	结合水量	水化程度	结合水量	水化程度	结合水量	水化程度	结合水量	水化程度	结合水量	水化程度		
C_3S	4.9	36	6.2	46	9.2	69	12.5	93	12.9	94	13.4	100
C_2S	0.1	7	1.1	11	1.1	11	2.9	29	2.9	30	9.9	100
C_3A	20.2	82	19.9	83	20.6	84	22.3	91	22.8	93	24.4	100
C_4AF	14.4	70	14.7	71	15.2	74	18.5	89	18.9	91	20.7	100

（四）对保水性的影响

水泥保水性不仅与水泥的原始分散度有关，而且与其矿物组成有关。C_3A 保水性最强。

为获得密实度大和强度高的水泥石或混凝土，要求水泥浆体的流动性好，而需水量少；同时要求保水性好，泌水量少，而又具有比较密实的凝聚效果。但是流动性好与需水量少是矛盾的，保水性好与结构密实也是矛盾的。因此，需要采取一些工艺措施（如高频振动）或采用掺减水剂等方法来调整这些矛盾。

(五) 对收缩的影响

四种矿物对收缩的影响见表 2-4,表中 C_3A 的收缩率最大,比其他三种熟料矿物的收缩率高 3~5 倍。C_3S、C_2S 和 C_4AF 三种矿物的收缩率相差不大,因此水工建筑物混凝土应尽量降低 C_3A 含量。

表 2-4   四种矿物的收缩率

矿物名称	C_3A	C_2S	C_3S	C_4AF
收缩率(%)	0.002 24 ~ 0.002 44	0.000 75 ~ 0.000 83	0.000 75 ~ 0.000 83	0.000 38 ~ 0.000 60

四、水工混凝土常用的水泥品种和技术指标

(一) 水工混凝土常用的水泥品种

1. 通用硅酸盐水泥

通用硅酸盐水泥的定义为:以硅酸盐水泥熟料和适量的石膏及规定的混合材料制成的水硬性胶凝材料。

通用硅酸盐水泥按混合材料的品种和掺量分为硅酸盐水泥、普通硅酸盐水泥、矿渣硅酸盐水泥、火山灰质硅酸盐水泥、粉煤灰硅酸盐水泥和复合硅酸盐水泥。

水工混凝土选用的水泥品种多是硅酸盐水泥和普通硅酸盐水泥。这两种水泥的组分和代号见表 2-5。

表 2-5   硅酸盐水泥和普通硅酸盐水泥的组分和代号

水泥品种	代号	组分(质量百分数,%)				
		熟料 + 石膏	粒化高炉矿渣	火山灰质混合材料	粉煤灰	石灰石
硅酸盐水泥	P·Ⅰ	100	—	—	—	—
	P·Ⅱ	≥95	≤5	—	—	—
		≥95	—	—	—	≤5
普通硅酸盐水泥	P·O	≥80 且 <95	>5 且 ≤20 *			

注:* 表示本组分材料为符合《通用硅酸盐水泥》(GB 175—2007)标准 5.2.3 条的活性混合材料,其中允许用不超过水泥质量 8% 且符合《通用硅酸盐水泥》(GB 175—2007)标准 5.2.4 条的非活性混合材料或不超过水泥质量 5% 且符合《通用硅酸盐水泥》(GB 175—2007)标准 5.2.5 的窑灰代替。

2. 中热硅酸盐水泥、低热硅酸盐水泥及低热矿渣硅酸盐水泥

水工混凝土常选用中热硅酸盐水泥。中热硅酸盐水泥以适当成分(C_3S 含量 ≤55%,C_3A 含量 ≤6% 与 f-CaO 含量 ≤1.0%)的硅酸盐水泥熟料加入适量石膏,磨细制成的具有中等水化热(3 d 小于等于 251 kJ/kg,7 d 为小于等于 293 kJ/kg)的水硬性胶凝材料,称为中热硅酸盐水泥,代号 P·MH,强度等级为 42.5。

(二) 水工混凝土常用水泥的技术指标

水工混凝土常用水泥的技术指标见表 2-6。

表 2-6　硅酸盐水泥、普通硅酸盐水泥及中热硅酸盐水泥技术指标

水泥品种		硅酸盐水泥		普通硅酸盐水泥		中热硅酸盐水泥
强度等级		42.5	52.5	42.5	52.5	42.5
抗压强度（MPa）	3 d	≥17.0	≥23.0	≥17.0	≥23.0	12.0
	7 d	—	—	—	—	22.0
	28 d	≥42.5	≥52.5	≥42.5	≥52.5	42.5
抗折强度（MPa）	3 d	≥3.5	≥4.0	≥3.5	≥4.0	3.0
	7 d	—	—	—	—	4.5
	28 d	≥6.5	≥7.0	≥6.5	≥7.0	6.5
凝结时间（min）	初凝	≥45		≥45		≥60
	终凝	≤390		≤600		≤720
细度（m²/kg）		比表面积≥300				比表面积≥250
氧化镁（%）		≤5.0,压蒸合格允许放宽6.0				
三氧化硫（%）		≤3.5				
安定性		用沸煮法检验必须合格				
氯离子（%）		≤1.3(素混凝土)或≤0.06(钢筋混凝土)				—
碱含量（%）		≤0.6(若使用活性骨料)				
烧失量（%）	P·Ⅰ	≤3.0		≤5.0		≤3.0
	P·Ⅱ	≤3.5				
不溶物（%）	P·Ⅰ	≤0.75		—		—
	P·Ⅱ	≤1.5				
水化热（kJ/kg）	3 d	—		—		≤251
	7 d					≤293

五、水泥品质指标的检验方法

（1）氧化钙（CaO）、二氧化硅（SiO₂）、氧化铝（Al₂O₃）、氧化铁（Fe₂O₃）、氧化镁（MgO）、三氧化硫（SO₃）、不溶物、烧失量、游离氧化钙（f‑CaO）、氧化钠（Na₂O）和氧化钾（K₂O）按《水泥化学分析方法》（GB/T 176—2008）进行。

（2）比表面积按《水泥比表面积测定方法（勃氏法）》（GB/T 8074—2008）进行。

（3）凝结时间和安定性按《水泥标准稠度用水量、凝结时间、安定性检验方法》（GB/T 1346—2001）进行。

（4）压蒸安定性按《水泥压蒸安定性试验方法》（GB/T 750—1992）进行。

（5）氯离子按《水泥原料中氯的分析方法》（JC/T 420—2006）进行。

（6）强度按水泥胶砂强度检验方法（GB/T 17671—1999）进行。

（7）水化热按《水泥水化热测定方法》（GB/T 12959—2008）进行。

第二节　矿物掺合料

矿物掺合料是以硅、铝、钙等一种或多种氧化物为主要成分，掺入混凝土中能改善新拌或硬化混凝土性能的粉体材料。掺合料对水工混凝土的作用如下：

（1）填充细骨料的空隙效应：细骨料的空隙率为35%～40%，这些空隙若不被胶凝材料填充，必然降低混凝土的密实性、和易性、强度和抗渗性能。

（2）二次水化反应：从水泥中释析出的游离石灰，即使数量少也足以同大量掺合料反应。这种反应称为二次水化反应，是水泥水化过程中析出 $Ca(OH)_2$ 离子，通过掺合料颗粒周围的水间层扩散到掺合料颗粒表面发生界面反应，形成次生的水化硅酸钙。如果水泥水化产物薄壳与掺合料颗粒之间的水解层被不断作用的二次水化反应产物所填满，这时混凝土强度将不断增加，掺合料颗粒与水化产物之间形成牢固的联结。这段反应时间在 28 d 龄期以后，甚之更长时间。所以，掺合料提高了水工混凝土后期强度。

（3）微集料效应：掺合料中 0.08 mm 以下的微粒，在混凝土中减小骨料之间摩阻力，相应减少拌和物用水量，改善混凝土和易性。

一、粉煤灰

（一）粉煤灰及其对水泥性能的影响

粉煤灰又称为飞灰，是以燃煤发电的火力发电厂从烟道中收集的一种工业废渣。磨成一定细度的煤粉在煤粉炉中燃烧（1 100～1 500 ℃）后，由收尘器收集的细灰称为粉煤灰。

粉煤灰与其他火山灰质混合材料相比，有许多特点，因此将它从人工火山灰中单列出来。它的化学成分以 SiO_2 和 Al_2O_3 为主。其活性也是来源于火山灰作用，与所含氧化硅和氧化铝含量及所含玻璃质的球形颗粒有关。

粉煤灰中玻璃体的形态和大小以及表面情况，对粉煤灰的性能有密切关系。粉煤灰由形形色色的颗粒组成，虽然其形态各异，但基本以密实的球形颗粒和多孔颗粒为主。形态相同的颗粒一般以硅、铝、铁的氧化物为主，但有的含钙很多，有的则较少。有的球形颗粒主要由氧化铁组成，具有明显的顺磁性。多孔颗粒则更复杂，有的是未燃尽的多孔碳粒，有的是由许多小的玻璃珠形成的子母球，还有球状的、壁薄中空能飘浮于水上的"飘珠"。致密球状颗粒的表面比较光滑，能减少需水量，对改善混凝土性能有利；多孔颗粒表面粗糙，蓄水孔腔多，需水量较大，对混凝土强度和其他性能不利。

1. 粉煤灰置换胶材中的水泥对抗压强度的影响

凯里Ⅱ级粉煤灰置换胶材中的柳州标号 525 中热硅酸盐水泥，胶砂抗压强度降低，其降低率试验结果见表 2-7。

混凝土掺加粉煤灰的量超过水泥用量，相应水泥的强度效应下降，但是水工混凝土强度要求不高，所以用掺加粉煤灰改善混凝土的和易性和密实性是有效的。

2. 粉煤灰置换胶材中的水泥对水化热的影响

凯里Ⅱ级粉煤灰置换胶材中的柳州标号 525 中热硅酸盐水泥，胶砂水化热降低，降低率试验结果见表 2-8。

表 2-7 粉煤灰掺量与胶砂强度试验结果

粉煤灰掺量（%）	抗压强度（MPa）				抗压强度降低率（%）			
	7 d	28 d	90 d	180 d	7 d	28 d	90 d	180 d
0	41.3	61.3	78.8	84.1	100	100	100	100
20	30.6	47.2	64.3	75.0	74.1	77.0	81.6	89.2
30	26.2	42.1	60.6	73.4	63.4	68.7	76.9	87.3
55	12.7	22.2	38.2	53.5	30.7	36.2	48.5	63.6
58.5	10.3	19.4	33.6	47.3	24.9	31.6	42.6	56.2
65	7.4	13.7	25.1	40.3	17.9	22.3	31.8	47.9

表 2-8 粉煤灰掺量与水化热试验结果

水泥（%）	粉煤灰（%）	水化热（J/g）				水化热降低率（%）			
		1 d	3 d	5 d	7 d	1 d	3 d	5 d	7 d
100	0	167	222	242	259	100	100	100	100
80	20	144	201	213	222	86	90	88	86
70	30	136	188	205	215	81	85	85	83
45	55	121	165	182	190	72	74	75	73
41.5	58.5	117	161	178	188	70	72	73	72
35	65	119	159	176	186	71	72	73	72

混凝土掺加粉煤灰可降低水泥的水化热温升和发热量,但是降低幅度比抗压强度低,约为30%。

(二)粉煤灰的技术指标及检验方法

1.粉煤灰的技术指标

1)分类

粉煤灰按煤种和CaO含量不同分为F类和C类。F类粉煤灰有无烟煤或烟煤煅烧收集的粉煤灰;C类粉煤灰,氧化钙含量一般大于10%,有褐煤或次烟煤煅烧收集的粉煤灰。

2)等级

用于混凝土中的粉煤灰分为三个等级:Ⅰ级、Ⅱ级、Ⅲ级。Ⅲ级粉煤灰不宜用于水工混凝土。

3)技术指标

用于混凝土中的粉煤灰技术指标应符合《用于水泥和混凝土的粉煤灰》(GB/T 1596—2005)的规定,其技术指标见表2-9。

表 2-9　混凝土和砂浆用粉煤灰技术指标

项目		粉煤灰等级		
		Ⅰ级	Ⅱ级	Ⅲ级
细度(45 μm 方孔筛筛余),不大于(%)	F 类粉煤灰	12.0	25.0	45.0
	C 类粉煤灰			
需水量比,不大于(%)	F 类粉煤灰	95.0	105.0	115.0
	C 类粉煤灰			
烧失量,不大于(%)	F 类粉煤灰	5.0	8.0	15.0
	C 类粉煤灰			
含水量,不大于(%)	F 类粉煤灰	1.0		
	C 类粉煤灰			
三氧化硫,不大于(%)	F 类粉煤灰	3.0		
	C 类粉煤灰			
游离氧化钙,不大于(%)	F 类粉煤灰	1.0		
	C 类粉煤灰	4.0		
安定性雷氏夹煮沸后增加距离,不大于(mm)	F 类粉煤灰	5.0		

2. 检验方法

(1)细度按《用于水泥和混凝土的粉煤灰》(GB/T 1596—2005)附录 A 进行。

(2)需水量比按《用于水泥和混凝土的粉煤灰》(GB/T 1596—2005)附录 B 进行。

(3)烧失量、三氧化硫、游离氧化钙和碱含量按《水泥化学分析方法》(GB/T 176—2008)进行。

(4)含水量按《用于水泥和混凝土的粉煤灰》(GB/T 1596—2005)附录 C 进行。

(5)安定性按《水泥标准稠度用水量、凝结时间、安定性检验方法》(GB/T 1346—2001)进行。净浆试验样品的制备,符合《强度检验用水泥标准样品》(GSB 14—1510)要求的对比样品和被检验的粉煤灰按 7∶3 质量比混合而成。

(6)放射性按《建筑材料放射性核素限量》(GB 6566—2010)进行。

二、粒化高炉矿渣粉

矿渣粉是水淬粒化高炉矿渣经干燥、粉磨达到适当细度的粉体。水淬急冷后的矿渣,其玻璃体含量多,结构处在高能不稳定状态,潜在活性大,再经磨细其潜能得以充分发挥。由于粉磨技术的进步,现已能生产出比表面积不同的矿渣粉。

(一)矿渣粉的化学成分和矿渣活性激发

1. 化学成分

矿渣的化学成分是决定矿渣粉品质的重要因素。矿渣的化学成分随其铁矿石、燃料以及加入的辅助熔剂成分而不同。武汉钢铁公司生产的高炉矿渣化学成分如表 2-10 所示。

表 2-10　武汉钢铁公司生产的高炉矿渣化学成分　　　　　　　（%）

CaO	Al$_2$O$_3$	Fe$_2$O$_3$	SiO$_2$	MgO	SO$_3$	Na$_2$O	K$_2$O	烧失量
34.67	14.60	1.72	33.67	9.89	1.95	0.27	0.65	2.38

矿渣粉的活性可用碱度来评定：

$$b = \frac{w_{CaO} + w_{MgO} + w_{Al_2O_3}}{w_{SiO_2}}$$ 　　　　　(2-1)

式中　b——碱度；

　　　w_{CaO}——矿渣粉中氧化钙含量（%）；

　　　w_{MgO}——矿渣粉中氧化镁含量（%）；

　　　$w_{Al_2O_3}$——矿渣粉中氧化铝含量（%）；

　　　w_{SiO_2}——矿渣粉中氧化硅含量（%）。

当 $b > 1.4$ 时，表明矿渣粉活性较高。

2. 矿渣活性的激发

磨细的粒化矿渣粉单独与水拌和时，反应极慢，得不到足够的胶凝性能。但是在激发剂作用下，矿渣的活性就会被激发出来。碱性激发剂一般是石灰或硅酸盐水泥水化时析出的 Ca(OH)$_2$，在碱性溶液中促进了矿渣的分散和溶解。Ca(OH)$_2$ 与矿渣的活性 SiO$_2$ 和活性 Al$_2$O$_3$ 化合，生成水化硅酸钙和水化铝酸钙。矿渣经激发后，就有一定的胶凝性，使浆体硬化并具有一定的强度。

硫酸盐激发剂一般是各种石膏或以 CaSO$_4$ 为主要成分的化工废渣。但是石膏只有在一定碱性环境中才能使矿渣的活性较为充分地发挥出来，并得到较高的胶凝强度。这是因为：一方面碱性环境促使矿渣分散、溶解，生成水化硅酸钙和水化铝酸钙；另一方面在 Ca(OH)$_2$ 存在的条件下，石膏与矿渣中的活性 Al$_2$O$_3$ 化合，生成硫铝酸钙。

（二）矿渣粉的技术指标和检验方法

1. 矿渣粉的技术指标

用于混凝土中的粒化高炉矿渣粉应符合《用于水泥和混凝土中的粒化高炉矿渣粉》（GB/T 18046—2008）的规定，其技术指标见表 2-11。

2. 检验方法

（1）烧失量按《水泥化学分析方法》（GB/T 176—2008）进行，但灼烧时间为 15～20 min。

矿渣粉在灼烧过程中由于硫化物的氧化引起的误差，可通过式(2-2)、式(2-3)进行校正：

$$w_{O_2} = 0.8 \times (w_{灼SO_3} - w_{未灼SO_3})$$ 　　　　　(2-2)

式中　w_{O_2}——矿渣粉灼烧过程中吸收空气中氧的质量分数（%）；

　　　$w_{灼SO_3}$——矿渣灼烧后测得的 SO$_3$ 质量分数（%）；

　　　$w_{未灼SO_3}$——矿渣未经灼烧时的 SO$_3$ 质量分数（%）。

$$X_{校正} = X_{测} + w_{O_2}$$ 　　　　　(2-3)

式中　$X_{校正}$——矿渣粉校正后的烧失量（质量分数）（%）；

$X_{测}$——矿渣粉试验测得的烧失量(质量分数)(%)。

表 2-11　矿渣粉的技术指标

检测项目		等级		
		S105	S95	S75
密度,不小于(g/cm³)		2.8		
比表面积,不小于(m²/kg)		500	400	300
活性指数,不小于(%)	7 d	95	75	55
	28 d	105	95	75
流动度比,不小于(%)		95		
含水量,不大于(%)(质量分数)		1.0		
三氧化硫,不大于(%)(质量分数)		4.0		
氯离子,不大于(%)(质量分数)		0.06		
烧失量,不大于(%)(质量分数)		3.0		
玻璃体含量,不小于(%)(质量分数)		85		
放射性		合格		

(2)三氧化硫按《水泥化学分析方法》(GB/T 176—2008)进行。

(3)氯离子按《水泥原料中氯的分析方法》(JC/T 420—2006)进行。

(4)密度按《水泥密度测定方法》(GB/T 208—94)进行。

(5)比表面积按《水泥比表面积测定方法(勃氏法)》(GB/T 8074—2008)进行。

(6)活性指数及流动度比按《用于水泥和混凝土中的粒化高炉矿渣粉》(GB/T 18046—2008)附录 A(规范性附录)进行。

(7)含水量按《用于水泥和混凝土中的粒化高炉矿渣粉》(GB/T 18046—2008)附录 B(规范性附录)进行。

(8)玻璃体含量按《用于水泥和混凝土中的粒化高炉矿渣粉》(GB/T 18046—2008)附录 C(规范性附录)进行。

(9)放射性按《建筑材料放射性核素限量》(GB 6566—2010)进行,其中放射性试验样品和硅酸盐水泥按质量比 1:1 混合制成。

三、磷渣粉

凡用电炉冶炼黄磷时,得到的以硅酸钙为主要成分的熔融物,经淬冷成粒的粒化电炉磷渣,磨细加工制成的粉状物料称为磷渣粉。

(一)磷渣粉的化学成分和矿物组成

磷渣的化学成分如表 2-12 所示。

表 2-12 中列出的磷渣化学成分中,SiO_2 和 CaO 是主要成分,是磷渣活性来源的主要因素。

表 2-12　磷渣的化学成分 （%）

SiO₂	Fe₂O₃	Al₂O₃	CaO	MgO	K₂O	Na₂O	SO₃	P₂O₅	烧失量
39.4	0.16	1.24	49.53	1.51	1.31	0.25	1.99	1.53	0.60

由磷渣的化学成分可知,它的矿物组成主要是硅酸盐和铝酸盐玻璃体,它们的含量为 85%~90%。另外,还含有少量细小晶体,结晶相中有假硅灰石、石英、方解石、氯化钙、硅酸二钙等。磷渣所具有的较高活性,主要是硅酸盐和铝酸盐的玻璃体的作用。这两种玻璃体具有较高的化学潜能,在碱性和硫酸盐激发剂的作用下,能够产生二次火山灰效应,同时磷渣中的硅酸二钙也有一定的活性,可以自身水化,但其含量少,对早期强度的作用较小。

(二)磷渣粉技术指标和检验方法

1. 技术指标

磷渣粉应符合《水工混凝土掺用磷渣粉技术规范》(DL/T 5387—2007),其技术指标见表 2-13。

表 2-13　磷渣粉技术指标

项目	技术要求	项目	技术要求
质量系数 K	≥1.10	比表面积(m²/kg)	≥300
28 d 活性指数(%)	≥60	需水量比(%)	≤105
含水量(%)	≤1.0	三氧化硫(SO₃)(%)	≤3.5
五氧化二磷(P₂O₅)(%)	≤3.5	烧失量(%)	≤3.0
安定性	合格	放射性	合格

注:必要时应对氟含量进行检测。

2. 检验方法

(1)氧化钙、氧化镁、二氧化硅、氧化铝、五氧化二磷和氟含量按《粒化电炉磷渣化学分析方法》(JC/T 1088—2008)进行。

(2)质量系数 K 按式(2-4)计算,计算结果保留两位小数。

$$K = \frac{w_{CaO} + w_{MgO} + w_{Al_2O_3}}{w_{SiO_2} + w_{P_2O_5}} \qquad (2-4)$$

式中　K——磷渣粉的质量系数;

　　　w_{CaO}——磷渣粉中氯化钙质量分数(%);

　　　w_{MgO}——磷渣粉中氧化镁质量分数(%);

　　　$w_{Al_2O_3}$——磷渣粉中氧化铝质量分数(%);

　　　w_{SiO_2}——磷渣粉中二氧化硅质量分数(%);

　　　$w_{P_2O_5}$——磷渣粉中五氧化二磷质量分数(%)。

(3)比表面积按《水泥比表面积测定方法(勃氏法)》(GB/T 8074—2008)进行。

(4)三氧化硫和烧失量按《水泥化学分析方法》(GB/T 176—2008)进行。

(5)需水量比按《水工混凝土掺用磷渣粉技术规范》(DL/T 5387—2007)附录 A(规范性附录)进行。

（6）含水量按《水工混凝土掺用磷渣粉技术规范》（DL/T 5387—2007）附录 B（规范性附录）进行。

（7）安定性按《水工混凝土掺用磷渣粉技术规范》（DL/T 5387—2007）附录 C（规范性附录）进行。

（8）活性指数按《水工混凝土掺用磷渣粉技术规范》（DL/T 5387—2007）附录 E（规范性附录）进行。

（9）放射性按《建筑材料放射性核素限量》（GB 6566—2010）进行，其中放射性试验样品和硅酸盐水泥按质量比 1∶1 混合制成。

四、钢渣粉

转炉或电炉钢渣经磁选除铁处理后粉磨达到一定细度的产品，称为钢渣粉。

（一）技术指标

钢渣粉应符合《用于水泥和混凝土中的钢渣粉》（GB/T 20491—2006）技术规范，其技术指标见表 2-14。

表 2-14　钢渣粉的技术指标

项目		品质指标	
		一级	二级
比表面积，不小于（m²/kg）		400	
密度，不小于（g/cm³）		2.8	
含水量，不大于（%）		1.0	
游离 CaO 含量，不大于（%）		3.0	
三氧化硫，不大于（%）		4.0	
碱度指数，不小于（%）		1.8	
活性指数（%）	7 d　不小于	65	55
	28 d　不小于	80	65
流动度比，不小于（%）		90	
安定性	沸煮法	合格	
	压蒸法	当钢渣中 MgO 含量大于 13% 时须检验合格	

（二）检验方法

（1）碱度系数按式（2-5）计算：

$$碱度系数 = \frac{w_{CaO}}{w_{SiO_2} + w_{P_2O_5}} \tag{2-5}$$

式中　w_{CaO}——钢渣粉中氧化钙含量（%）；

　　　w_{SiO_2}——钢渣粉中二氧化硅含量（%）；

　　　$w_{P_2O_5}$——钢渣粉中五氧化二磷含量（%）。

CaO、SiO₂、P₂O₅ 和游离氧化钙按《钢渣化学分析方法》（YB/T 140—2009）测定。

（2）比表面积按《水泥比表面积测定方法（勃氏法）》（GB/T 8074—2008）进行。

（3）密度按《水泥密度测定方法》（GB/T 208—94）进行。

（4）含水量按《用于水泥和混凝土中的粒化高炉矿渣粉》（GB/T 18046—2008）附录 B（规范性附录）进行。

（5）三氧化硫按《水泥化学分析方法》（GB/T 176—2008）进行。

（6）活性指数与流动度比按《用于水泥和混凝土中的钢渣粉》（GB/T 20491—2006）附录 A（规范性附录）进行。

（7）安定性。

①压蒸法。按《水泥压蒸安定性试验方法》（GB/T 750—1992）进行。

②沸煮法。按《水泥标准稠度用水量、凝结时间、安定性检验方法》（GB/T 1346—2001）进行。

五、硅灰

硅灰是在硅合金与硅铁合金制造过程中，从电弧炉烟气中收集的以无定形二氧化硅为主的微细球形颗粒。在铬铁、锰和硅钙合金生产中也可以采集到硅灰。

（一）硅灰对混凝土性能的影响

1. 对混凝土拌和物的影响

由于硅灰具有很大的比表面积和高度的分散性，掺硅灰混凝土的用水量会随着其掺量增加而增大。为了保持硅灰混凝土的和易性，不增加太多的用水量，必须在拌和物中掺加高性能减水剂或高效减水剂。掺硅灰的混凝土黏聚性好，抗骨料分离性强。应该指出的是，硅灰混凝土在浇筑后要及时进行养护，否则极易引起新浇混凝土塑性收缩，产生表面裂缝。

硅灰在混凝土中掺量一般为 5%～10%。

2. 对硬化混凝土的影响

对混凝土强度的影响。由于硅灰是一种高活性火山灰质材料，且比表面积很大，所以早期就具有较强的火山灰效应。掺硅灰混凝土 1 d 抗压强度与不掺硅灰混凝土抗压强度接近；7 d 就超过不掺硅灰混凝土抗压强度，后期抗压强度随龄期而增长。硅灰混凝土的抗拉强度发展与抗压强度相似。掺硅灰混凝土极限拉伸值较高。

对混凝土耐久性的影响。硅灰掺入混凝土中使其内部结构发生变化，微小颗粒以及火山灰反应大大地改善了混凝土孔结构，降低孔隙率，增加密实性。但是硅灰掺入后，对引气剂有吸附作用，达到要求含气量时，要增加引气剂掺量。对于硅灰混凝土来说，只要达到要求的含气量，抗冻性不会降低，只会提高。

硅灰混凝土的干缩要比不掺硅灰混凝土的大。

硅灰混凝土具有较高的抗硫酸盐和氯盐的侵蚀性。

硅灰对抑制混凝土碱骨料反应是有效的。

硅灰混凝土具有较高的抗冲磨和抗气蚀性。

（二）硅灰的技术指标和检验方法

1. 技术指标

用于混凝土中的硅灰应符合《高强高性能混凝土用矿物外加剂》（GB/T 18736—2002）的规定，其技术指标见表 2-15。

表 2-15 硅灰品质要求

检测项目	指标	检测项目	指标
烧失量(%)	≤6	氯离子(%)	≤0.02
SiO_2(%)	≥85	比表面积(m^2/kg)	≥15 000
含水率(%)	≤3.0	需水量比(%)	≤125
活性指数(胶砂)(28 d)(%)	≥85		

2. 检验方法

(1)烧失量按《水泥化学分析方法》(GB/T 176—2008)进行。

(2)氯离子按《水泥原料中氯的分析方法》(JC/T 420—2006)进行。

(3)硅灰中二氧化硅分析按《高强高性能混凝土用矿物外加剂》(GB/T 18736—2002)附录 A(标准的附录)进行。

(4)比表面积用 BET 氮吸附法测定。

(5)含水率按《水泥化学分析方法》(GB/T 176—2008)进行。

(6)需水量比及活性指数按《高强高性能混凝土用矿物外加剂》(GB/T 18736—2002)附录 C(标准的附录)进行。

六、天然火山灰质掺合料

(一)天然火山灰质材料的开发及利用

1. 概述

天然火山灰是火山喷发时随同熔岩一起喷发的大量熔岩碎屑和粉尘沉积在地表面或水中形成松散或轻度胶结的物质。我国火山灰贮量十分丰富,在黑龙江、内蒙古、海南岛、新疆和西藏等地均有资源分布。

火山灰质材料是水泥混凝土中的主要矿物掺合料之一。掺用火山灰质材料可以改善混凝土的工作性、密实水化产物的微观结构、提高混凝土的抗渗性、抗侵蚀性及抑制碱骨料活性反应等;同时可以节省水泥用量,达到节能减排的目的。火山灰质材料可分为人工火山灰质材料(粉煤灰、烧黏土等)和天然火山灰质材料。后者包括的范围较广,包括火山灰、浮石、沸石岩、凝灰岩、硅藻土以及蛋白石等。人工火山灰质材料与天然火山灰质材料在性能和使用技术上存在较大区别。

随着我国混凝土工程建设的大发展,优质掺合料越来越紧缺,很多地区缺乏粉煤灰、矿渣等资源,尤其是西部地区。因而,促使天然火山灰质材料开发利用,可以就地取材,避免材料外运,降低了建设成本。

大多数天然火山灰质材料中含有无定形的活性 SiO_2 和 Al_2O_3,活性比较高,但也存在一些惰性和活性较差的天然火山灰质材料,因为做混凝土掺合料的天然火山灰质材料需要进行磨细加工工艺,所以采用惰性材料磨细加工是不经济的。在开发利用天然火山灰质材料前,需要判定它是否具有火山灰活性,以"火山灰性试验"为判定依据。

2. 在水利水电工程中的应用

1)海南省大广坝碾压混凝土

(1)工程概况。

大广坝工程位于海南省昌化江中游,东方县境内。该工程具有发电、灌溉和供水综合效益,20世纪90年代中期建成。挡水建筑物为河床重力坝与两岸土坝,坝顶总长为5 842 m,其中重力坝长为719 m,最大坝高为57 m。混凝土总量为82.7万 m³,其中碾压混凝土为48.5万 m³。

(2)火山灰凝灰岩掺合料。

经勘探调查和试验,选定峨曼天然火山灰作为混凝土掺合料,峨曼港距大广坝172 km。矿山由火山灰与凝灰岩薄层互层组成,为多次火山灰喷发堆积物,两者天然质量比约为1:1,凝灰岩稍多。大规模开采时,火山灰与凝灰岩不易分离,需混合加工和使用,实质是火山灰质复合掺合料。

火山灰凝灰岩掺合料的化学成分和物理性质检验结果见表2-16和表2-17。

表2-16　火山灰凝灰岩掺合料的化学成分　　　　　　　　　（％）

SiO$_2$	Al$_2$O$_3$	Fe$_2$O$_3$	CaO	MgO	SO$_3$	总碱量	烧失量
51.02	14.90	10.0	11.24	2.28	0.10	1.82	6.34

表2-17　火山灰凝灰岩掺合料的物理性质

密度(t/m³)	细度(0.08 mm 筛)	需水量比(％)	含水量(％)
2.60	11.5	102.3	3.2

(3)火山灰凝灰岩碾压混凝土。

①大广坝碾压混凝土设计要求。

设计要求各项指标见表2-18。

表2-18　大广坝碾压混凝土设计要求指标

强度等级	抗渗等级 (90 d)	90 d 极限拉伸值 (10^{-6})	最大水胶比	最大骨料粒径 (mm)	VC 值 (s)
C$_{90}$10	W4	≥65	≤0.70	80	5~7

②原材料。

水泥:海南叉河水泥厂425普通硅酸盐水泥,密度为3.14 t/m³。

掺合料:火山灰凝灰岩掺合料,密度为2.60 t/m³。

细骨料:混合砂(天然砂与花岗岩轧制人工砂混合),细度模数为2.93,含粉量(0.16 mm 筛以下)为7.9%。

粗骨料:花岗岩轧制碎石,最大骨料粒径80 mm(三级配),表观密度为2.64 t/m³。

外加剂:湛江外加剂厂生产缓凝减水剂。

③配合比优化。

通过配合比优化设计和施工检验，根据施工料场骨料变动情况调整砂率，施工采用表 2-19 中两个配合比。

表 2-19　大广坝碾压混凝土施工配合比

配合比	水胶比	掺合料掺量（%）	砂率（%）	单方材料用量（kg/m³）						VC 值（s）
				水	水泥	掺合料	细骨料	粗骨料	外加剂	
RCC2	0.70	67	32	105	50	100	709	1 507	1.650	5～7
RCC1	0.64	61	33	105	65	100	725	1 470	1.815	5～7

④应用经验。

海南峨曼天然火山灰矿系火山灰质活性材料，经磨细可直接掺入碾压混凝土中，掺量为 61%～67% 配制的碾压混凝土强度等级可达到 $C_{90}15$。施工质量检验结果全部达到表 2-18 设计指标。

当火山灰凝灰岩掺合料的掺量大于 30% 时，有较明显的促凝性，外加剂应选用缓凝减水剂，掺量适宜，缓凝效果显著，并能满足高气温（>32 ℃）施工。

2）德宏州弄另水电站

（1）工程概况。

弄另水电站位于云南省德宏州龙江至瑞丽江中段的梁河县。工程主要枢纽建筑物由拦河坝、引水系统、发电厂房及开关站等组成。拦河坝为碾压混凝土重力坝，最大坝高为 90.5 m，坝顶长度为 280 m，坝顶宽为 8 m。水电站混凝土总量为 51.44 万 m³。

（2）碾压混凝土配合比。

配合比中单掺江腾火山灰掺合料，等量取代水泥比例达到了 50%，达到强度等级 $C_{180}10$ 和 $C_{180}15$ 并满足碾压混凝土各项物理性能要求。

3）云南江腾火山灰掺合料在水利水电工程中的应用

江腾火山灰掺合料的开发利用，不仅填补了滇西地区的混凝土掺合料空白，还为澜沧江上游和怒江开发建设的水电站提供了宝贵的经验借鉴。在缺乏粉煤灰的地区，选择天然火山灰质矿物材料加工磨细，作为混凝土掺合料是可行的。现以江腾天然火山灰掺合料为例说明其应用前景。

（1）江腾火山灰掺合料的性能。

①化学成分。

江腾火山灰掺合料的化学成分见表 2-20。

表 2-20　江腾火山灰掺合料的化学成分　　　　　　　　　　　　　　　　（%）

SiO_2	Al_2O_3	Fe_2O_3	CaO	MgO	SO_3	K_2O	Na_2O	烧失量
50.65	17.38	9.04	6.38	6.09	0.06	2.48	3.24	3.26

②物理性能。

江腾火山灰掺合料的物理性能见表 2-21。

表 2-21　江腾火山灰掺合料的物理性能

密度（g/cm³）	比表面积（m²/kg）	细度（80 μm 筛）（%）
2.75	365	2.9

（2）江腾火山灰掺合料在水利水电工程中的应用。

江腾火山灰掺合料在云南地区水利水电工程中的应用概况见表 2-22。

表 2-22　江腾火山灰掺合料在云南地区水利水电工程中的应用概况

序号	工程名称	位置	建筑物	混凝土强度等级	水泥强度等级	火山灰掺量（%）
1	葫芦口水电站	德宏梁口县	双曲拱坝	$C_{90}25$	P.O42.5	20～25
2	腾龙桥水电站（二级）	龙陵县腾龙桥	重力坝	$C_{90}10$	P.O32.5	40
3	腊寨水电站	保山市龙江	重力坝	$C_{90}42$	P.O42.5	40
4	缅甸瑞丽江水电站（一级）	缅甸南坎县	重力坝	$C_{90}15$	P.O42.5	40
5	芒里水电站	潞西市遮放县	重力坝	$C_{90}15$	P.O32.5	40
6	勐乃水电站	德宏盈江县	重力坝	$C_{90}15$	P.O42.5	30
7	龙川江水电站（一级）	腾冲县曲石乡	重力坝	$C_{90}10$	P.O32.5	40
8	缅甸太平江水电站	盈江南河口岸	重力坝	$C_{90}15$	P.O42.5	30～40

（二）技术要求和检验方法

1. 技术要求

1）适用范围

本标准中天然火山灰质掺合料的定义为：可直接使用的磨细粉体材料,其原材料包括以下六种。

（1）火山灰或火山渣。指火山喷发的细粒碎屑的疏松沉积物。

（2）玄武岩。火山爆发时岩浆喷出地面骤冷凝结而成的硅酸盐岩石。

（3）凝灰岩。由火山灰沉积形成的致密岩石。

（4）天然沸石岩（沸石）。以碱金属或碱土金属的含水铝硅酸盐矿物为主要成分的岩石。

（5）天然浮石岩（浮石）。熔融的岩浆随火山喷发冷凝而成的具有密集气孔能浮于水面的火山玻璃岩。

（6）安山岩。一种中性的钙碱性火山岩,常与玄武岩共生。

2）要求

天然火山灰质掺合料应符合表 2-23 的技术要求。

2. 检验方法

（1）细度按《水泥细度检验方法（筛析法）》（GB/T 1345—2005）进行测试。

（2）流动度比、活性指数按《水泥砂浆和混凝土用天然火山灰质材料》（JG/T 315—2011）附录 A 进行测试。

表 2-23 天然火山灰质掺合料的技术要求

序号	项目		技术指标
1	细度(45 μm 方孔筛筛余)(质量百分数,%)		≤20
2	流动度比(%)	磨细火山灰	≥85
		磨细玄武岩、安山岩和凝灰岩	≥90
		浮石粉	≥65
3	活性指数(%)	7 d	≥50
		28 d	≥65
4	烧失量(质量百分数,%)		≤8.0
5	三氧化硫(质量百分数,%)		≤3.5
6	含水量(质量百分数,%)		≤1.0
7	火山灰性		合格[a]
8	放射性		符合《建筑材料放射性核素限量》(GB 6566—2010)规定[b]
9	碱含量(%)		按 $Na_2O + 0.658K_2O$ 计算值表示,其值由买卖双方协商确定

注:a. 用于混凝土中的火山灰性为选择性控制指标,当活性指数达到相应的指标时,可不作强制要求;

b. 当有可靠资料证明材料的放射性合格时,可不再检验。

(3)烧失量、三氧化硫、碱含量按《水泥化学分析方法》(GB/T 176—2008)进行测试。

(4)含水量按《水泥砂浆和混凝土用天然火山灰质材料》(JG/T 315—2011)附录 B 进行测试。

(5)火山灰性按《用于水泥中的火山灰质混合材料》(GB/T 2847—2005)进行测试。

(6)放射性将天然火山灰质掺合料与符合《通用硅酸盐水泥》(GB 175—2007)要求的硅酸盐水泥按质量比 1∶1 混合均匀,并按《建筑材料放射性核素限量》(GB 6566—2010)方法检测放射性。

七、复合矿物掺合料

由两种或两种以上矿物掺合料复合的掺合料称为复合矿物掺合料。水工混凝土使用的复合矿物掺合料均由两种掺合料复合。复合方法有两种:一种是在工厂粉磨时原材料按复合比例配料,磨机内复合;另一种是在混凝土搅拌楼按比例配料,搅拌机内复合。

复合矿物掺合料分为主掺合料和副掺合料两类:主掺合料是指粉煤灰、矿渣粉、磷渣粉、钢渣粉、硅灰等已有国标标准的掺合料;副掺合料没有规定,目前水工混凝土工程采用的有凝灰岩粉和石灰岩粉两种,今后会开发出玄武岩、白云岩、安山岩等其他矿物掺合料。

(一)石灰岩粉

1. 石灰岩粉的化学成分和性能

1)石灰岩粉的化学成分

景洪坝石灰岩粉的化学成分见表 2-24。

表 2-24　景洪坝石灰岩粉的化学成分　　　　　　　　（%）

CaO	SiO₂	Al₂O₃	Fe₂O₃	MgO	烧失量
53.37	1.33	0.43	0.58	1.02	43.01

2）石灰岩粉粒径分布

龙滩坝和景洪坝石灰岩粉粒径分布试验结果见表 2-25。

表 2-25　龙滩坝和景洪坝石灰岩粉粒径分布试验结果　　　　（%）

工程名称	各级粒径含量（质量比）			
	>150 μm	75~150 μm	45~75 μm	<45 μm
龙滩坝	4.9	18.3	17.3	59.5
景洪坝	0	19.4	16.5	64.1

3）石灰岩粉和粉煤灰的掺量与水泥胶砂需水量比的关系

试验原材料：42.5 普通硅酸盐水泥，Ⅰ级粉煤灰，景洪坝石灰岩粉，标准砂。石灰岩粉和粉煤灰的掺量与胶砂需水量比关系试验结果见表 2-26。

表 2-26　不同石灰岩粉和粉煤灰的掺量与胶砂需水量比　　　　（%）

掺合料类别	不同掺量（质量比，%）的需水量比					
	0	10	20	30	40	50
粉煤灰	100	97.9	95.8	95.8	94.5	92.8
石灰岩粉	100	98.7	98.7	98.7	98.7	97.5

石灰岩粉掺入水泥中所形成的胶凝体有一定的减水作用，随着掺量增加需水量比减小。因此，石灰岩粉作为副掺合料是物有所用。据文献介绍，石灰岩粉掺入水泥中也有轻微增强作用，这不是主要的，其主要作用是改善水工混凝土的和易性。

从胶砂需水量比考虑，石灰岩粉和粉煤灰的需水量比均低于 1.0，具有相近的减水效应。

2. 石灰岩粉的技术要求和检验方法

1）技术要求

石灰岩粉的技术要求见表 2-27。

表 2-27　石灰岩粉的技术要求

比表面积（m²/kg）	需水量比（%）	含水量（%）
≥350	≤100	≤1.0

2）检验方法

（1）比表面积按《水泥比表面积测定方法（勃氏法）》（GB/T 8074—2008）进行。

（2）需水量比按《用于水泥和混凝土中的粉煤灰》（GB/T 1596—2005）附录 B（规范性

附录)进行。

（3）含水量按《用于水泥和混凝土中的粉煤灰》（GB/T 1596—2005）附录 C（规范性附录）进行。

（二）凝灰岩粉

凝灰岩粉属火山灰质掺合料，含有较多的酸性氧化物（SiO_2、Al_2O_3），具有一定的活性，能与水泥水化析出的 $Ca(OH)_2$ 结合生成硅酸钙水化物，有助于后期强度增长。

1. 凝灰岩粉化学成分和需水量比

1）凝灰岩粉化学成分

云南云县棉花地凝灰岩粉的化学成分见表2-28。

表2-28　棉花地凝灰岩粉的化学成分 （%）

SiO_2	Al_2O_3	Fe_2O_3	CaO	SO_3	MgO	Na_2O	K_2O	烧失量
58.68	18.72	6.28	4.64	0.07	2.0	1.0	2.93	5.45

2）凝灰岩粉和粉煤灰的掺量与水泥胶砂需水量比的关系

凝灰岩粉和粉煤类的掺量与胶砂需水量比关系试验结果见表2-29。

表2-29　不同凝灰岩粉和粉煤灰的掺量与胶砂需水量比 （%）

掺合料类别	不同掺量（质量比,%）的需水量比					
	0	20	30	40	50	60
凯里粉煤灰	100	99	99	—	—	99
凝灰岩粉	100	101	101	100	101	102

凝灰岩粉的需水量比随掺量增加而略有增加，大于1.0。因此，减水率比粉煤灰差，与石灰岩粉比较，会增加水工混凝土用水量。但是，凝灰岩粉的活性指数比石灰岩粉高。

2. 凝灰岩粉的技术要求和检验方法

天然凝灰岩粉掺合料的技术要求和检验方法见表2-23和相对应的检验方法。

第三节　外加剂

混凝土外加剂是在拌制混凝土时掺入少量（一般不超过水泥用量的5%），以改善混凝土性能的物质。因此，它是混凝土的重要组成部分。

一、外加剂的种类

外加剂按其主要功能分类，每一类不同的外加剂均由某种主要化学成分组成。市售的外加剂可能都复合有不同的组分材料。

（一）高性能减水剂

高性能减水剂是国内外近年来开发的新型外加剂品种，目前有聚羧酸盐类。早强型、标准型和缓凝型高性能减水剂可由分子设计引入不同功能团生产，也可掺入不同组分复配而成。其主要特点如下：

(1)掺量低、减水率高；

(2)混凝土拌和物工作性好；

(3)外加剂中氯离子和碱含量低；

(4)生产和使用过程中不污染环境。

(二)高效减水剂

高效减水剂不同于普通减水剂，它具有较高的减水率和较低的引气量，是我国使用量大、面广的外加剂品种。目前，我国使用的高效减水剂品种多是萘系减水剂、氨基磺酸盐系减水剂。

缓凝型高效减水剂是以高效减水剂为主要组分，再复合各种适量的缓凝组分或其他功能性组分而成的外加剂。

(三)普通减水剂

普通减水剂的主要成分为木质素磺酸盐，通常由亚硫酸盐法生产纸浆的副产品制得。常用的有木钙、木钠和木镁。它具有一定的缓凝、减水和引气作用。以其为原料，加入不同类型的调凝剂可制得不同类型的减水剂，如早强型、标准型和缓凝型的减水剂。

(四)引气减水剂

引气减水剂是兼有引气和减水功能的外加剂。它由引气剂与减水剂复合组成，根据工程要求不同，性能有一定的差异。

(五)泵送剂

泵送剂是用于改善混凝土泵送性能的外加剂。它由减水剂、调凝剂、润滑剂等多种组分复合而成。根据工程要求，其产品性能会有所差异。

(六)早强剂

早强剂是能加速水泥水化和硬化，促进混凝土早期强度增长的外加剂，可缩短混凝土养护龄期，加快施工进度，提高模板和场地周转率。早强剂主要是无机盐类、有机物等，但现在越来越多地使用各种复合型早强剂。

(七)缓凝剂

缓凝剂是可在较长时间内保持混凝土工作性，延缓混凝土凝结和硬化时间的外加剂。缓凝剂的种类较多，主要有：

(1)糖类及碳水化合物，如淀粉、纤维素的衍生物；

(2)羟基羧酸，如柠檬酸、洒石酸、葡萄糖酸以及其盐类。

(八)引气剂

引气剂是一种在搅拌过程中具有在混凝土中引入大量均匀分布的微气泡，而且在硬化后能保留在其中的一种外加剂，主要有可溶性树脂酸盐(松香酸)和文沙尔树脂。

二、外加剂的功能及作用机制

(一)外加剂的功能

(1)改善混凝土拌和物施工时的和易性；

(2)提高混凝土的强度及其他物理力学性能；

(3)节约水泥或代替特种水泥；

(4)加速混凝土的早期强度发展；

(5)调节混凝土的凝结硬化速度；

(6)调节混凝土的含气量，提高混凝土的抗冻耐久性；

(7)降低水泥初期水化热或延缓水化放热；

(8)改善混凝土拌和物的泌水性；

(9)提高混凝土耐侵蚀性盐类的腐蚀性；

(10)减弱碱骨料反应；

(11)改善混凝土的毛细孔结构；

(12)改善混凝土的泵送性；

(13)提高钢筋的抗锈蚀能力(掺加阻锈剂)；

(14)提高新老混凝土界面的黏结力；

(15)水下混凝土施工可实现自流平和自密实。

(二)外加剂的作用机制

混凝土中掺加少量的化学外加剂，大大地改善了它的性能，并降低了费用，使得资源得到了充分利用，增强了环境保护，其作用机制如下。

1. 改善混凝土拌和物性能

当混凝土掺入引气、减水等功能的外加剂时，提高了混凝土的流动性能，改善了混凝土的和易性。由于混凝土的和易性得到了改善，因此其质量得到了保证，降低了能耗和改善了劳动条件。掺缓凝类外加剂，延缓了混凝土凝结时间。在浇筑块体尺寸大时，尤其在高温季节，可减少或避免混凝土出现冷缝，方便施工，提高混凝土的质量。在泵送混凝土中加入泵送剂，可使混凝土具有良好的可泵性，不产生泌水、离析，增加拌和物的流动性和稳定性。同时，使混凝土在管道内的摩阻力减小，降低输送过程中能量的损耗，增强混凝土的密实性。在浇筑大流动度的混凝土时，往往因混凝土拌和物坍落度损失而影响施工质量，掺用缓凝高效减水剂能有效地减少坍落度损失，有利于施工，保证混凝土质量。在水下混凝土施工中，为了抗水下混凝土的分离性，增加拌和物的黏聚性能，掺入能使混凝土保持絮凝状态的水下不分散剂，使水下混凝土有很高的流动性，能自流平、自密实，大大提高水下混凝土的质量。

2. 提高硬化混凝土性能

1)增加混凝土强度

混凝土中掺入各种类型的减水剂，在维持拌和物和易性与胶材用量不变的条件下，降低用水量，减小水灰比，从而能增加混凝土强度。掺木质素磺酸盐(如木钙)0.25%，可减少用水量 5%~15%，掺糖蜜类减水剂可减少用水量 6%~11%，掺高效减水剂可减少用水量 15%~30%。对于超高强混凝土，减水率甚至可达 40%。减水剂的增强效果从 5% 至 30%，甚至更高。

增加混凝土早期强度的外加剂，最早应用氯化钙，因其与水泥中铝酸三钙发生化学反应生成氯铝酸盐，加速了铝酸三钙的水化，同时增进硅酸三钙的水化，从而加速水泥的凝结与硬化。掺加 1% 和 2% 的氯化钙对普通水泥和火山灰水泥混凝土强度的增长率，2 d 可达到 40%~100%，以在低温条件下尤为明显，但氯化钙对钢筋有腐蚀作用，因此对它应限制使用。三乙醇胺早强剂可加速水泥中 C_3A - 石膏 - 水体系形成钙矾石，从而加速 C_3A 的水化反应。但三乙醇胺延缓 C_3S 的初期水化，1 d 后则加速其水化。因此，三乙醇胺早强剂掺量为 0.03% ~0.05%时,混凝土 2~3 d 强度能提高 50%左右。早强剂甲酸钙对混凝土早期强度的影响取决于水泥中铝酸三钙的含量,铝酸三钙含量低的水泥,甲酸钙对其增强效果较好。掺甲酸钙、亚硝酸钠和三乙醇胺复合早强剂 2%时,混凝土水灰比 0.55,在低温(气温 3 ℃)下可提高 3~7 d 强度 30% ~80%,且对钢筋无锈蚀作用。超早强剂中,有一种是以三羟甲基氨基甲烷 10%、亚硝酸钙 16%、硫氰酸钠 10%、乳酸 4%和水 60%组成的液体超早强剂,它的作用是使混凝土凝结后快速增加强度。混凝土拌和后 1 h 内完成浇筑,且需保持混凝土的温度不低于 21 ℃。它主要应用于混凝土工程抢修任务,比如用于水工建筑物中受高速水流冲刷磨损的混凝土、海港码头遭到海浪磨蚀的混凝土。

这种超早强剂能与高效减水剂复合使用,降低水灰比,其早期强度会发展更快。

2)提高混凝土耐久性

混凝土掺引气型外加剂,能降低空气与水的界面张力。引气剂一端为带有极性的官能团分子,另一端为具有非极性的分子。具有极性的一端引向水分子的偶极,非极性的一端指向空气,因而大量的空气泡在混凝土搅拌时引入混凝土中。这些细小的气泡能够均匀、稳定地存在于混凝土中,一方面可能是由于气泡周边形成带相反电荷的分子层,另一方面是因为水泥水化形成的水化物吸附在气泡的表面上,增加了气泡的稳定性。混凝土中许多微小气泡具有释放存在于孔隙中的自由水结冰产生的膨胀压力和凝胶孔中过冷水流向毛细孔产生的渗透压力的作用,所以引气混凝土具有较高的抗冻性。换句话说,配制抗冻性高的混凝土,必须掺加引气剂。

三、外加剂对水泥和掺合料适应性试验

在混凝土中掺高效减水剂来改善其性能,已取得很好的效果与经验,但是在某些情况下使用萘系高效减水剂后,混凝土的凝结和坍落度变化给施工造成麻烦,从而影响混凝土质量。许多研究成果表明,由于水泥的矿物组成、碱含量、细度和生产水泥时所用的石膏形态、掺量等不同,在同一种外加剂和相同掺量下,对这些水泥的效果明显不同,甚至不适应。

水泥熟料的矿物组成中 C_3A 和 C_3S 以及石膏的形态与掺量对外加剂的作用效果影响较大。水泥矿物中吸附外加剂能力由强至弱的顺序为 $C_3A > C_4AF > C_3S > C_2S$。由于 C_3A 水化速度最快,吸附量又大,当外加剂掺入 C_3A 含量高的水泥中时,减水增强效果就差。当外加剂掺入 C_3A 含量低、C_2S 含量高的水泥时,其减水增强效果显著,而且使混凝土坍落度损失变化较小。

水泥中石膏形态和掺量对萘系减水剂的作用效果的影响与水泥中 C_3A 含量有关,C_3A 含量大时影响较大,反之则小。不同石膏的溶解速度的顺序为半水石膏 > 二水石膏 > 无水石膏(硬石膏、烧石膏)。石膏作为调凝剂,其主要作用是控制 C_3A 的水化速度,使水泥能够正常凝结硬化。这是由于石膏,也就是硫酸钙与 C_3A 反应生成钙矾石和单硫铝酸钙控制 C_3A 的反应速度。掺外加剂对硫酸盐控制水化速度必然会影响水泥的水化过程。采用硬石膏作调凝剂的水泥,木钙对这种水泥有速凝作用。如上所述,硬石膏的溶解速度最低,当掺加木钙后,硬石膏在饱和石灰溶液中的溶解性进一步减小。糖类和羟基酸对于掺硬石膏的水泥也具有类似木钙作用而使水泥快速凝结。SO_3 的含量低(<1.3%)的中热水泥,曾遇到过掺正常掺量的萘系减水剂时,使掺粉煤灰混凝土凝结时间过长的问题。试验表明,在这种情况下,萘系减水剂吸附在 C_3A、C_3S 和 SO_3 的表面上,阻碍了钙矾石的生成,同时延缓 C_3A

和 C_3S 水化,从而延长凝结时间。

在高性能混凝土中,由于水胶比小与高效减水剂掺量大,使水泥与减水剂的不适应问题更为突出,其中以坍落度损失较快的居多。对高性能混凝土与减水剂相容性的影响因素,除水泥的矿物成分、细度、石膏的形态及掺量外,还有碱含量。因为水泥中的碱会增加 C_3A 和石膏反应及其水化物晶体生成,导致高碱水泥凝结时间较短。温度变化也对高效减水剂的效应产生影响,当气温高时,掺高效减水剂混凝土坍落度损失就大。

掺加磷渣粉掺合料的混凝土,由于磷渣粉含有氟、磷等化合物,外加剂可能与水泥、磷渣粉不适应,导致混凝土凝结出现异常情况。应在混凝土原材料选择阶段及时进行外加剂与水泥、磷渣粉的适应性综合试验。

四、外加剂的技术要求

(一)受检混凝土的性能指标及检验方法

1. 性能指标

掺外加剂混凝土的性能应符合表 2-30 的要求。

2. 检验方法

表 2-30 检验项目包括减水率、泌水率比、凝结时间差、坍落度和含气量的 1 h 经时变化量、抗压强度比、收缩率比和相对耐久性试验,均按《混凝土外加剂》(GB 8076—2008)中第6 章试验方法的规定进行。

(二)匀质性指标及检验方法

1. 匀质性指标

匀质性指标应符合表 2-31 的要求。

2. 检验方法

表 2-31 匀质性检验项目包括含固量、密度、细度、pH 值、氯离子含量、硫酸钠含量和碱含量等,均按《混凝土外加剂匀质性试验方法》(GB 8077—2000)的规定进行。

五、选用外加剂主要注意事项

外加剂的使用效果受到多种因素的影响,因此选用外加剂时应特别予以注意。

(1)外加剂的品种应根据工程设计和施工要求选择。使用的工程原材料,通过试验及技术经济比较后确定。

(2)几种外加剂复合使用时,应注意不同品种外加剂之间的相容性及对混凝土性能的影响。使用前应进行试验,满足要求后方可使用。如聚羧酸系高性能减水剂与萘系减水剂不宜复合使用。

(3)严禁使用对人体产生危害、对环境产生污染的外加剂。用户应注意工厂提供的混凝土安全防护措施的有关资料,并遵照执行。

(4)对钢筋混凝土和有耐久性要求的混凝土,应按有关标准规定严格控制混凝土中氯离子含量和碱的含量。混凝土中氯离子含量和总碱量是指其各种原材料所含氯离子和碱含量之和。

(5)由于聚羧酸高性能减水剂的掺加量对其性能影响较大,用户应注意准确计量。

表 2-30　受检混凝土性能指标

项目	外加剂品种												
	高性能减水剂 HPWR			高效减水剂 HWR		普通减水剂 WR			引气减水剂 AEWR	泵送剂 PA	早强剂 Ac	缓凝剂 Re	引气剂 AE
	早强型 HPWR-A	标准型 HPWR-S	缓凝型 HPWR-R	标准型 HWR-S	缓凝型 HWR-R	早强型 WR-A	标准型 WR-S	缓凝型 WR-R	AEWR	PA	Ac	Re	AE
减水率,不小于(%)	25	25	25	14	14	8	8	8	10	12	—	—	6
泌水率比,不大于(%)	50	60	70	90	100	95	100	100	70	70	100	100	70
含气量(%)	≤6.0	≤6.0	≤6.0	≤3.0	≤4.5	≤4.0	≤4.0	≤5.5	≥3.0	≤5.5	—	—	≥3.0
凝结时间之差(min) 初凝、终凝	-90~+90	-90~+120	>+90	-90~+120	>+90	-90~+90	-90~+120	>+90	-90~+120	—	-90~+90	>+90	-90~+120
坍落度(mm)	—	≤80	≤60	—	—	—	—	—	—	≤80	—	—	—
1 h 经时变化量(%) 含气量	—	—	—	—	—	—	—	—	-1.5~+1.5	—	—	—	-1.5~+1.5
抗压强度比,不小于(%) 1 d	180	170	—	140	—	135	—	—	—	—	135	—	—
抗压强度比,不小于(%) 3 d	170	160	140	130	125	130	115	110	115	115	130	100	95
抗压强度比,不小于(%) 7 d	145	150	130	125	120	110	115	110	110	110	110	100	95
抗压强度比,不小于(%) 28 d	130	140	125	120	115	100	110	110	100	100	100	100	90
收缩率比,不大于(%) 28 d	110	110	110	135	135	135	135	135	135	135	135	135	135
相对耐久性(200次),不小于(%)	—	—	—	—	—	—	—	—	80	—	—	—	80

注:1. 表中抗压强度比、收缩率比和相对耐久性为强制性指标,其余为推荐性指标。

2. 除含气量外,表中所列数据为掺外加剂混凝土与基准混凝土的差值或比值。

3. 凝结时间指标中的"-"号表示提前,"+"号表示延缓。

4. 相对耐久性(200次)性能指标中的"≥80"表示将 28 d 龄期的受检混凝土试件快速冻融循环 200 次后,动弹性模量保留值≥80%。

5. 含气量经时变化量指标中的"-"号表示含气量增加,"+"号表示含气量减少。

6. 其他品种的外加剂是否测定相对耐久性等性能,由供需双方协商确定。

7. 当用户对泵送剂等产品有特殊要求时,需要进行的补充试验项目、试验方法及指标,由供需双方协商决定。

表 2-31 匀质性指标

项目	指标
氯离子含量(%)	不超过生产厂控制值
总碱量(%)	不超过生产厂控制值
含固量 S(%)	当 $S > 25\%$ 时,应控制在 $(0.95 \sim 1.05)S$; 当 $S \leqslant 25\%$ 时,应控制在 $(0.90 \sim 1.10)S$
含水量 W(%)	当 $W > 5\%$ 时,应控制在 $(0.90 \sim 1.10)W$; 当 $W \leqslant 5\%$ 时,应控制在 $(0.80 \sim 1.20)W$
密度 D(g/cm³)	当 $D > 1.1$ 时,应控制在 $D \pm 0.03$; 当 $D \leqslant 1.1$ 时,应控制在 $D \pm 0.02$
细度	应在生产厂控制范围内
pH 值	应在生产厂控制范围内
硫酸钠含量(%)	不超过生产厂控制值

注:1. 生产厂应在相关的技术资料中明示产品匀质性指标的控制值。

2. 对相同和不同批次之间的匀质性和等效性的其他要求,可由供需双方商定。

第四节 骨 料

我国水工混凝土用骨料品质没有单独的标准。如建工行业标准《普通混凝土用砂、石质量及检验方法标准》(JGJ 52—2006),有单独的砂、石骨料品质标准。水工混凝土用骨料质量标准有《水工混凝土施工规范规定》(SDJ 207—82)。SDJ 207—82 对骨料筛规定为圆孔筛,由于细孔筛加工圆孔工艺上的困难,筛孔孔径在 1.25 mm 以下的筛采用方孔编织筛。方孔的边长与骨料粒径相同。

2001 年,电力行业对 SDJ 207—82 修订为《水工混凝土施工规范》(DL/T 5144—2001),将孔形由圆孔改为方孔,骨料粒径等于筛孔边长。经考证,该级配规格归属国际标准化组织 ISO 6274 系列 C。同年发布的《建筑用砂》(GB/T 14684—2001)和《建筑用卵石、碎石》(GB/T 14685—2001)筛孔均采用方孔筛,采用 ISO 6274 系列 B,见表 2-32。

表 2-32 ISO 试验用筛筛孔尺寸(方孔筛)   (单位:mm)

系列 A	系列 B	系列 C	系列 A	系列 B	系列 C
63.0	75.0	80.0	31.5	37.5	40.0
16.0	19.0	20.0	8.00	9.50	10.0
4.00*	4.75*	5.00*	2.00	2.36	2.50
1.00	1.18	1.25	0.500	0.600	0.630
0.250	0.300	0.315	0.125	0.150	0.160
0.063	0.075	0.080			

《水工混凝土试验规程》(SL 352—2006)修订时,采用了《水工混凝土施工规范》(DL/T 5144—2001)修订方案,将圆孔筛直径改为方孔筛边长。由此,我国水工混凝土用骨料级配

规格形成独有系列,既不同于国标,也不同于国际发达国家标准。ISO 6274 系列 B 筛孔规格原先是美国 ASTM 的规格,日本砂、石标准 1993 年由圆孔筛修订为方孔筛,采取直接过渡到系列 B,其他大多数国家也是如此。

我国水工混凝土用骨料试验筛筛孔尺寸体系不符合国际标准 ISO 体系和国家标准《建筑用砂》(GB/T 14684—2001)与《建筑用卵石、碎石》(GB/T 14685—2001)的规定。因此,需要建立一个既符合国际标准 ISO 体系,又满足水工混凝土用骨料特点的新体系,便于国际技术交流和对外承包工程。

通过调研和国内外有关标准分析推荐的水工混凝土用骨料试验筛新体系见表 2-33。该体系的特点如下:

(1)试验筛筛孔规定为方孔,并以筛孔基本尺寸标记。考虑到用户习惯称呼,允许使用旧标准圆孔筛称谓,命名为骨料公称粒径和筛孔公称尺寸,与筛孔基本尺寸并列;

(2)本体系符合国际标准 ISO 6274:1984 标准的系列 B 类,并添加了符合 ISO 565 标准规定的宽度为 116 mm 试验筛;

(3)根据发达国家筑坝和我国大坝混凝土设计、科研和施工经验,将试验筛孔宽度由 116 mm 延伸到 150 mm。

表 2-33　水工混凝土用骨料试验筛筛孔尺寸系列　（单位:mm）

骨料公称粒径*	150	120	80	40	20	10	5	2.5	1.25	0.63	0.315	0.16	0.08
筛孔公称尺寸**	150	120	80	40	20	10	5	2.5	1.25#	0.63#	0.315#	0.16#	0.08#
筛孔基本尺寸***	150	112	75	37.5	19.0	9.5	4.75	2.36	1.18	600 μm	300 μm	150 μm	75 μm
按粒径划分骨料用筛	石						砂					石粉	

注:1. *骨料分级的称谓。

2. **旧标准圆孔的直径。

3. ***新标准方孔的宽度。

4. #旧标准方孔的宽度,符合 ISO 6274 标准的系列 C 类。

一、细骨料技术指标和检验方法

(一)细骨料技术指标

水工混凝土常用的细骨料有天然砂(河砂、山砂)、人工砂及混合砂(人工砂与天然砂混合而成)三种。砂料应质地坚硬、清洁、级配良好;人工砂的细度模数应控制在 2.40～2.80,天然砂的细度模数在 2.20～3.0;使用山砂、粗砂、特细砂应经试验论证。

细骨料在开采过程中应定期或按一定开采数量进行碱活性检验,有潜在危害时,应采取相应措施,并经专门试验论证。

《水工碾压混凝土施工规范》(DL/T 5112—2009)对人工砂石粉含量定义与国标《建筑用砂》(GB/T 14684—2001)和建工行业标准《普通混凝土用砂、石质量及检验方法标准》(JGJ 52—2006)有较大差异。我国水工碾压混凝土施工规范对石粉含量定义为人工砂中公称粒径小于 160 μm 石粉与砂料总量的比值;GB 标准和 JGJ 标准对石粉含量定义为人工砂中公称粒径小于 80 μm,且其矿物组成和化学成分与加工母岩相同的颗粒含量。美国 ASTM C117 标准,对人工砂中 75 μm 以下颗粒定义为细粉(Fines)。因此,使用不同标准时应注意其差异。

《水工混凝土施工规范》(DL/T 5144—2001)给出的细骨料的技术指标见表 2-34。

表 2-34　细骨料的技术指标

项目		指标		说明
		天然砂	人工砂	
石粉含量(%)		—	6 ~ 18*	
含泥量(%)	≥C₉₀30 和有抗冻要求的	≤3		
	<C₉₀30	≤5		
泥块含量		不允许	不允许	
坚固性(%)	有抗冻要求的混凝土	≤8	≤8	
	无抗冻要求的混凝土	≤10	≤10	
表观密度(kg/m³)		≥2 500	≥2 500	
硫化物及硫酸盐含量(%)		≤1	≤1	折算成 SO₃ 按质量计
有机质含量		浅于标准色	不允许	
云母含量(%)		≤2	≤2	
轻物质含量(%)		≤1	—	

注: *水工混凝土人工砂定义粒径小于 0.16 mm 以下为石粉。

碾压混凝土用砂,除满足表 2-34 技术指标外,尚补充以下内容:

(1)碾压混凝土用人工砂石粉含量允许放宽到 10% ~ 20%。

(2)有抗冻性要求的碾压混凝土,砂中云母含量不得大于 1.0%。

(3)人工砂生产、开采石料时会有土层没有清除干净或是有黏土夹层,因此人工砂石粉中会含有黏土,需先经过亚甲蓝法(MB 值)试验判断。当石粉中含有黏土时,亚甲蓝 MB 值有明显变化。亚甲蓝 MB 值的限值是 MB < 1.4,当 MB < 1.4 时,则判定是石粉;当 MB ≥ 1.4 时,则判定为泥粉。亚甲蓝法试验见《普通混凝土用砂、石质量及检验方法标准》(JGJ 52—2006)6.11"人工砂及混合砂中石粉含量试验(亚甲蓝法)"。

(二)细骨料检验方法

细骨料技术指标检验按《水工混凝土试验规程》(SL 352—2006)中的方法进行,见表 2-35。

表 2-35　细骨料技术指标检验的试验方法

技术指标	《水工混凝土试验规程》(SL 352—2006)中的方法
石粉含量	2.12　人工砂石粉含量试验
含泥量	2.10　砂料黏土、淤泥及细屑含量试验
泥块含量	2.11　砂料泥块含量试验

技术指标	《水工混凝土试验规程》(SL 352—2006)中的方法
坚固性	2.17 砂料坚固性试验
表观密度	2.2 砂料表观密度及吸水率试验
硫化物及硫酸盐含量	2.15 砂石料硫酸盐、硫化物含量试验
有机质含量	2.13 砂料有机质含量试验
云母含量	2.14 砂料云母含量试验
轻物质含量	2.16 砂料轻物质含量试验

二、粗骨料技术指标和检验方法

(一)粗骨料技术指标

粗骨料必须坚硬、致密、无裂隙,骨料表面不应含有大量黏土、淤泥、粉屑、有机物和其他有害杂质。粗骨料种类有卵石、碎石、破碎卵石、卵石和碎石混合石。

对于长期处于潮湿环境的水工混凝土,其所使用的碎石或卵石应进行碱活性检验。

《水工混凝土施工规范》(DL/T 5144—2001)给出的粗骨料的技术指标见表 2-36。

表 2-36 粗骨料的技术指标

检测项目			指标	说明
含泥量 (%)	D_{20}、D_{40} 粒径级		<1	
	D_{80}、D_{150}(D_{120})粒径级		<0.5	
泥块含量			不允许	
坚固性 (%)	有抗冻要求		<5	
	无抗冻要求		<12	
硫化物及硫酸盐含量(%)			<0.5	折算成 SO_3 按质量计
有机质含量			浅于标准色	若深于标准色,应进行混凝土强度对比试验,抗压强度比不应低于 0.95
表观密度(kg/m³)			≥2 550	
吸水率(%)			<2.5	
针片状颗粒含量(%)			<15	经试验论证,可以放宽至 25%
压碎值指标(%)	碎石	沉积岩 C60 ~ C40	≤10	沉积岩包括石灰岩、砂岩等
		沉积岩 ≤C35	≤16	
		变质岩或火成岩 C60 ~ C40	≤12	变质岩包括片麻岩、石英岩等
		变质岩或火成岩 ≤C35	≤20	大成岩包括花岗岩、正长岩、闪长岩等
		喷出火成岩 C60 ~ C40	≤13	喷出火成岩、玄武岩和辉绿岩等
		喷出火成岩 ≤C35	≤30	
	卵石	C60 ~ C40	≤12	
		≤C35	≤16	

(二)粗骨料检验方法

粗骨料技术指标检验按《水工混凝土试验规程》(SL 352—2006)的方法进行,见表2-37。

表2-37　粗骨料技术指标检验的试验方法

技术指标	水工混凝土试验规程中的方法
含泥量	2.23　石料含泥量试验
泥块含量	2.24　泥块含量试验
坚固性	2.31　石料坚固性试验
硫化物及硫酸盐含量	2.15　砂石料硫酸盐、硫化物含量试验
有机质含量	2.25　石料有机质含量试验
表观密度、吸水率	2.19　石料表观密度及吸水率试验
针片状颗粒含量	2.26　石料针片状颗粒含量试验
压碎值指标	2.29　石料压碎值指标试验

三、碱骨料活性反应

(一)骨料碱活性反应、检验方法及抑制技术措施

碱骨料反应(AAR)类型可分为碱-硅酸反应(ASR)和碱-碳酸盐反应(ACR)。AAR是造成混凝土结构破坏失效的重要原因之一,随着我国重点工程持续大规模发展,预防AAR破坏、延长工程的寿命已成为普遍关注的大事,是需迫切解决的问题。而预防的关键是如何正确判断骨料的碱活性,如何采取有效技术措施,防止混凝土工程遭受AAR破坏具有十分重要的意义。

1. AAR的化学反应破坏的特征

(1)混凝土工程发生碱骨料反应破坏必须具有三个条件:一是配制混凝土时由水泥、骨料、外加剂和拌和用水带进混凝土中一定数量的碱,或者混凝土处于碱渗入的环境中;二是一定数量的碱活性骨料存在;三是潮湿环境,可以供应反应物吸水膨胀时所需的水分。

(2)受碱骨料反应影响的混凝土需要数年或一二十年的时间才会出现开裂破坏。

(3)碱骨料反应破坏最重要的现场特征之一是混凝土表面开裂,裂纹呈网状(龟背纹),起因是混凝土表面下的反应骨料颗粒周围的凝胶或骨料内部产物的吸水膨胀。当其他骨料颗粒发生反应时,产生更多的裂纹,最终这些裂纹相互连接,形成网状。若在预应力作用的区域裂纹将主要沿预应力方面发展,形成平行于钢筋的裂纹,则在非预应力的区域,混凝土表现出网状开裂。

(4)碱骨料反应破坏是由膨胀引起的,可使结构工程发生整体变形、移位、弯曲、扭翘等现象。

(5)碱-硅酸反应生成的碱-硅酸凝胶有时会从裂缝中流到混凝土的表面,新鲜的凝胶是透明的或呈浅黄色,外观类似于树脂状。脱水后,凝胶变成白色,凝胶流经裂缝、孔隙的过程中吸收钙、铝、硫等化合物也可变为茶褐色以至黑色,流出的凝胶多有比较湿润的光泽,

长时间干燥后会变为无定形粉状物。

(6)ASR的膨胀是由生成的碱-硅酸凝胶吸水引起的,因此ASR凝胶的存在是混凝土发生了碱-硅反应的直接证明。通过检查混凝土芯样的原始表面、切割面、光片和薄片,可在空洞、裂纹、骨-浆体界面区等处找到凝胶,因凝胶流动性较大,有时可在远离反应骨料的地方找到凝胶。

(7)一般认为,ASR膨胀开裂是由存在于骨料-浆体界面和骨料内部的碱-硅酸凝胶吸水膨胀引起的;ACR膨胀开裂是由反应生成的方解石和水镁石,在骨料内部受限空间结晶生长形成的结晶压力引起的。也就是说,骨料是膨胀源,这样骨料周围浆体中的切向应力始终为拉伸应力,在浆体-骨料界面处达最大值,而骨料中的切向应力为压应力,骨料内部的肿胀压力或结晶压力将使得骨料内部局部区域承受拉伸应力,而浆体和骨料径向均受压应力。结果,在混凝土中形成与膨胀骨料相连的网状裂纹,反应骨料有时也会开裂,其裂纹会延伸到周围的浆体或砂浆中去,甚至能延伸到达另一颗骨料,裂纹有时也会从未发生反应的骨料边缘通过。

2. 骨料碱活性检验方法

我国混凝土工程使用骨料的种类很多,其中有许多为硅质骨料或含硅质矿物的其他骨料,另外还有碳酸盐骨料。建立一种科学、快速和简单的碱活性检验方法,这对我国混凝土工程防止碱骨料反应破坏具有十分重要的意义。

1)骨料碱活性岩相检验方法

本试验方法用于通过肉眼和显微镜观察,鉴定各种砂、石料的类型和矿物成分,从而检验各种骨料中是否含有活性矿物,如酸性-中性火山玻璃、隐晶-微晶石英、鳞石英、方石英、应变石英、玉髓、蛋白质、细粒泥质灰质白云岩或白云质灰岩、硅质灰岩或硅质白云岩、喷出岩及火山碎屑岩屑等,若有类似矿物存在,应采用砂浆棒快速法鉴定。

岩相检验方法按《水工混凝土试验规程》(SL 352—2006)中的2.33"骨料碱活性检验(岩相法)"进行。

2)骨料碱活性砂浆棒快速法检验

本试验用于测定骨料在砂浆中的潜在有害的碱-硅酸反应,适合于检验反应缓慢或其在后期才产生膨胀的骨料,如微晶石英、变形石英及玉髓等。砂浆棒快速法试件养护温度为(80 ± 2)℃。

结果评定,当砂浆试件14 d的膨胀率小于0.1%时,则骨料为非活性骨料;当砂浆试件14 d的膨胀率大于0.2%时,则骨料为具有潜在危害性反应的活性骨料;当砂浆试件14 d的膨胀率为0.1%~0.2%时,不能最终判定有潜在碱-硅酸反应危害,对于这种骨料应结合现场记录、岩相分析,开展其他的辅助试验,试件观测时间延至28 d后的测试结果等来进行综合评定。

砂浆棒快速法按《水工混凝土试验规程》(SL 352—2006)中的2.37"骨料碱活性检验(砂浆棒快速法)"进行。

3)骨料碱活性砂浆长度法检验

本试验用于测定水泥砂浆试件的长度变化,以鉴定水泥中碱与活性骨料间反应所引起的膨胀是否具有潜在危害。本试验方法适用于碱骨料反应较快的碱-硅酸盐反应和碱-硅酸反应,不适用于碱-碳酸盐反应。砂浆长度法试件养护温度为(38 ± 2)℃。

结果评定应符合下述要求：

对于砂、石料，当砂浆半年膨胀率超过 0.1%，或 3 个月膨胀率超过 0.05%（只有缺少半年膨胀率资料时才有效）时，即评为具有危害性的活性骨料。反之，若低于上述数值，则评为非活性骨料。

砂浆长度法按《水工混凝土试验规程》（SL 352—2006）中的 2.35 "骨料碱活性检验（砂浆长度法）" 进行。

4）碳酸盐骨料的碱活性检验（岩石柱法）

本试验用于在规定条件下测量碳酸盐骨料试件在碱溶液中产生的长度变化，以鉴定其作为混凝土骨料是否具有碱活性。本试验适用于碳酸盐岩石的研究与料场初选，不可用于硅质骨料。

结果评定，当试件经 84 d 浸泡后膨胀率在 0.1% 以上时，该岩石评为具有潜在碱活性危害，不宜用做混凝土骨料，必要时应以混凝土试验结果作出最后评定。对于长龄期，如果没有专门要求，至少应给出 1 周、4 周、8 周、12 周的资料。

碳酸盐骨料的碱活性检验按《水工混凝土试验规程》（SL 352—2006）中的 2.36 "碳酸盐骨料的碱活性检验" 进行。

5）骨料碱活性混凝土棱柱体试验方法

本试验用于评定混凝土试件在温度为（38 ±2）℃ 及潮湿条件养护下，水泥中的碱－硅酸反应和碱－碳酸盐反应。

主要条件规定：硅酸盐水泥，水泥含碱量为 0.9% ±0.1%（以 $Na_2O + 0.658K_2O$），通过外加 10% NaOH 溶液使试验水泥含碱量达到 1.25%，水泥用量为（420 ±10）kg/m^3，水灰比为 0.42 ~0.45，石与砂的质量比为 6:4。

试验结果判定：①试验精度应符合以下要求：当平均膨胀率小于 0.02% 时，同一组试件中单个试件的膨胀率的差值（最高值与最低值之差）不应超过 0.008%。②当平均膨胀率大于 0.02% 时，同一组试件中单个试件的膨胀率的差值（最高值与最低值之差）不应超过平均值的 40%。③当试件一年的膨胀率不小于 0.04% 时，则判定为具有潜在危害性反应的活性骨料；当膨胀率小于 0.04% 时，则判定为非活性骨料。

混凝土棱柱体试验方法按《水工混凝土试验规程》（SL 352—2006）中的 2.38 "骨料碱活性检验（混凝土棱柱体试验法）" 进行。

3. 抑制碱活性骨料的技术措施

经国内外各方试验研究结果证明，在有碱－硅酸反应活性骨料存在时，应采取以下措施；但对碱－碳酸盐反应活性骨料，目前尚无抑制技术。

（1）应采用低碱水泥。水泥含碱量 ≤0.6%，f－CaO 含量 ≤1.0%，MgO 含量 ≤5.0%（最好控制在 2.5% 以下），SO_3 含量 ≤3.5%，水泥品种为硅酸盐水泥。

（2）掺用低碱粉煤灰。ASTM C618 限定的用于抑制 ASR 的粉煤灰含碱量必须小于1.5%。粉煤灰的细度及颗粒分布与抑制 ASR 有关，比表面积愈大、效果愈好。

粉煤灰抑制 ASR 的机制：粉煤灰对碱－硅反应的作用是化学作用和表面物理化学作用。在适当的条件下，化学作用可以使碱－硅反应得到有效抑制，而表面物理化学作用只能使碱－硅反应得到延缓。上述两种反应与体系中的 $Ca(OH)_2$ 含量有着密切的关系，只有当 $Ca(OH)_2$ 含量低到一定程度时，粉煤灰才能抑制碱－硅反应膨胀。

试验研究证明,掺用 25% ~35% 的 Ⅰ、Ⅱ级粉煤灰,有显著抑制碱活性骨料膨胀破坏的作用,但由于粉煤灰的化学成分、形态、级配及细度有较大差异性,使用时必须用工程原材料进行试验论证。

(3)掺用酸性矿渣较优,矿渣掺量以 40% ~50% 为宜。

(4)掺用低碱外加剂。由于化学外加剂中含碱基本上为可溶盐,如 Na_2SO_4、$NaNO_2$ 这些中性的盐加入混凝土后,会与水泥的水化产物如 $Ca(OH)_2$ 等发生反应,阴离子被部分结合到水泥水化产物中,新产生部分 OH^-,并与留在孔隙溶液中 Na^+ 和 K^+ 保持电荷平衡。因此,外加含碱盐能显著增加孔溶液的 OH^- 浓度,加速 ASR 的进行,并进而增加混凝土的膨胀。目前,我国的早强剂、防冻剂和减水剂等外加剂及其复合外加剂均在不同程度上含有可溶性的钾、钠盐,如 Na_2SO_4 和 K_2CO_3 等,此类外加剂不宜使用。

(5)国内外研究证明,有活性骨料的混凝土,混凝土的总碱量不超过 $3.0\ kg/m^3$。

混凝土的总碱量是指混凝土中水泥、掺合料、外加剂等原材料含碱质量的总和,以当量氧化钠表示,单位为 kg/m^3。按以下规定计算:

①水泥中所含的碱均为有效碱含量。

②掺合料中所含的有效碱含量为:粉煤灰中碱含量的 1/6 为有效碱含量,矿渣粉、磷渣粉、钢渣粉和硅粉中碱含量的 1/2 为有效碱含量。

③外加剂中所含的碱均为有效碱含量。

④混凝土总碱量 = 水泥带入碱量 + 外加剂带入碱量 + 掺合料中有效碱含量。

综上所述,由于各工程使用的各项原材料各有差异,地质条件、气温差异、环境所处的综合因素均有所不同,对于碱活性骨料的抑制材料都应使用工程材料通过对比试验论证,达到预期目标才能使用。

4.抑制骨料碱-硅酸反应活性有效性试验

1)抑制试验方法 A——骨料置换法(石英玻璃)

本试验以高活性的石英玻璃砂与高碱水泥制成的砂浆试件即标准试件,与掺有抑制材料的砂浆试件即对比试件进行同一龄期膨胀率比较,以衡量抑制材料的抑制效能。当骨料通过试验被评为有害活性骨料,而低碱水泥又难以取得时,也可用这种方法选择合适的水泥品种、掺合料、外加剂品种及掺量。

主要规定,标准试件用高碱硅酸盐水泥,碱含量为 1.0%(Na_2O 计)或通过外加 10% NaOH 溶液使水泥含碱量达到 1.0%;判别外加剂的抑制作用,对比试件所用水泥与标准试件所用水泥相同;如判别掺合料效能时用 25% 或 30% 掺合料代替标准试件所用水泥。

结果评定,掺用掺合料或外加剂的对比试件,当 14 d 龄期砂浆膨胀率降低率不小于75%,并且 56 d 的膨胀率小于 0.05% 时,则认为所掺的掺合料或外加剂及其相应的掺量具有抑制碱骨料反应的效能;对工程所选用的水泥制作的对比试验,除满足 14 d 龄期砂浆膨胀率降低率不小于 75% 的要求外,对比试件 14 d 龄期膨胀率还不得大于 0.02%,才能认为该水泥不会产生有害碱-骨料膨胀。

本试验方法见《水工混凝土试验规程》(SL 352—2006)2.39"抑制骨料碱活性效能试验"。

2)抑制试验方法 B——砂浆棒快速法(修正法)

本试验方法源于 ASTM C1567 确定胶凝材料与骨料潜在碱-硅酸反应活性的标准测试

方法。主要变动为:将用胶凝材料控制骨料碱 - 硅酸反应活性的判据由 0.1% 调整为 0.03%,并规定了矿物掺合料的种类和掺量。本试验方法是由砂浆棒快速法发展而来的,不同的是本试验方法采用有矿物掺合料的胶凝材料,而砂浆棒快速法采用水泥,如果试验判据都是 0.1%,这会导致在很少矿物掺合料掺量的情况下也判定抑制骨料碱 - 硅酸反应活性有效,而采用这个很少的矿物掺合料掺量可能并不能满足实际工程中抑制骨料碱 - 硅酸反应活性的要求。

本试验方法曾在四个实验室进行过比对试验,试验结果表明:在胶凝材料中掺加规定的矿物掺合料及其掺量可以显著抑制骨料的碱 - 硅活性;本试验方法具有良好的敏感性,能够分辨在胶凝材料中掺加矿物掺合料对抑制骨料碱 - 硅酸反应的有效程度;试验方法对抑制骨料碱 - 硅酸反应的技术规律性显著,稳定性良好。

本试验方法见《预防混凝土碱骨料反应技术规范》(GB 50733—2011)附录 A。

(二)碱 - 硅酸反应活性骨料的混凝土原材料选择和配合比设计

1. 原材料

1)骨料

(1)用于混凝土的骨料应进行碱活性检验。

(2)骨料碱活性检验项目应包括岩石类型和碱活性的岩相法、碱 - 硅酸反应活性和碱 - 碳酸盐反应活性检验。

宜先采用岩相法进行骨料岩石类型和碱活性检验,确定岩石名称及骨料是否具有碱活性。岩相法检验结果为不含碱活性矿物的非活性骨料可不再进行其他项目检验。岩相法检验结果为碱 - 硅酸反应活性或可疑骨料应再采用砂浆棒快速法进行检验,岩相法检验结果为碱 - 碳酸盐反应活性骨料应再采用岩石柱法进行检验。

在时间允许的情况下,可采用混凝土棱柱体法进行碱活性检验或验证。

(3)河砂和海砂可不进行岩相法检验和碱 - 碳酸盐活性反应检验。

(4)碱活性反应骨料的判则:

①砂浆棒快速法检验碱 - 硅酸活性反应,试验试件 14 d 膨胀率大于 0.1% 为活性骨料。

②碳酸盐骨料碱活性检验(岩石柱法),试验试件 84 d 膨胀率大于 0.1% 为有潜在性危害骨料。

③混凝土棱柱体法检验碱 - 硅酸反应活性骨料或碱 - 碳酸盐反应活性骨料,试验试件一年膨胀率大于 0.04% 为有潜在性危险骨料。

(5)试验结果的评定规则:

①当同一检验批的同一检验项目进行一组以上试验时,应取所有试验结果中碱活性指标最大者作为检验结果。碱 - 硅酸反应抑制有效性检验亦然。

②当岩相法和砂浆棒快速法的检验结果互相矛盾时,以砂浆棒快速法的检验结果为准。

③当岩相法、砂浆棒快速法和岩石柱法的检验结果与混凝土棱柱体法的检验结果互相矛盾时,应以混凝土棱柱体法的检验结果为准。

(6)采用碱 - 硅酸反应活性骨料必须经过抑制有效性检验,检验证明抑制有效,方可用于混凝土工程和进行配合比设计。

抑制有效性检验方法推荐采用抑制试验方法 B——砂浆棒快速法(修正法)。试验结果试件 14 d 膨胀率小于 0.03% 应为抑制骨料碱 - 硅酸活性反应有效。

(7)混凝土骨料还应符合现行行业标准《水工混凝土施工规范》(DL/T 5144—2001)的规定,见第二章水工混凝土原材料中砂、石骨料的品质要求。

2)其他原材料

水泥、掺合料、外加剂及拌和水的品质应符合现行行业标准的规定,其中碱含量的允许值见表2-38。

表2-38 其他原材料碱含量的允许值

其他原材料	水泥	Ⅰ级或Ⅱ级 F类粉煤灰	粒化高炉 矿渣粉	硅灰	外加剂 (当量 Na₂O 含量)	拌和水
碱含量 允许值	不宜大于0.6%	不宜大于2.5%	不宜大于1.0%	1.5%	2.5%	不大于 1 500 mg/L

当个别项目检测值超出表2-38规定限值时,最终以混凝土总碱量控制,应小于3.0 kg/m³。

外加剂应避免采用高碱含量的防冻剂、速凝剂和外加剂。硅灰中二氧化硅含量不宜小于90%。

2. 配合比

1)基本规定

(1)混凝土工程宜采用非碱活性骨料。

(2)在盐渍土、海水或受除冰盐作用等含碱环境中,重要结构的混凝土不得采用碱活性骨料。

(3)具有碱－碳酸盐反应活性的骨料不得用于配制混凝土。

(4)碱－硅酸反应活性骨料经抑制有效性检验,确认有效后方可用于配制混凝土。

2)碱含量

混凝土碱含量不应大于3.0 kg/m³。混凝土碱含量计算应符合以下规定:

(1)混凝土碱含量应为配合比中各原材料的碱含量总和。

(2)水泥、外加剂和水的碱含量可用实测值计算,粉煤灰碱含量可用1/6实测值计算,硅灰和粒化高炉矿渣粉碱含量可用1/2实测值计算。

(3)骨料碱含量可不计入混凝土碱含量。

3)矿物掺合料掺量

当采用硅酸盐水泥和普通硅酸盐水泥时,混凝土中矿物掺合料掺量宜符合以下规定:

(1)对于砂浆棒快速法检验结果大于0.20%膨胀率的骨料,混凝土中粉煤灰掺量不宜小于30%;当复合掺用粉煤灰和粒化高炉矿渣粉时,粉煤灰掺量不宜小于25%,粒化高炉矿渣粉掺量不宜小于10%。

(2)对于砂浆棒快速法检验结果为0.10%～0.20%膨胀率范围内的骨料,宜采用不小于25%的粉煤灰掺量。

(3)当掺用粉煤灰或复合掺用粉煤灰和粒化高炉矿渣粉都不能满足抑制碱－硅酸反应活性有效性要求时,可再增加掺用硅灰或用硅灰取代相应掺量的粉煤灰或粒化高炉矿渣粉,硅灰掺量不宜小于5%。

4)掺加抑制碱骨料反应型外加剂

掺加抑制型外加剂也是一条防止混凝土碱骨料反应的技术途径。抑制碱骨料反应型外加剂迄今没有技术标准,采用时必须进行抑制有效性检验。抑制碱骨料反应型外加剂的品种和物理特性见表2-39。

表2-39　抑制碱骨料反应型外加剂的品种和物理特性

品种	含量(%)	推荐掺量(%)	物理特性
工业碳酸锂 ($LiCO_3$)	98	1.0	白色粉末,微溶于水,对人体无伤害
无水氯化锂 ($LiCl$)	98	—	白色粉末,水溶性好,密度 2.07 g/cm^3,对人体无伤害
硫酸钡 ($BaSO_4$)	97	4～6	白色粉末,不溶于水,密度 4.50 g/cm^3,细度 (45 μm 筛筛余)≤0.3%,对人体无伤害

引气剂也有利于缓解碱骨料反应。掺加引气剂使混凝土保持4%～6%的含气量,可容纳一定数量的反应产物,从而缓解碱骨料反应膨胀力。

第五节　养护和拌和用水

混凝土用水大致可分为两类:一类是拌和用水,另一类是养护用水。

作为混凝土拌和水,其作用是与水泥中硅酸盐、铝酸盐及铁铝酸盐等矿物成分发生化学反应,产生具有胶凝性能的水化物,将砂、石等材料胶结成混凝土,并使之具有许多优良建筑性能,从而广泛地应用于建筑工程。

养护水的作用是补充混凝土因外部环境中湿度变化,或者混凝土内部水化过程中而失去的水分,为混凝土供给充足水,确保其水化反应持续地进行,混凝土的性能不断地发展。

自然界的水根据产地或含有不同的物质,划分为不同名称和种类。取自河流中的水称为河水,湖泊水称为湖水,来自海洋中的水称为海水。按照水贮存的地点划分为:地表水和地下水。因水中所含的不同物质及其数量分为饮用水、软水、硬水、工业污水和生活污水。

一、混凝土用水的技术指标

基于水的品质对混凝土性能产生很大的影响,作为混凝土用水必须考虑以下原则:一是水中物质对混凝土质量是否有影响;二是水中物质允许的限度。

按照水工混凝土对水质的要求,凡符合国家标准的饮用水均可用于拌和与养护混凝土。未经处理的工业污水和生活污水不得用于拌和与养护混凝土。地表水、地下水和其他类型的水在首次用于拌和与养护混凝土时,须按现行的有关标准,经检验合格后方可使用。水的技术指标应符合以下要求:

(1)混凝土拌和、养护用水与标准饮用水试验所得的水泥初凝时间差及终凝时间差均不得大于 30 min。

(2)用拌和与养护用水配制的水泥砂浆 28 d 抗压强度不得低于用标准饮用水拌和的砂

浆抗压强度的90%。

(3)拌和与养护混凝土用水的pH值、不溶物、可溶物、氯化物、硫酸盐的含量应符合表2-40的规定。

表2-40　水工混凝土拌和与养护用水技术指标

检测项目	钢筋混凝土	素混凝土
pH值	>4	>4
不溶物(mg/L)	<2 000	<5 000
可溶物(mg/L)	<5 000	<10 000
氯化物(以Cl^-计)(mg/L)	<1 200	<3 500
硫酸盐(以SO_4^{2-}计)(mg/L)	<2 700	<2 700

二、水质检验的试验方法

(一)水样的采集与保存

水样采集是为水质分析提供水样。它适用于混凝土拌和、养护用水的水质分析和水工建筑物环境水侵蚀检验。水样的采集和保存方法见《水工混凝土试验规程》(SL 352—2006)9.1"水样的采集与保存"。

(二)pH值测定方法

水的pH值测定方法有比色法和电极法两种。比色法只适用于低色度天然水质的检测,对含较多氧化剂、还原剂的水样不适用。电极法测定水的pH值试验方法见《水工混凝土试验规程》(SL 352—2006)9.2"pH值测定(电极法或酸度计法)"。

(三)水的溶解性固形物测定

溶解性固形物是指溶解在水中的固体物质,如可溶性的氯化物、硫酸盐、硝酸盐、重碳酸盐、碳酸盐等。水中溶解性固形物含量测定方法见《水工混凝土试验规程》(SL 352—2006)9.11"溶解性固形物测定"。

(四)水的氯离子含量测定

水的氯离子含量测定有硝酸高汞法和摩尔法两种。硝酸高汞法适用于氯离子含量小于50 mg/L的水样,摩尔法适用于氯离子含量为10～500 mg/L的水样。两种氯离子含量测定方法均列入《水工混凝土试验规程》(SL 352—2006),硝酸高汞法见9.8"氯离子测定(硝酸高汞法)",摩尔法见9.7"氢离子测定(摩尔法)"。

(五)水的硫酸根离子含量测定

水的硫酸根离子含量测定有EDTA容量法和称量法两种。EDTA容量法适用于硫酸根离子浓度为10～200 mg/L的水样,称量法适用于硫酸根离子浓度较高的水样。两种硫酸根离子含量测定方法均列入《水工混凝土试验规程》(SL 352—2006),EDTA容量法见9.10"硫酸根离子含量测定(EDTA容量法)",称量法见9.9"硫酸根离子含量测定(称量法)"。

第三章　新拌混凝土

第一节　概　述

一、常规混凝土和碾压混凝土

本章所讲述的水工混凝土拌和物包括常规混凝土和碾压混凝土两种。

碾压混凝土是近 30 年发展起来的一种新型混凝土。它具有独特的性能,未凝固前碾压混凝土的性能完全不同于常规混凝土,凝固后与常规混凝土的性能又非常相近,难以区分。所以,对拌和物需要区别常规混凝土和碾压混凝土拌和物性能的差异。两种拌和物性能的测试方法和成型技术是不同的,而对制成试件的硬化混凝土则不再区分,常规混凝土和碾压混凝土统称为混凝土。

二、对混凝土拌和物实验室的要求

水泥和其他原材料均匀拌和后的混凝土拌和物到开始凝结硬化前,这一阶段的混凝土拌和物称为新拌混凝土。新拌混凝土经运输、平仓、捣实、抹面等工序,都可以看做是对新拌混凝土的加工过程。因此,新拌混凝土的重要特性就是在加工过程中能否良好地工作,这一特性称为新拌混凝土的工作性。新拌混凝土的性能直接影响施工的难易程度和硬化混凝土的性能与质量。改善新拌混凝土的工作性,不仅能保证和提高结构物的质量,而且能够节约水泥、简化工艺和降低能耗。新拌混凝土的其他特性,如含气量、凝结时间、表观密度等也均与混凝土的施工和硬化后混凝土的质量有着密切的关系。研究并掌握新拌混凝土的性能,对保证大体积混凝土质量、改善施工条件、加快施工速度和节约投资都有着重要意义。

为室内试验提供混凝土和碾压混凝土拌和物时,人工拌和一般用于拌和较少量的混凝土,机械拌和一次拌和量不宜小于搅拌机容量的 20% ,也不宜大于搅拌机容量的 80% ,碾压混凝土必须采用机械拌和。《水工混凝土试验规程》(SL 352—2006)"3.1 混凝土拌和物室内拌和方法"对混凝土拌和操作有规定。

(一)环境要求

(1)在拌和混凝土时,室内温度保持在(20 ± 5)℃ 。所拌制的混凝土拌和物应避免阳光照射及吹风。

(2)用以拌制混凝土的各种材料,其温度应与拌和实验室温度相同。

(二)仪器设备

(1)混凝土搅拌机:容量 50 ~ 100 L,转速 18 ~ 22 r/min。

(2)拌和钢板:平面尺寸不小于 1.5 m × 2.0 m,厚 5 mm 左右。

(3)磅称:称量 50 ~ 100 kg、感量 5 g。

(4)台称:称量 10 kg、感量 5 g。

（5）天平：称量 1 000 g、感量 0.5 g。

（6）盛料容器和铁铲等。

三、混凝土拌和物的性能

混凝土拌和物的性能主要是指拌和物的和易性、含气量和凝结时间。混凝土的和易性包括流动性、黏聚性和保水性三方面的内容。流动性是指拌和物在自重或外力作用下产生流动的难易程度；黏聚性是指拌和物各组成材料之间不产生分层离析现象；保水性是指拌和物不产生严重的泌水现象。

混凝土和易性是一个综合的性质，至今尚没有全面反映混凝土和易性的测试方法。通常是以测定混凝土坍落度、工作度（碾压混凝土）确定其流动性；测定混凝土泌水性，确定其保水性；观察混凝土的形态，根据经验判断其黏聚性，对混凝土和易性优劣作出评价。

第二节　混凝土拌和物的流动性

一、常规混凝土拌和物的流动性

（一）混凝土拌和物坍落度检测

坍落度检测是测量新拌混凝土工作性最早的试验方法，早在 20 世纪 30 年代美国开始采用坍落度试验量测新拌混凝土的稠度，简单便捷效果好，是混凝土施工中迄今为止应用最广泛的一种测量方法。

坍落度试验主要机具是一个上口直径为 100 mm、下口直径为 200 mm、高度为 300 mm 的截圆锥容器筒。试验时将拌好的混凝土分三层装入筒内，每层用捣棒插捣 25 次，最后抹平筒口，并将筒体垂直提起。此时新拌混凝土锥体在重力作用下，克服内摩擦阻力而坍落，用尺量取锥体坍落的高度，即为混凝土的坍落度值。

坍落度试验主要反映了新拌混凝土的流动性。坍落度值越大，新拌混凝土的流动性越大。这种试验方法主要适用于塑性混凝土，而不适用于坍落度很小或无坍落度的干硬性混凝土。

测量坍落度值以后，再辅以其他方法，还可对新拌混凝土的黏聚性作定性的判断。如用捣棒在已坍落的混凝土锥体侧面敲打，若拌和物锥体不易被打散，则说明该种混凝土的黏聚性较好。

坍落度试验使用机具少，操作简单，对同一种混凝土含水量的变化反映较为敏感，因此广泛用于现场混凝土质量检控。但该试验均为手工操作，人为因素较多，容易引起试验误差，因此试验应由熟练的专职人员操作。一般做坍落度试验时容易出现的差错是：放置坍落度筒的底板平整度和刚度不足、踏踩坍落度筒不稳、插捣不到位不均匀、提起坍落度筒时过快或坍落度筒内壁碰到混凝土等。坍落度试验方法详见《水工混凝土试验规程》（SL 352—2006）3.2"混凝土拌和物坍落度试验"。

（二）影响混凝土拌和物流动性的主要因素

1. 用水量

混凝土坍落度随用水量的增加而加大，坍落度取决于用水量，但以满足施工要求为限。

用水量太大会降低混凝土拌和物的稳定性,易发生离析。

2. 骨料最大粒径

一般来说,骨料最大粒径愈大,在相同用水量情况下混凝土拌和物的流动性越大,增大骨料最大粒径虽然可以提高混凝土的流动性,但对混凝土拌和物稳定性是不利的。

3. 砂率

砂率过大,混凝土起砂,坍落度减小,塑性差、内聚性差,易分解;砂率过小则易泛浆、凝聚性差,易离析;砂率无论是过大还是过小,均会使工作性降低。在混凝土胶材用量、用水量相同的条件下,坍落度最大时砂率即为最佳砂率。

4. 骨料

骨料对混凝土拌和物工作性的影响主要指骨料颗粒形态与岩石种类的影响,骨料颗粒形态影响混凝土拌和物的内摩擦阻力,外形圆、表面光滑的骨料(如卵石),其表面积小、内摩擦阻力较小,在一定用水量条件下可以得到较大的流动性,而外形多棱角、表面粗糙的骨料(如碎石),其表面积大,内摩擦阻力较大,在相同用水量情况下混凝土拌和物的流动性就小。

人工骨料岩石种类的影响,石灰岩碎石粒形较好,几何尺寸比较均匀,外表面较细密,而结晶花岗岩碎石的粒形较差,表面粗糙,针片状含量较大。因此,采用石灰岩碎石的混凝土比采用粗结晶花岗岩碎石的混凝土的流动性好,要达到相同的坍落度,前者比后者用水量少。

5. 水胶比和骨胶比

混凝土工作性随混凝土水胶比的加大而增加,但水胶比不宜过大,过大会影响到混凝土拌和物的稳定性。

当混凝土水胶比一定时,骨料体积与胶浆体积之比(骨胶比)越大,混凝土工作性越差。当骨胶比 <2 时,基本不影响混凝土工作性。

6. 外加剂

混凝土外加剂是用以改善混凝土性能的物质,是现代混凝土必不可少的一个组成成分。使用外加剂应谨慎、适度,应经试验论证,并非不用选择也不是越多越好。

掺减水剂可提高混凝土工作性,或在保持相同流动性时减少混凝土用水量。

掺引气剂可提高水泥浆体黏度,从而改善混凝土拌和物的和易性,同时掺引气剂引入的大量气泡所起到的滚动润滑作用也能提高混凝土拌和物的流动性。

7. 水泥品种

不同品种水泥的矿物成分组成、掺合物、细度不同,因而其需水量不同,因此水泥品种对混凝土用水量有显著影响,从而导致混凝土工作性不同。普通硅酸盐水泥的需水量较小(21% ~27%),而矿渣硅酸盐水泥的需水量较大(26% ~30%),火山灰硅酸盐水泥需水量最大(30% ~45%)。因此,在相同用水量条件下,选用需水量小的水泥,混凝土有较好的流动性;采用需水量大的水泥,混凝土流动性差。

8. 掺合料

常用的掺合料有粉煤灰、硅灰、磨细矿渣粉、凝灰岩粉、磷渣粉等。以粉煤灰来说,由于颗粒形态、细度、表面状态和含碳量不同,不同的粉煤灰需水量比有很大差别,导致混凝土用水量差别也很大。粉煤灰分三个等级,规定其中Ⅰ级灰需水量比≤95%,掺Ⅰ级灰可以提高混凝土坍落度,或减少用水量。

硅灰颗粒极细,其比表面积高达 2×10^5 cm²/g。但其需水量比大,因此在混凝土中掺硅灰时一定要掺高效减水剂。

9. 时间

新拌混凝土中水泥的水化反应随时间的延长而发展,水泥浆体结构也在不断变化。水泥浆体的屈服应力与黏度都随时间的延长而增加,因此新拌混凝土的工作性随时间的延长而降低,混凝土坍落度的经时损失对泵送混凝土是重要的。

10. 温度

环境温度对水泥水化反应速度影响很大,环境温度越高,水泥水化反应速度越快,水泥浆体中的凝聚结构越多、黏度越大,混凝土拌和物的工作性越差。

二、碾压混凝土拌和物的流动性

(一)碾压混凝土工作度(VC 值)检测

工作度是碾压混凝土拌和物的一个重要特性,对不同振动特性的振动碾和不同碾压层厚度应有与其相适应的碾压混凝土工作度,方能保证碾压质量。

振动参数和表面压强对碾压混凝土液化临界时间关系的研究表明,振动液化临界时间随混凝土振动加速度和表面压强的增大而减小。因此,采用振动液化临界时间表示混凝土的工作度,必须对振动台的振动参数和表面压强确定统一的标准,以便于现场施工质量控制和试验结果的分析比较。

试验结果证明:维勃试验台用于测定碾压混凝土工作度,振动台参数(频率、振幅)是合适的。但是,表面加荷不足,维勃稠度试验的表面压荷质量只有(2.75 ± 0.05)kg,还需要再增加(15 ± 0.05)kg 质量才能满足试验要求。本节提出的碾压混凝土工作度测定法是在维勃稠度试验法的基础上增加表面压荷到(17.75 ± 0.1)kg,所以称为改良型维勃稠度测定法。

目前,各国对碾压混凝土工作度测定方法的研究也是在维勃试验法振动台基础上增加压荷,只是所加压荷质量有所不同,见表 3-1。目前各国标准尚不统一,所以在引用各国标准时应注意到碾压混凝土的液化临界时间随表面压荷增加而减小这一特点。

表 3-1 各国标准测定碾压混凝土稠度的方法

提出单位	维勃振台特性			表面压重		容器尺寸 (mm)	测试方法简要说明
	频率 (Hz)	加速度 $g(m/s^2)$	振幅 (mm)	外加重 (kg)	总重 (kg)		
美国 ASTM C1170	50	5	0.5	(A 法)22.7 (B 法)12.5		$\phi 240 \times 200$	测定标准圆锥坍落度的混凝土体积在容器中振实所需秒数
日本碾压混凝土设计与施工	50~66	5	0.5	—	20	$\phi 240 \times 200$	混凝土分两次装入容器中用捣棒捣实,满平为止,测定液化所需秒数
中国《水工混凝土试验规程》 (SL 352—2006)	50	5	0.5	15	17.75	$\phi 240 \times 200$	混凝土分两层装入容器中,分层捣实,装满刮平,测定液化临界时间

碾压混凝土工作度(*VC* 值)试验方法详见《水工混凝土试验规程》(SL 352—2006)。

(二)影响碾压混凝土拌和物工作性的主要因素

1.用水量

碾压混凝土流动度主要由单位体积用水量决定。"李斯(Lyse's rule)恒用水量定则"同样适用于碾压混凝土。试验结果说明,当原材料、最大骨料粒径和砂率不变时,如果用水量不变,在实用范围内即使水泥用量变化,碾压混凝土的流动度也大致保持不变。这个定则成立,在碾压混凝土配合比设计和调整是极其便利的,只要单位体积用水量不变,变动水灰比可获得相同工作度的碾压混凝土。

2.砂率

砂率对碾压混凝土工作度影响的试验结果表明,当用水量和胶凝材料用量不变时,随着砂率减小,碾压混凝土工作度减小,见图 3-1。砂率减小到一定程度后,再继续减小砂率,相应粗骨料用量增加,砂浆充满粗骨料空隙并泛浆到表面的时间增长,所以碾压混凝土的工作度反而增大。图 3-1 曲线的最低点所对应的砂率即为最佳砂率。选用最佳砂率可得到最易压实的碾压混凝土。

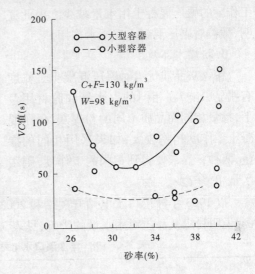

图 3-1 砂率与碾压混凝土 *VC* 值的关系

在选择砂率时还应考虑碾压混凝土施工中骨料分离情况。对人工骨料最大骨料粒径为 80 mm 的碾压混凝土,砂率一般选择在 28% ~34% 范围内。

3.粗骨料品种

卵石和碎石由于表面形状和粗糙度不同,需要被水泥砂浆包裹的表面积不同,因此在同一配合比条件下,采用碎石骨料的碾压混凝土工作度要比采用卵石骨料的碾压混凝土工作度大,为得到同一工作度的碾压混凝土,采用碎石骨料所用水泥砂浆量要比卵石骨料多,试验结果见表 3-2。

表 3-2 粗骨料品种对碾压混凝土稠度的影响

碾压混凝土配合比(kg/m³)					粗骨料种类	工作度(*VC* 值) (s)
水	水泥	粉煤灰	砂	石		
90	84	36	682	1 593	卵石	16
					石灰岩碎石	24

4.人工砂中微粒含量

人工砂生产伴随产生一部分比砂料最小粒径 0.15 mm 更细部分,称为石粉。石粉中与水泥细度相同部分,即粒径小于 0.075 mm 的微粒,在碾压混凝土中可以起到非活性掺合料作用。微粒除不具有粉煤灰二次水化反应效果外,与粉煤灰一样,可以改善碾压混凝土和易性。

试验表明,细骨料中的微粒含量对碾压混凝土工作度有不可忽视的影响,见图 3-2。随着微粒含量的增加,碾压混凝土的工作度相应减小,也就是说,为取得同一工作度的碾压混凝土用水量减少。由此证明,微粒对碾压混凝土有减水作用。

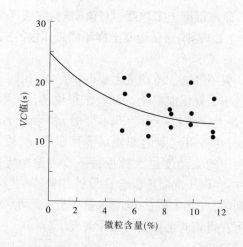

图 3-2 微粒含量对碾压混凝土工作度(VC 值)的影响

5. 粉煤灰品质

粉煤灰品质优劣对碾压混凝土工作度有明显影响,在相同的用水量和胶材用量下,掺量相同而品质不同的粉煤灰,碾压混凝土工作度相差较大;如果采用相同的掺量,两种粉煤灰要得到相同的工作度,则用水量相差较多。

以 1983 年沙溪口水电站开关站和 2003 年龙滩坝相差 20 年的两个碾压混凝土工程为例,说明粉煤灰品质对用水量的影响,见表 3-3 和表 3-4。

表 3-3　1983 年沙溪口水电站开关站不同品质粉煤灰试验结果

| 生产厂 | 粉煤灰 | | 骨料品种 | 用水量
(kg/m³) | 水泥用量
(kg/m³) | 粉煤灰用量
(kg/m³) | 工作度
(VC 值)
(s) |
	细度 (%)	需水量比 (%)					
邵武Ⅱ级	3.0	98.5	天然砂石料	93	70	70	21
南平Ⅲ级	29.0	118.2		109	70	70	21

表 3-4　2003 年龙滩坝碾压混凝土不同品质粉煤灰试验结果

粉煤灰	减水剂 ZB - 1	引气剂 DH₉	砂率 (%)	用水量 (kg/m³)	水泥用量 (kg/m³)	粉煤灰用量 (kg/m³)	工作度 (s)	含气量 (%)
凯里粉煤灰	0.5(%)	15×10^{-4}	32	78	75	105	4.9	2.6
贵阳粉煤灰	0.5(%)	15×10^{-4}	32	85	75	105	5.5	2.5

龙滩坝采用的两种粉煤灰品质指标检验结果见表 3-5。

表 3-5　粉煤灰的品质指标检验结果

粉煤灰	细度 (%)	烧失量 (%)	需水量比 (%)	三氧化硫 (%)	表观密度 (g/cm³)	抗压强度比 (%)	颜色
凯里粉煤灰	14.2	0.90	101	0.64	2.41	69	浅灰
贵阳粉煤灰	11.5	8.98	105	1.32	2.33	69	黑灰

邵武粉煤灰的细度和需水量比均比南平粉煤灰小。通过扫描电子显微镜直接观察,邵

武粉煤灰的颗粒细小、多呈球状,而南平粉煤灰则多呈玻璃状。如果采用相同的掺量,两种粉煤灰要得到相同的工作度,则南平粉煤灰的用水量要比邵武粉煤灰多用 16 kg/m³。

龙滩坝两种混凝土,VC 值、含气量、水泥用量、外加剂掺量和粉煤灰掺量均相同,唯有粉煤灰品质不同,其用水量相差 7 kg/m³。

6. 外加剂

胶材用量和用水量不变,掺加几种常用品牌的外加剂对碾压混凝土工作度(VC 值)无明显影响。以 20 世纪 80 年代常用的外加剂和 2000 年以来常用的外加剂为例,说明国内几种常用外加剂品牌对碾压混凝土工作度无显著性影响,见表3-6 和表3-7。

表3-6　20 世纪 80 年代常用几种外加剂的碾压混凝土工作度试验结果

外加剂品种	不掺	木钙	801	FDN	DH₃	DH₄
用水量 （kg/m³）	90	81	81	81	81	81
工作度（VC 值） （s）	24.5	18 ~ 22	17 ~ 22	22 ~ 35	20.5 ~ 24.5	15 ~ 19.5

表3-7　2000 年以来常用几种外加剂的碾压混凝土工作度试验结果

外加剂及掺量（%）			1 m³ 碾压混凝土材料用量（kg/m³）					VC 值 （s）	含气量 （%）
名称	掺量	DH₉	水	水泥	粉煤灰	砂	石		
JG₃	0.4	0.15	78	90	110	704	1 496	5.0	2.7
JM－Ⅱ	0.4	0.15	78	90	110	704	1 496	5.2	2.6
FDN－9001	0.4	0.15	78	90	110	704	1 496	5.5	2.7
SK－2	0.4	0.15	78	90	110	704	1496	5.0	2.8
R561C	0.4	0.15	78	90	110	704	1 496	5.0	2.8
ZB－1	0.4	0.15	78	90	110	704	1 496	6.2	2.4

7. 出机后停搁时间对工作度（VC 值）的影响

碾压混凝土出搅拌机后,拌和物中一部分水被骨料所吸收,一部分水蒸发,还有一部分水参与初始水化反应,所以碾压混凝土拌和物随着搁置时间增长而逐渐变稠,试验结果见图3-3。出机 VC 值为 14 s 的碾压混凝土,搁置 2 h,VC 值增加 10 s,搁置 4.5 h,VC 值增至 40 s,此时已使振动碾压实困难。

（三）碾压混凝土工作度（VC 值）检测在现场质量管理上的意义

碾压混凝土施工中要求碾压混凝土工作度与所用振动碾的振动能量相适应;太稠,振动碾能量不足以使碾压混凝土液化,达不到完全压实目的;太稀,振动碾将下沉,无法工作。因此,现场测定碾压混凝土工作度（VC 值）,将其控制在允许范围内,对保证振动碾的碾压密实性是重要的。

现代化混凝土搅拌楼的配料计量设备的精度完全可以满足质量控制要求,但是砂石骨

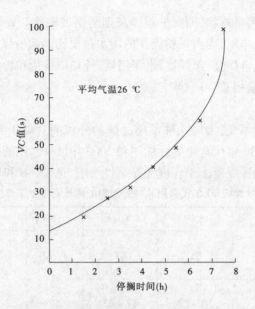

图 3-3　拌和后停搁时间对碾压混凝土工作度影响

料表面含水率的变化则不易控制,这是生产失控的主要因素之一。

对碾压混凝土工作度进行现场检测能及时发现施工中的失控因素,如砂、石骨料表面含水率、砂细度模数和粗骨料超逊径等。质检人员能够及时调整碾压混凝土配合比,以确保碾压混凝土生产质量。

第三节　混凝土拌和物的凝结时间

一、混凝土拌和物的凝结时间

试验表明,碾压混凝土的凝结过程与常规混凝土相同。混凝土中水泥熟料矿物成分与水起水化反应,生成新的生成物。

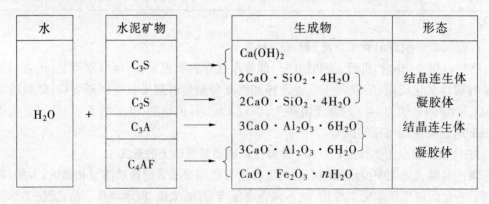

水泥水化物中包括结晶连生体和凝胶体两种基本结构,另外还有少量其他生成物。水泥水化作用是从水泥颗粒表面向内部渗透进行,所以随着水化时间增长,结晶连生体继续增

加和凝胶体浓度增高,凝胶粒子相互凝聚成网状结构。宏观表现是水泥浆变稠,混凝土失去塑性,进而凝结和硬化。这个过程可分四个阶段来描述,见表3-8。

表3-8　混凝土凝结和硬化过程

第一阶段	从加水拌和开始,30 min 以内,水泥颗粒表面大部分被生成的凝胶包裹时水化反应减慢
第二阶段	30 min 到 4 h 静止期
第三阶段	凝胶浓度上升,粒子相互凝聚成网状结构,水泥浆变稠,混凝土失去塑性,水化速率迅速增加,混凝土的凝结在这个阶段开始和结束
第四阶段	凝结终止即硬化开始,这个阶段开始了漫长的硬化过程,结晶连生体继续增多,凝胶体逐渐硬化,混凝土产生承载能力,水化速率逐渐下降

混凝土的凝结和硬化,从绝热条件下混凝土水化温升速率测定结果,可以清楚地表现出凝结和硬化的四个阶段,见图3-4。静止期期间水化温升速率基本不变,温升速率快速上升,相当于混凝土凝结开始(初凝),温升速率的高峰相当于凝结结束(终凝)。过峰值后,水化温升速率急骤下降,开始了漫长的硬化过程。

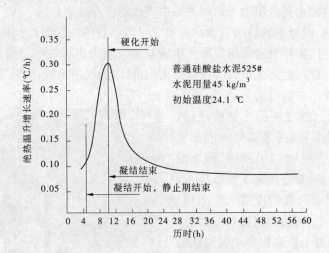

图3-4　混凝土初期绝热温升增长速率过程线

二、混凝土拌和物凝结时间的检测

混凝土凝结时间测定方法,不论是常规混凝土还是碾压混凝土,均采用贯入阻力仪,又称为贯入阻力法。但两种混凝土的测定方法却有不同,其差异是:①初凝时间测定,所用测针直径不同;②确定初凝时间所用方法不同;③所用贯入阻力仪的荷载精度不同。

(一)常规混凝土拌和物凝结时间测定

在众多测定混凝土凝结时间的方法中,只有贯入阻力法被美国材料与试验协会接纳为混凝土凝结时间测定的标准(ASTM C403)。

贯入阻力法是叶兹尔(Tuthill)和卡尔顿(Cordon)于1955年提出的,该法采用普氏贯入针测定从混凝土筛出的砂浆硬化特性。从混凝土中筛出的砂浆装入容器深度至少150 mm,砂浆振实后抹平表面并排除泌水,不同间隔时间将贯入针压入砂浆 25 mm 深,测定测针贯入阻力值。测试过程中分初凝和终凝两个时段,以测针承压面积从大到小的次序更换测针。

初凝时段:测针面积 100 mm²(直径 11.2 mm),终凝时段:测针面积 20 mm²(直径 5 mm)。

叶兹尔和卡尔顿确定的混凝土初凝界限是指混凝土重新振动不能再变成塑性,即一个振动着的振捣器靠它的自重不能再插入混凝土中。超过此界限,上层浇筑的混凝土不再能与下层已浇的混凝土变成一个整体。此时用贯入阻力法测定混凝土中砂浆的贯入阻力大约是 3.5 MPa。当贯入阻力达到 28 MPa 时,可以认为砂浆已完全硬化,此时混凝土抗压强度大约是 0.7 MPa。

ASTM C403 对混凝土凝结时间规定:贯入阻力 3.5 MPa 为初凝界限,28 MPa 为终凝界限。凝结时间试验方法详见《水工混凝土试验规程》(SL 352—2006)3.9"混凝土拌和物凝结时间试验",是由 ASTM 引进的方法。

(二)碾压混凝土拌和物凝结时间检测

碾压混凝土凝结时间测定方法是借用美国 ASTM C403 普通混凝土凝结时间测定的贯入阻力法,套用到碾压混凝土。两者的区别是:①常规混凝土初凝时间测定,测针直径为11.2 mm(断面面积为 100 mm²),碾压混凝土初凝和终凝时间测定,采用统一测针直径,均为 5 mm(断面面积为 20 mm²);②常规混凝土初凝时间由贯入阻力为 3.5 MPa 的点确定,而碾压混凝土初凝时间由贯入阻力—历时关系中直线的拐点确定。

大量试验表明,混凝土的凝结表现在加水后水泥凝胶体由凝聚结构向结晶网状结构转变时有一个突变。用测针测定碾压混凝土中砂浆贯入阻力也存在一个突变点,即测试关系线存在一个拐点。原试验方法试验时拐点时而出现,时而又不出现,究其原因是测定贯入阻力的仪器测力精度不够造成的。

2006 年借修订《水工混凝土试验规程》(SD 105—82)之际,对原《水工碾压混凝土试验规程》(SL 48—94)中 2.0.6 条"碾压混凝土拌和物凝结时间方法和测试仪器"进行了研究,并研制出新的高精度贯入阻力仪。新修订的《水工混凝土试验规程》(SL 352—2006)6.4"碾压混凝土拌和物凝结时间试验(贯入阻力法)"采纳了高精度贯入阻力仪,额定荷载为 2 kN,精度为 ±0.2%,最小示值为 1 N,见图 3-5 高精度贯入阻力仪。

图 3-5　高精度贯入阻力仪
(中国水利水电科学研究院研制)

三、影响凝结时间的主要因素

(一)水泥品种
水泥凝结时间短的,相应混凝土拌和物凝结得快。

(二)外加剂
木钙、糖蜜减水剂都有缓凝作用,速凝剂有速凝作用。

(三)水灰比
在水泥品种相同的情况下,水灰比越大,混凝土凝结时间越长。

(四)环境温度
环境温度高、水泥水化越快,混凝土拌和物凝结时间越短。

（五）环境相对湿度

在干燥气候条件下，混凝土中水分蒸发较快，混凝土凝结时间相应缩短。

第四节　混凝土拌和物的含气量

一、混凝土拌和物含气量的检测

混凝土拌和物含气量的检测目的是选定或检验引气剂掺入量，以便控制混凝土拌和物质量。不论是常规混凝土还是碾压混凝土，含气量检测所用仪器均采用气 – 水压含气量测定仪。该仪器是按美国 ASTM C231 标准设计，主要规格如下：

（1）混凝土最大骨料粒径不得大于 40 mm；

（2）最大含气量测定值 8%；

（3）混凝土量钵尺寸：容积 7 L，内径与高度比为 1:1；

（4）显示仪表：压力值量程 0.25 MPa、分度值 0.005 MPa、含气量值量程 8%、最小读数 0.1%。

（一）常规混凝土拌和物含气量检测

含气量试验方法详见《水工混凝土试验规程》（SL 352—2006）3.10"混凝土拌和物含气量试验"。

（二）碾压混凝土拌和物含气量检测

碾压混凝土检测方法基本上与普通混凝土相同，不同处是试样的成型方法。试样振实规定采用维勃稠度仪的振动台，试样量钵应固定在振动台台面上，含气量测定仪量钵与振动台固定可采用压板与螺杆相结合的方法。振动成型时，试样表面应加压重块，压重块和导杆总质量为 15 kg。

试验方法详见《水工混凝土试验规程》（SL 352—2006）6.3"碾压混凝土拌和物含气量试验"。

二、影响混凝土拌和物含气量的主要因素

（一）原材料与混凝土配合比

1.外加剂

外加剂的功能和掺量决定混凝土拌和物引入气体的气泡直径和数量。一般的外加剂都具有一定的引气效能，但引入气体的气泡直径大小和数量与引气剂不同。

不掺外加剂混凝土的含气量较小，一般为 0.8% ~ 1.5%，且气泡较大；掺入引气剂或引气减水剂后，混凝土拌和物的含气量随引气剂掺量增加而增加，气泡呈球形，直径很微小，为 50 ~ 200 μm，且互相独立、不相连通。

2.水泥品种

在掺用相同引气剂时，不同品种的水泥，含气量不同。掺入相同品种和掺量的引气剂，采用普通水泥的混凝土拌和物的含气量比采用矿渣水泥的混凝土拌和物的含气量大。

3.粉煤灰

粉煤灰颗粒为中空球状，其表面积大，加上其中含有一定量的碳粒子，对外加剂气泡有

较强的吸附作用,因此同样掺量的引气剂,掺粉煤灰的混凝土拌和物比不掺的混凝土拌和物的含气量有所降低。如果需要得到相同的引气量,掺粉煤灰的混凝土拌和物比不掺粉煤灰的混凝土拌和物的含气量有所降低;如果需要得到相同的引气量,掺粉煤灰的混凝土拌和物需要掺比较多的引气剂,特别是大掺量粉煤灰,如碾压混凝土引气剂掺量比常规混凝土需增加几倍甚至十几倍。

4. 水灰比

水灰比大的混凝土,流动性较大,容易裹胁气体,利于形成气泡,混凝土含气量也较大。

5. 骨料

试验表明,混凝土中引入的气泡多数含在砂浆内。混凝土拌和物的砂浆含气量为9%是最优含气量。当最优含气量以整个混凝土含气量表示时,其数值随骨料的最大粒径增大而减小。各国标准推荐的混凝土含气量指标见表3-9。

表3-9　不同骨料最大公称粒径混凝土的含气量　　　　　　　　　　　（%）

骨料最大公称粒径(mm)	美国 ACI	美国垦务局	日本土木学会
20	6.0	6.0 ± 1	5
40	4.5	4.5 ± 1	4
80	3.5	3.5 ± 1	3
150	3	3.0 ± 1	—

6. 湿筛对混凝土含气量的影响

日本草木坝20世纪70年代曾对最大骨料粒径为150 mm的四级配混凝土进行了通过40 mm筛的湿筛混凝土含气量试验,试验结果见图3-6。湿筛混凝土的含气量与原级配混凝土的含气量比值为1.5,约增大50%。

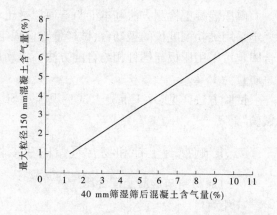

图3-6　原级配混凝土含气量与湿筛后含气量的关系

（二）拌和工艺

1. 拌和方式

用机械拌和比用人工拌和的混凝土拌和物的含气量大。

2. 拌和时间

混凝土拌和物的含气量随拌和时间延长而增加,但超过一定限值时,含气量不会继续增加。

（三）运输与振捣成型工艺

1. 运输

采用吊罐运输,混凝土含气量基本不发生变化;采用皮带运输、泵送等,混凝土含气量会降低。

2. 振捣成型

手工捣实成型,对混凝土拌和物含气量的变化影响极小,基本不变;振动台振实成型,对混凝土拌和物含气量有一定影响,主要消除其内部的大气泡,降低1%左右;高频插入式振捣器振实,对混凝土拌和物含气量影响比较显著,不但消除其内部的大气泡,也消除一定量的小气泡,应严格控制振捣时间,不得超过 45 s。

第五节 混凝土拌和物的泌水率

混凝土拌和物泌水主要是对常规混凝土而言的,碾压混凝土很少发生。

新拌混凝土在运输、振捣过程中砂石骨料的分离及水分的上浮现象,称为新拌混凝土的离析。泌水量多的混凝土施工中容易离析。泌水率试验主要反映新拌混凝土中水分的分离,在一定程度上也反映了新拌混凝土的保水性能。

试验设备为一个内径和高度均大于最大骨料粒径 3 倍的带盖金属圆筒。试验时将一定量的新拌混凝土装入圆筒中,经振捣或插捣使之密实,使混凝土试样表面低于筒口 40 mm 左右,然后静置并计时,每隔 20 min 用吸管吸取试样表面的泌出水分,并用量筒计量。试验直至连续第三次吸水时试样均无泌水。已知泌水总量和新拌混凝土试样中总的含水量,即可计算泌水率。泌水率小,表示新拌混凝土抗离析性能较好。泌水率试验方法详见《水工混凝土试验规程》(SL 352—2006)3.5“混凝土拌和物泌水率试验”。

第六节 混凝土拌和物的拌和均匀性

混凝土拌和物的均匀性主要取决于搅拌机机型、拌和时间和投料顺序等。当搅拌机机型确定后,必须进行混凝土拌和物均匀性检验,以确定拌和时间和投料顺序。搅拌机叶片磨损也影响搅拌能力和拌和物的均匀性,应定期检查、修复。

混凝土拌和物均匀性检测方法按国家标准《混凝土搅拌机》(GB/T 9142—2000)和《水工混凝土试验规程》(SL 352—2006)3.8“混凝土拌和物拌和均匀性试验”进行。

一、GB/T 9142—2000

检查混凝土均匀性时,应在搅拌机卸料过程中,从卸料流中约在 1/4 和 3/4 的部位抽取试样进行试验,两个试样性能上的差别不能超过下列任一项规定:

(1)混凝土中砂浆表观密度的两次测值的相对误差不应大于 0.8%;

(2)单位体积混凝土中粗骨料含量两次测值的相对误差不应大于 5%。

二、SL 352—2006

试验方法用于选择合适的拌和时间。选择 3~4 个可能采用的拌和时间,分别拌制原材料、配合比相同的混凝土。每个拌和时间,从先后出机的拌和物中取样,用两组混凝土抗压强度偏差率和砂浆表观密度偏差率评定,其中偏差率最小的拌和时间即为最合适的拌和时间。

第四章　硬化混凝土

第一节　混凝土性能试验试件规格、成型方法和养护

一、试件规格和试模要求

(一)试件规格

不论是常规混凝土还是碾压混凝土,各项性能试验仪器设备和试件规格都是相同的,只是成型方法不同。混凝土各项性能试验所用试件规格见表4-1。

表4-1　混凝土各项性能试验采用的试件规格

标准试件		专用试件	
试验项目	试件规格(mm)	试验项目	试件规格(mm)
抗压强度	150×150×150	自生体积变形	φ200×450
劈裂抗拉强度	150×150×150	热扩散率	φ200×400
轴向抗拉强度	100×100×550	导热系数	φ200×400
极限拉伸	100×100×550	比热容	φ200×400
抗剪强度	150×150×150	热胀系数	φ200×450
抗弯强度	150×150×550	绝热温升	φ400×400
静力抗压弹性模量	φ150×300	渗透系数	φ150×150 150×150×150 φ300×300 300×300×300 φ450×450
混凝土与钢筋握裹力	150×150×150		
压缩徐变	φ150×450	抗冲磨(圆环法)	外径500、内径300、高100
拉伸徐变	φ150×500	抗冲磨(水下钢球法)	φ300×100
干缩	100×100×515	氯离子渗透性	φ100×50
抗渗等级	圆台体:顶面φ175 底面φ185 高度150	氯离子扩散系数	φ100×50
抗冻等级	100×100×400		

(二)试模加工要求

1. 材料要求

(1)材料宜选用不低于 HT200 的铸铁,试模铸件应进行时效处理。

(2)装配试模的紧固件的材料宜选用性能指标不低于 45 钢性能的钢材。

2. 加工要求

(1)试模内表面和上、下口面粗糙度 R_a 不大于 5.0 μm。

(2)试模经拆装和组装后内部尺寸误差不大于公称尺寸的 ±0.2%,圆柱体和棱柱体试件的长度尺寸不大于 ±1 mm。

(3)经一次拆卸与再组装后的立方体和棱柱体试模各相邻侧面之间的夹角应为直角,其误差不大于 ±0.2°。圆柱体试模底板与圆柱体轴线之间的夹角,其误差不大于 ±0.2°。

(4)立方体和棱柱体试模内表面的平面度误差,每 100 mm 不大于 0.04 mm。定位面的平面度误差,每 100 mm 不大于 0.3 mm。

(5)试模组装后连接面的缝隙不大于 0.1 mm。立方体和棱柱体试模隔板与侧板的缝隙不大于 0.2 mm。

二、成型方法

混凝土试件成型一般都在混凝土拌和间内完成,室温为 (20 ± 5)℃。

混凝土性能试验包括:拌和、成型、养护和性能试验四个工序,其中只有碾压混凝土成型方法是特定的,其余三项两种混凝土都是相同的。

(一)常规混凝土试件成型

试件一律采用机械成型。振动台的频率为 (50 ± 3) Hz,空载时台面中心振幅为 (0.5 ± 0.1) mm,承载能力不低于 200 kg。成型方法见《水工混凝土试验规程》(SL 352—2006)4.1 "混凝土试件的成型与养护方法"。

(二)碾压混凝土试件成型

碾压混凝土性能试验试件成型方法有两种。

1. 振动台成型

成型机具有:

(1)振动台:频率为 (50 ± 3) Hz,振幅为 (0.5 ± 0.1) mm,承载能力不低于 200 kg。试模应与振动台台面固定,可采用压板和螺杆相结合的方法紧固。

(2)成型套模:套模的内轮廓尺寸与试模相同,高度为 50 mm,不易变形并能固定于试模上。

(3)成型压重块及承压板:形状与试件表面形状一致,尺寸略小于试件内面尺寸。根据不同试模尺寸,将压重块和承压板的质量调整至碾压混凝土试件表面压强为 5 kPa。

2. 振动成型器成型

成型机具有:

(1)振动成型器:质量为 (35 ± 5) kg,频率为 (50 ± 3) Hz,振幅为 (3 ± 0.2) mm。振动成型器由平板振动器和成型振头组成。振头装有可拆卸有一定刚度的压板(φ145 mm 圆板和 145 mm 方板)。

(2)成型套模:与振动台成型所用套模相同。

(3)承压板:形状与试件表面形状一致,尺寸略小于试件表面尺寸,且有一定刚度。

两种成型方法皆可用于成型碾压混凝土各项性能试验的试件,按《水工混凝土试验规程》(SL 352—2006)各项性能试验规定的装料次数和振实时间进行。

振动成型器成型用于现场成型量较多的抽样试件(150 mm×150 mm×150 mm 立方体和φ150 mm×300 mm 圆柱体试件)较为方便,而且效率较高。

三、养护环境

试件成型后,在混凝土拌和间静置 24～48 h,然后脱模移入标准养护室。标准养护室条件:温度应控制在(20±2)℃,相对湿度应为95%以上的潮湿环境。没有标准养护室时,试件可在(20±2)℃的饱和石灰静水中养护,但应在报告中注明。

第二节　混凝土力学性能

一、抗压强度

抗压强度是混凝土结构设计的重要指标,是混凝土配合比设计的重要参数。在现场机口或仓面取样,测定抗压强度,用于评定施工管理水平和验收质量。

(一)抗压强度的种类

混凝土抗压强度有标准立方体抗压强度和标准轴心抗压强度两种。

1. 标准立方体抗压强度

标准立方体抗压强度是水工混凝土结构抗压强度的强度等级(或强度标号)的基准。设计规范规定:设计强度标准值应按照标准方法制作养护的边长为 150 mm 的立方体试件,在设计龄期用标准试验方法测得具有规定保证率的强度来确定。水利水电工程包括大坝、水闸和水电站厂房等建筑物的标准,对混凝土设计强度标准值保证率的规定是不同的,工业与民用建筑保证率为95%,水闸工程为90%,混凝土大坝为80%。

抗压强度试验方法见《水工混凝土试验规程》(SL 352—2006)"混凝土立方体抗压强度试验。"

2. 标准轴心抗压强度

立方体试件测定混凝土抗压强度,由于试件横向膨胀受到端面压板约束而产生摩阻力(剪力),使试件受力条件复杂,而不是单独的轴向抗拉力,试件破坏呈"双锥体"。要测定混凝土轴心抗压强度,则必须将试件端面与压板接触面的摩阻力消除。消除摩阻力的方法有两种:其一,在试件端面与压板之间放置刷形承压板或加 2～5 mm 厚度的聚四氟乙烯板,均可将摩阻力消除;其二,增加试件高度,试件端面约束所产生的剪应力,由试件端面向中间逐渐减小,其影响范围(高度)约为试件边长 b 的 $\frac{\sqrt{3}}{2}$ 倍。当试件高度增加到 $1.7b$(b 为边长)时,端面约束可认为减弱到不予考虑的程度。

测定轴心抗压强度通常采用第二种方法。圆柱体试件高径比为2∶1,即高度为直径的2倍,棱柱体试件高边比为3∶1,即高度为边长的 3 倍。此时,混凝土破坏是单轴压缩荷载产生的。测定轴心抗压强度的标准圆柱体尺寸为φ150 mm×300 mm。

水工结构设计采用线弹性理论、许用应力计算方法,计算出最大点压应力 σ_{max} 应小于等于 f_{max}/K,其中 f_{max} 为混凝土轴心抗压强度,K 为安全系数。所以,轴心抗压强度也是一个设计抗压强度指标。

圆柱体轴心抗压强度试验方法见《水工混凝土试验规程》(SL 352—2006)"混凝土圆柱体(轴心)抗压强度与静力抗压弹性模量试验"。

3. 标准圆柱体和标准立方体的抗压强度比

英国 BS1881:Part 4 标准规定:标准圆柱体抗压强度等于标准立方体的 80%。试验表明,标准圆柱体试件抗压强度与标准立方体试件抗压强度的比值主要取决于混凝土抗压强度,混凝土强度愈高,其比值亦愈高,见表 4-2。水工混凝土采用的比值是 0.82。

表 4-2　标准圆柱体和标准立方体的抗压强度比

强度等级(MPa)	$10 \sim 20$	$20 \sim 30$	$30 \sim 40$	$40 \sim 50$
$\dfrac{\phi 150 \text{ mm} \times 300 \text{ mm 标准圆柱体抗压强度}}{150 \text{ mm} \times 150 \text{ mm} \times 150 \text{ mm 标准立方体抗压强度}}$	0.775	0.821	0.861	0.910

注:强度等级之间的比值可用内插法求得。

(二)对抗压强度试验要求

(1)试件轴线与试验机轴线重合,偏离度不大于试件端面尺寸的 4%,对边长为 15 cm 的立方体试件来说,其偏离度不应大于 6 mm。

(2)试件轴心应与压板表面垂直,压板表面应平整,压板不平整度不大于边长的 0.02%。

(3)试验机压板下应放置同心球座,以调整偏心影响。

(4)对混凝土芯样试件(或圆柱体试件)端面,应采用强度和弹性与试件混凝土相近的材料进行处理或是磨平。

(5)加荷速率。

它对混凝土抗压强度有较大影响,马克亨利(Mchenry)的试验结果表明,加荷速率从 0.042 MPa/min 增加到 4.2×10^6 MPa/min,混凝土抗压强度可增加一倍。因此,各国试验规程都对混凝土抗压强度测定的加荷速率作了规定,见表 4-3。

表 4-3　中、英、美等国规范对抗压强度试验加荷速率的规定

规范	加荷速率(MPa/min)
美国 ASTM C39	$8.4 \sim 20.4$
英国 BS1881:Part4	15.0
中国《水工混凝土试验规程》(SL 352—2006)	$18 \sim 30$

(三)影响混凝土抗压强度的因素

在振动条件下使混凝土液化,达到密实体积,混凝土抗压强度不再受成型条件影响。所以,本节所讨论的抗压强度是指充分密实的混凝土。

1. 水灰比

在工程实践中,龄期一定和养护温度一定的混凝土的强度仅取决于两个因素,即水灰比

和密实度。对充分密实的混凝土,其抗压强度服从于阿布拉斯(D. A. Ablams)水灰比定则。

1918 年阿布拉斯提出"水灰比定则",即当混凝土充分密实时,混凝土强度 R_c 与水灰比 W/C 成反比,即

$$R_c = \frac{K_1}{K_2 \frac{W}{C}} \tag{4-1}$$

式中　K_1、K_2——试验常数。

式(4-1)近似为双曲线关系,使用不方便。

试验表明,当灰水比 C/W 为 0.8~2.5 时,混凝土强度 R_c 与 C/W 近似为直线关系。

2. 砂率

砂率只影响混凝土工作性,而对混凝土抗压强度无影响。这对现场质量管理是方便的,当现场砂的细度模数波动超过 ±0.20 时,调整配合比的砂率,不会影响混凝土的抗压强度。

3. 外加剂

1)减水剂

混凝土掺加减水剂的目的是降低用水量,从而提高灰水比,相应增加强度和耐久性。对国产减水率进行减水率检验,六种减水剂的减水率相近,因此其提高混凝土强度的功效也相近,试验结果见表4-4。

表4-4　六种减水剂对混凝土抗压强度的功效试验结果

商品名称	生产厂	减水率 (%)	抗压强度(MPa)				说明
			7 d	28 d	90 d	180 d	
ZB-1	浙江龙游	17.3	17.7	28.8	40.2	43.2	525 中热硅酸盐水泥;
JG₃	北京冶建	18.2	18.1	27.9	38.5	48.6	凯里粉煤灰掺量55%;
FDN	武汉浩源	17.2	16.6	29.3	38.0	42.7	胶材用量 200 kg/m³;
R561C	上海麦斯特	19.3	21.1	28.9	40.9	47.9	水胶比 0.39;
JM-Ⅱ	江苏建科院	18.2	17.0	30.4	43.1	46.9	水泥用量 90 kg/m³;
SK	北京科海利	19.6	16.6	27.6	38.8	42.7	减水剂掺量 0.4%;
DH₉	河北外加剂厂	6.5					引气剂 DH₉ 掺量 15×10⁻⁴
平均值(MPa)			17.8	28.8	39.9	45.3	
偏差 (%)	$\frac{最大值-平均值}{平均值}$		18.5	5.5	8.0	7.3	
	$\frac{最小值-平均值}{平均值}$		-6.7	-4.2	-4.8	-5.7	

六种减水剂提高混凝土抗压强度功效的差异,最大为 18.5%,最小为 6.7%,而且是出现在 7 d 龄期的抗压强度。

2)引气剂

掺加引气剂的混凝土试验结果表明:保持同样工作性,掺加引气剂可减少用水量;如果水灰比不变,则可减少水泥用量,但是抗压强度随着含气量增加而降低。掺加引气剂,每增

加 1% 含气量的效益见表 4-5。

表 4-5　掺加引气剂每增加 1% 含气量的效益

水胶比	含气量 2%				含气量 3%			增加 1% 含气量的结果			
	用水量 (kg/m³)	水泥用量 (kg/m³)	28 d 抗压强度 (MPa)		用水量 (kg/m³)	水灰比	28 d 抗压强度 (MPa)	水泥用量不变		水灰比不变	
								强度增加 (MPa)	水灰比减小	强度降低 (MPa)	减少水泥 (kg/m³)
0.80	113	141	17.0		107	0.76	18.8	+1.8	0.04	−1.7	7
0.55	105	191	32.4		99	0.52	35.0	+2.6	0.03	−2.9	11

　　表 4-5 表明，保持混凝土工作性和水泥用量不变，掺加引气剂不但提高了混凝土的耐久性，改善了和易性，而且增加了混凝土的抗压强度。

　　掺加引气剂的混凝土应严格控制含气量，否则会因含气量过大而使抗压强度过度下降，造成工程质量事故。

　　4. 粉煤灰掺量

　　粉煤灰掺合料在碾压混凝土中的主要作用是改善其和易性、密实性和可碾性。当胶材用量达到上述要求时，掺加需水量比≤100% 的粉煤灰，增加粉煤灰掺量不会影响其可碾性，但会降低水泥用量，减少碾压混凝土温升，有利于控制温度裂缝，是有效的防裂措施。

　　增加粉煤灰掺量置换水泥用量，碾压混凝土的抗压强度降低，但要以满足设计强度等级要求为限，试验结果见表 4-6。

表 4-6　粉煤灰掺量与抗压强度关系

粉煤灰	粉煤灰掺量 (%)	水泥用量 (kg/m³)	粉煤灰用量 (kg/m³)	抗压强度 (MPa)				配合比
				7 d	28 d	90 d	180 d	
贵阳粉煤灰	50	90	90	16.5	26.6	36.7	41.7	水胶比 0.47；
	52.8	85	95	15.4	24.9	33.5	39.0	用水量 85 kg/m³；
	55.5	80	100	14.2	24.0	33.6	37.4	减水剂 ZB−1,0.5%；
	58.3	75	105	14.3	23.6	37.9	41.0	引气剂 DH₉,15×10⁻⁴
凯里粉煤灰	50	100	100	21.0	31.3	40.7	50.0	水胶比 0.39；
	55	90	110	17.7	28.8	40.2	43.2	用水量 78 kg/m³；
	60	80	120	15.1	26.9	43.0	44.7	减水剂 2B−1,0.5%； 引气剂 DH₉,15×10⁻⁴

　　5. 龄期

　　混凝土强度增长与胶凝材料水化程度有关，一般来说，混凝土抗压强度与龄期的对数值近似呈直线关系，即

$$\frac{R_c}{R_{28}} = 1 + m\ln\left(\frac{t}{28}\right) \tag{4-2}$$

　　式中　R_c ——t 龄期混凝土抗压强度，MPa；

　　　　　R_{28} ——28 d 龄期混凝土抗压强度，MPa；

t——龄期,d;

m——试验常数,与水泥品种、掺合料品质有关,m 值为直线的斜率,表示混凝土强度增长速率。

二、轴向抗拉强度

(一)轴向抗拉强度试验

混凝土轴向抗拉拉伸试验是用直接拉伸试件的方法测定抗拉强度、极限拉伸值和拉伸弹性模量。计算时不必作任何理论上的假定,测定结果接近混凝土实际应力—应变状况。由于测试技术上的不同,虽然目前各国都在研究,但标准试验方法尚未见公布。

混凝土轴向抗拉拉伸性能测试方法、原理比较简单,但要准确测定却难度较大,制定轴向抗拉拉伸试验方法的原则是:①荷载应确实轴向抗拉施加,使试件断面上产生均匀拉应力,沿试件长度方向有一均匀应力段,并且断裂在均匀应力段的概率高;②试件形状应易于制作,费用低;③试件夹具与试验机装卡简单易行,且能重复使用。

1. 试件装卡和偏心

混凝土试件装卡在试验机上,下卡头中的装卡方式往往与试件形状相联系,可分为外夹式、内埋式和粘贴式三种。外夹式简单易行,不需要埋设拉杆和粘贴拉板,但是试件体积大。内埋式试件体积适中,拉杆埋设必须有胎具保证与试件对中,拉杆可以重复使用。粘贴式效率低,粘贴表面需要预先处理,但是试件体积小,尤其是对混凝土芯样试验,除此外无更简便的方法。

混凝土轴向抗拉拉伸试验中一个关键问题是试件几何中心线与试验机加荷轴心线同心,以保证试件断面受力均匀,但是要完全做到这一点是比较困难的,实际上总有偏心发生,但应将其减小到允许范围以内。解决偏心的办法是:①试件成型几何尺寸准确;②由胎具保证拉伸夹头或粘贴拉板定位准确,并与试件同轴。此外,试验机卡头上都装有球铰,用以消除试件偏心对试验机加荷活塞或拉杆的作用,但是球铰并不能消除试件偏心所产生的附加弯矩对试件的影响。

2. 力和变形的测定

液压式万能试验机、机械式万能试验机或拉力试验机均可对混凝土试件施加轴向抗拉荷载。

在荷载作用下混凝土试件变形测量,着重使用外部测量变形的方法和装置。外夹式变形测量装置使用方便、性能可靠,且可以多次重复使用,经济耐用,是人们所喜欢采用的测试方法。外夹式变形测量装置包括变形传递夹具和引伸计两部分。引伸计是对夹具传递过来的试件标距内变形量的量测机构,可分为机械式和电测式两类。通常使用的机械式引伸计有千分表,测定的变形量由表盘直接读取。电测式引伸计有差动变压器型引伸计和应变片型引伸计,其将标距内的变形量换成电量,然后经放大器放大,输入到显示仪表或记录仪。

混凝土轴向抗拉拉伸试验方法见《水工混凝土试验规程》(SL 352—2006)"混凝土轴向抗拉拉伸试验"。

(二)与轴向抗拉强度相关的因素

1. 轴向抗拉强度与灰水比的关系

笔者分析了 42.5 中热硅酸盐水泥和普通硅酸盐水泥;掺加 Ⅰ 级、Ⅱ 级粉煤灰,掺量

$50\% \sim 60\%$；人工砂石骨料的碾压混凝土，28 d 轴向抗拉强度与灰水比相关关系，见式(4-3)。

$$\left.\begin{array}{l} R_{t,28} = 2.325(C/W) - 0.284 \\ R^2 = 0.817\,6 \end{array}\right\} \tag{4-3}$$

式中　$R_{t,28}$——龄期 28 d 碾压混凝土轴向抗拉强度，MPa；

其余符号意义同前。

式(4-3)表明，碾压混凝土轴向抗拉强度与灰水比呈直线相关关系。

2. 轴向抗拉强度与龄期增长的关系

笔者统计了 42.5 中热硅酸盐水泥和普通硅酸盐水泥；掺加 Ⅰ 级、Ⅱ 级粉煤灰，掺量 $50\% \sim 60\%$；人工砂石骨料的碾压混凝土，随龄期增长轴向抗拉强度增加的关系，见式(4-4)。

$$\left.\begin{array}{l} R_{t,t} = \left[1 + 0.413\ln(t/28)\right]R_{t,28} \\ R^2 = 0.993\,1 \end{array}\right\} \tag{4-4}$$

式中　$R_{t,t}$——龄期 $t(\mathrm{d})$ 碾压混凝土的轴拉强度，MPa；

其余符号意义同前。

3. 标准轴向抗拉强度与标准立方体抗压强度及标准轴心抗压强度的关系

(1)标准轴向抗拉强度与标准立方体抗压强度的关系。

笔者统计了龙滩坝、光照坝、金安桥、龙江坝等碾压混凝土坝试验结果，样本容量各 140 组标准轴向抗拉强度和标准立方体抗压强度，得出两者相关关系为：

28 d 龄期：　　　　　　$R_t = 0.085R_c \tag{4-5}$

90 d 龄期：　　　　　　$R_t = 0.088R_c \tag{4-6}$

式中　R_t——100 mm × 100 mm × 550 mm 标准试件轴向抗拉强度，MPa；

R_c——150 mm × 150 mm × 150 mm 标准立方体抗压强度，MPa。

(2)标准轴向抗拉强度与标准轴心抗压强度的关系。

由表 4-2 知强度等级为 C20 ~ C30 的混凝土，标准圆柱体与标准立方体抗压强度比为 0.821，即

$$\frac{\phi 150\ \mathrm{mm} \times 300\ \mathrm{mm}\ 标准圆柱体抗压强度}{150\ \mathrm{mm} \times 150\ \mathrm{mm} \times 150\ \mathrm{mm}\ 标准立方体抗压强度} = 0.821 \tag{4-7}$$

将式(4-7)代入式(4-5)得

28 d 龄期：　　　　　$R_t = \dfrac{0.085}{0.821}f_c = 0.103f_c \tag{4-8}$

将式(4-7)代入式(4-6)得

90 d 龄期：　　　　　$R_t = \dfrac{0.088}{0.821}f_c = 0.107f_c \tag{4-9}$

式中　f_c——ϕ150 mm × 300 mm 标准轴心抗压强度，MPa。

28 d 龄期和 90 d 龄期的公式的系数相近，取 0.10，即碾压混凝土轴向抗拉强度是轴心抗压强度的 1/10。

美国垦务局坝工设计标准，轴向抗拉强度与轴心抗压强度换算系数也是采用 0.10。

三、劈裂抗拉强度

(一)劈裂抗拉强度试验

劈裂抗拉强度试验方法是非直接测定抗拉强度的方法之一。试验方法简单，对试验机

的要求、操作方法和试件尺寸与抗压强度试验相同,只需要增加简单的夹具和垫条,在国际上得到了广泛采用,并被列入了标准,如美国 ASTM C496 和日本 JIS A1113。美国和日本标准试件采用 ϕ 150 mm × 300 mm 圆柱体,中国《水工混凝土试验规程》(SL 352—2006)采用 150 mm × 150 mm × 150 mm 立方体试件。

计算劈裂抗拉强度的理论公式是由圆柱体径向受压推导出来的。采用立方体试件,假设圆柱体是立方体的内切圆柱,由此将圆柱体水平拉应力计算公式变换成立方体计算公式,圆柱体直径变换成立方体边长。立方体试件劈裂试验,试验机压板是通过垫条加载的,理念上应该是一条线接触,而实际上是面接触,所以垫条宽度就影响计算公式的准确性。试验也表明,垫条尺寸和形状对劈裂抗拉强度有显著影响,见图 4-1。

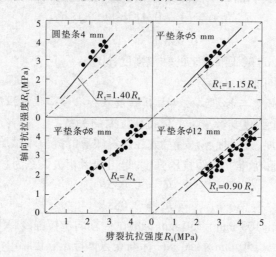

(劈裂试件:15 cm 立方体,轴拉试件:15 cm × 15 cm × 55 cm)

图 4-1　垫条尺寸和形状对劈裂抗拉强度和轴向抗拉强度关系的影响

我国颁布的行业试验规程,劈裂抗拉强度统一采用边长为 150 mm 的立方体作为标准试件,但是对垫条尺寸和形状的规定却不统一,因此在进行同一种混凝土劈裂抗拉试验时,采用不同试验规程会得出不同的结果。

综上所述,大坝结构拉应力和温度应力计算,抗拉强度采用轴向抗拉强度而不采用劈裂抗拉强度,原因就在于此。

混凝土劈裂抗拉强度试验方法见《水工混凝土试验规程》(SL 352—2006)"混凝土劈裂抗拉强度试验"。

(二)劈裂抗拉强度与轴向抗拉强度的关系

轴向抗拉强度测定方法比劈裂抗拉强度复杂,且需要专用拉力试验机。中小型水利水电工程可采用劈裂抗拉强度,通过相关关系换算取得轴向抗拉强度。

图 4-1 试验结果表明,垫条形状和宽度均影响劈裂抗拉强度测值的大小。《水工混凝土试验规程》(SL 352—2006)对劈裂抗拉强度试验规定:标准试件尺寸为 150 mm × 150 mm × 150 mm 立方体,垫条为 5 mm × 5 mm 平垫条。20 世纪 90 年代笔者进行过劈裂抗拉强度和轴向抗拉强度相关关系试验,得出 $R_t = 1.15 R_s$(R_t 为轴向抗拉强度,R_s 为劈裂抗拉强度)。

2006 年修订水工混凝土试验规程时,将轴向抗拉强度的湿筛筛孔尺寸从 40 mm 孔改为 30 mm 方孔筛,又进行一次两者相关关系统计。统计样本容量为 140 组,由标准劈裂抗拉强度(试件是边长为 150 mm 立方体)与标准轴向抗拉强度(100 mm × 100 mm × 550 mm 方 8 字试件)相关关系分析,得出:

$$R_t = 1.12R_s \tag{4-10}$$

两次统计分析结果基本无差异。

四、静力抗压弹性模量

(一)抗压弹性模量试验

根据静荷载试验得到的应力—应变($\sigma \sim \varepsilon$)曲线分析计算得出的弹性模量称为静弹性模量,其物理意义见图 4-2。混凝土弹性模量由荷载—应变曲线上升段的斜率确定。因为计算斜率所选测点不同,所以弹性模量可分为初始切线弹性模量、切线弹性模量和割线弹性模量。

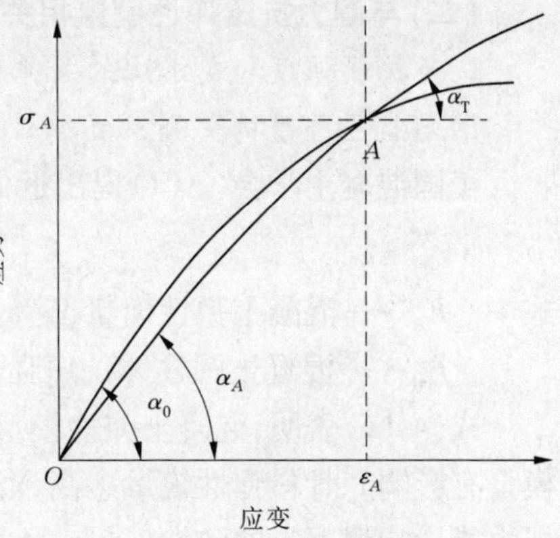

1. 初始切线弹性模量

初始切线弹性模量($\tan\alpha_0$)是通过 $\sigma \sim \varepsilon$ 曲线坐标原点所作切线的斜率,它几乎没有什么工程意义。

图 4-2 混凝土应力—应变曲线

2. 切线弹性模量

在 $\sigma \sim \varepsilon$ 曲线上任意一点所作切线的斜率称为该点的切线弹性模量($\tan\alpha_T$)。切线弹性模量仅适用于切点处荷载上下变化很微小的情况。

3. 割线弹性模量

在 $\sigma \sim \varepsilon$ 曲线上规定两点的连线(割线)的斜率($\tan\alpha_A$)称为割线弹性模量,在工程上常被采用。

混凝土弹性模量测定方法见《水工混凝土试验规程》(SL 352—2006)"混凝土圆柱体(轴心)抗压强度和静力抗压弹性模量试验"。

液压万能试验机和伺服程控万能试验机皆可对试件施加轴向抗拉荷载。试件变形测定装置包括变形传递架和引伸计两部分,与轴向抗拉拉伸试验变形测定装置相同。多数试验机都具有自动绘图功能,因此荷载—应变曲线随着试验进行中自动给出,试验结束即可取得。

混凝土弹性模量由荷载—应变曲线上升段两个测点的斜率确定。目前,各国标准对弹性模量计算所选测点也不尽相同,见表 4-7。

表 4-7 各国标准对计算弹性模量的规定

标准名称	试件尺寸 (cm)	标距长度 (mm)	计算弹性模量(斜率)的测点	
			测点 1	测点 2
《水工混凝土试验规程》 (SL 352—2006)	压缩弹模:$\phi 15 \times 30$	150	应力 0.5 MPa	40%极限荷载
美国 ASTM C496 日本 JIS A1113	压缩弹模:$\phi 15 \times 30$	150	应变 50×10^{-6}	40%极限荷载
英国建筑工业研究 与情报协会 CIRIA	压缩弹模:$15 \times 15 \times 35$	200	原点	50%极限荷载
	拉伸弹模:$15 \times 15 \times 71$	200	原点	50%极限荷载

我国《水工混凝土试验规程》(SL 352—2006)规定:测点 1 为应力 0.5 MPa,测点 2 为 40%极限荷载。我国标准《水工混凝土试验规程》(SL 352—2006)和美国 ASTM C496 标准基本一致。

(二)与静力抗压弹性模量相关的因素

1. 与抗压强度和灰水比的关系

1)与抗压强度的关系

美国混凝土学会(ACI)提出近似公式:

$$E_c = 57\,000\sqrt{f_{cyl}} \tag{4-11}$$

式中 E_c——混凝土弹性模量,磅每平方吋;

   f_{cyl}——混凝土圆柱体抗压强度,磅每平方吋。

式(4-11)表明,混凝土弹性模量与抗压强度直接相关,但是骨料的性质会对混凝土弹性模量有影响。骨料弹性模量愈高,混凝土弹性模量也愈高。粗骨料的颗粒形状及其表面特征也能影响混凝土的弹性模量。

笔者分析了相当数量的弹性模量试验样本,粗骨料的特性对混凝土弹性模量的影响,在应力—应变曲线的线弹性段反映不明显,只有应力超过极限强度的40%以后,才有表现,反映在应力—应变曲线上的脆性断裂段。

2)与灰水比的关系

弹性模量计算取自应力—应变曲线上线弹性阶段直线的斜率,所以弹性模量与抗压强度的相关性比较密切。试验表明,抗压强度与灰水比呈直线相关,类推之,弹性模量与灰水比也应呈直线相关。

笔者分析了样本容量为 50 组的弹性模量试验,包括:42.5 中热硅酸盐水泥和普通硅酸盐水泥;掺加Ⅰ级、Ⅱ级粉煤灰,掺量 50% ~60%;人工砂石骨料的碾压混凝土(砂岩和辉绿岩骨料除外),28 d 弹性模量与灰水比的相关关系,见式(4-12)。

$$\left.\begin{aligned} E_{28} &= 28.61(C/W) + 6.535 \\ R^2 &= 0.857\,2 \end{aligned}\right\} \tag{4-12}$$

式中 E_{28}——龄期 28 d 碾压混凝土弹性模量,GPa;

   其余符号意义同前。

2. 弹性模量与龄期增长的关系

笔者统计了 42.5 中热硅酸盐水泥和普通硅酸盐水泥;掺加Ⅰ级、Ⅱ级粉煤灰,掺量 55% ~60%;人工砂石骨料的碾压混凝土(砂岩和辉绿岩骨料除外),弹性模量随龄期增长而增加的关系,见式(4-13)。

$$\left.\begin{aligned} E_t &= \left[1 + 0.165\ln(t/28)\right]E_{28} \\ R^2 &= 0.999\,7 \end{aligned}\right\} \tag{4-13}$$

式中 E_t——龄期 t(d)碾压混凝土的弹性模量,GPa;

   其余符号意义同前。

五、弯曲抗拉强度

凡具有弯曲试台的材料试验机皆可进行混凝土梁的弯曲试验。

加荷方式有单点加荷和三分点加荷两种方式。从理论上讲,加荷方式不应该影响混凝土的弯曲抗拉强度,但是实际上混凝土是一种非均质材料,加荷方式对弯曲抗拉强度有明显影响。单点集中加荷时最大弯矩在梁中央,破坏断面被固定。三分点加荷时最大弯矩在两加荷点之间,破坏断面是随机的,破坏将发生在此区间最薄弱环节,所以三分点加荷方式所测弯曲抗拉强度更具有代表性。

弯曲抗拉强度计算公式推导是基于以下三个基本假设:①中性轴上、下的压应变和拉应变为线性变化。②中性轴上、下的压应力和拉应力为线性变化。③拉伸弹性模量等于压缩弹性模量。由此导出,矩形断面梁弯曲抗拉强度计算公式为:

$$R_f = \frac{PL}{bh^2} \tag{4-14}$$

式中　R_f——弯曲抗拉强度;

　　　P——弯曲试验破坏荷载;

　　　L——梁的跨度;

　　　h——梁断面高度;

　　　b——梁断面宽度。

梁断面实际应力分布与理论推导的三个基本假设是有差别的,弯曲破坏模型不是理论推导的线弹性模型。经理论分析,弯曲抗拉强度比轴向抗拉强度高,其关系式为:

$$R_t = 0.574R_f \tag{4-15}$$

式中　R_t——轴向抗拉强度;

　　　R_f——弯曲抗拉强度。

R·Baus 用 150 mm × 150 mm × 500 mm 的梁进行弯曲试验,并对 ϕ 150 mm 圆柱体进行轴向抗拉强度试验,得出试验关系式为:

$$R_t = 0.52R_f \tag{4-16}$$

显然,弯曲抗拉强度比轴向抗拉强度高许多,见图4-3。大坝结构拉应力和温度应力计算取用的抗拉强度也不应采用弯曲抗拉强度。

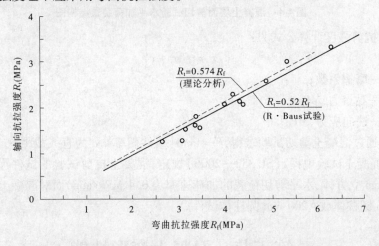

(弯曲试件:15 cm × 15 cm × 50 cm,轴拉试件:ϕ 15 cm × 25 cm)

图4-3　弯曲抗拉强度与轴向抗拉强度的关系(R·Baus)

混凝土弯曲试验方法见《水工混凝土试验规程》(SL 352—2006)"混凝土弯曲试验"。

六、抗剪强度

碾压混凝土坝施工的特点是通仓、薄层、连续浇筑,水平层面要比常规混凝土坝多出很多倍,因此对碾压混凝土提出抗剪强度试验。测定碾压混凝土本体及其层面的抗剪强度,为评定碾压混凝土坝的整体抗滑稳定性提供依据。对常规混凝土也可进行混凝土本体及其与岩基接触面的抗剪强度试验。

混凝土抗剪强度试验需要使用二向应力状态试验设备,由垂直法向荷载和水平剪切荷载两部分组成。采用直剪仪专用试验仪器,造价昂贵。也可以在已建置的材料试验机上增加水平加荷装置,改造成两轴试验机。为节省投资和使更多单位能进行此项试验,特介绍中国水利水电科学研究院,在伺服万能试验机上增加水平加荷装置,改造成二向加荷试验机的结构图,见图4-4。垂直荷载与水平荷载用专用同心棒找正,使垂直荷载轴心与水平荷载轴心在试件中心相交。施加到试件上的水平推力应扣除滚轴排的水平摩擦力。

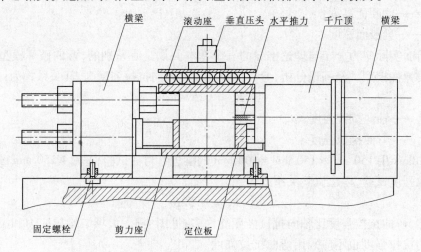

图4-4　混凝土层面剪切试验水平加荷装置结构图

混凝土抗剪强度计算公式为:

$$\tau = f'\sigma + c' \tag{4-17}$$

式中　f'——摩擦系数;

　　　c'——黏聚力,MPa;

　　　σ——法向应力,MPa。

f'、c'可通过混凝土剪切试验求得,$f' = \tan\alpha$(直线斜率),c'为直线截距。

《水工混凝土试验规程》(SL 352—2006)规定:混凝土抗剪试验的试件尺寸为 15 cm × 15 cm × 15 cm 立方体,水平剪切荷载的加荷速率为 0.4 MPa/min,而对混凝土芯样试件一般为 ϕ150 mm 圆柱体或 ϕ200 mm 圆柱体试件。

第三节　混凝土变形性能

按引起混凝土变形的原因不同而分为:①由荷载作用引起的变形,包括极限拉伸变形和徐变;②由外界环境作用引起的变形,包括干缩和温度变形;③由混凝土自身水化产物引起的变形——自生体积变形。上述各种变形的单位均以 10^{-6}(微应变 $\mu\varepsilon$)表示。

一、极限拉伸变形

(一)极限拉伸试验

极限拉伸是混凝土坝裂缝控制的重要参数,国内大型混凝土坝对混凝土极限拉伸规定了设计指标,如龙滩坝设计指标为龄期 90 d、极限拉伸 0.8×10^{-6}。

极限拉伸是与轴向抗拉强度试验同时进行的。极限拉伸是指拉伸应力—应变曲线上,试件被拉断时抗拉强度所对应的拉伸应变。所以,极限拉伸值的取得不必作任何理论上的假设,测定值最接近混凝土实际应力—应变状态。极限拉伸试验方法见《水工混凝土试验规程》(SL 352—2006)"混凝土轴向抗拉拉伸试验"。要准确测出极限拉伸值仍需研究和提高仪器功能与测试技术水平。

《水工混凝土试验规程》(SL 352—2006)对拉力试验机没有严格规定,允许在普通试验机上进行。由于混凝土试件刚度与材料试验机的刚度在同一量级水平上,所以当荷载加至峰值时发生试件骤然断裂。为保护位移传感器不受伤害,当荷载加到极限荷载的 90% 时,将位移传感器卸下,再拉断。然后在应力—应变曲线上作图,将曲线延伸与极限荷载的水平线相切。因此,所测极限拉伸是不准确的。

最好的方法是测出拉伸应力—应变全曲线,在刚性拉力试验机上进行是最理想的,但是费用太昂贵。对较高水平的液压伺服试验机增加功能或添加变形约束装置也可测得。

(二)与极限拉伸相关的因素

1. 极限拉伸与灰水比的关系

笔者分析了 42.5 中热硅酸盐水泥和普通硅酸盐水泥,掺加Ⅰ级、Ⅱ级粉煤灰,掺量 50% ~60%;人工骨料(砂岩和辉绿岩除外)的碾压混凝土,龄期 28 d 极限拉伸与灰水比的相关关系,见式(4-18)。

$$\left.\begin{array}{l} \varepsilon_{28} = 40.388(C/W) + 26.433 \\ R^2 = 0.785\ 3 \end{array}\right\} \tag{4-18}$$

式中　ε_{28}——龄期 28 d 碾压混凝土的极限拉伸,10^{-6};

其余符号意义同前。

2. 极限拉伸与龄期增长的关系

笔者统计了 42.5 中热硅酸盐水泥和普通硅酸盐水泥;掺加Ⅰ级、Ⅱ级粉煤灰,掺量 55% ~60%;人工砂石骨料(砂岩和辉绿岩骨料除外)的碾压混凝土,极限拉伸随龄期增长的关系式,见式(4-19)。

$$\left.\begin{array}{l} \varepsilon_{t} = \left[1 + 0.247\ln(t/28)\right]\varepsilon_{28} \\ R^2 = 0.971\ 9 \end{array}\right\} \tag{4-19}$$

式中　ε_{t}——龄期 $t(d)$ 碾压混凝土的极限拉伸,10^{-6};

其余符号意义同前。

二、徐变度

(一)徐变特性

1.徐变

徐变和松弛是变形和应力随时间变化的两个方面。当施加到试件上的荷载不变时,试件变形随着持荷时间增长而增大,称为徐变。当施加到试件上的变形不变时,试件中的应力随着时间增长而减小,称为松弛。

混凝土无论在多么低的应力状态下也要产生徐变,而且由徐变引起体积变化。在施加荷载时,要将瞬时弹性应变与早期徐变区分开来是困难的,而且弹性应变随着龄期增长而减小。因此,徐变视为超过初始弹性应变的应变增量。虽然在理论上欠精确,但实用上却是方便的。

在恒定应力和试件与周围介质湿度平衡条件下,随时间增加的应变称为基本徐变。

如果试件在干燥的同时,又施加了荷载,那么通常假定徐变与收缩是可以叠加的。因此,可将徐变视为加荷试件随时间而增长的总应变与同生无荷载试件在相同条件,经过相同时间干缩应变之间的差值。但是,边干燥、边承受荷载测得的徐变大于基本徐变加干燥应变的代数和。所以,从此徐变中扣除基本徐变后,称为干燥徐变。事实上,干燥对徐变的影响是使徐变值增大。

混凝土卸除持续荷载后,应变立即减小,称为瞬时回复,其数量等于相应卸荷龄期的弹性应变,通常比刚加荷时的弹性应变小。紧接着瞬时回复有一个应变逐渐减小阶段,称为徐变回复(弹性后效),残余的部分成为永久变形,见图4-5。

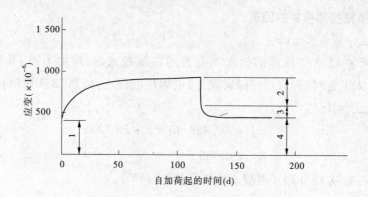

1—弹性应变;2—瞬时回复;3—徐变回复;4—残余变形

图4-5 徐变与回复过程曲线

残余变形的产生是由于卸荷后具有弹性变形的骨料将力图恢复它原来的形状,但受到被硬化了的水泥石阻止,所以骨料只能部分恢复,而剩余一部分不可恢复的残余变形。

2.徐变机理

解释混凝土徐变的机理有黏弹性理论、渗出理论、内力平衡理论、黏性流动理论和微裂缝理论等。虽然这些理论相互交错、千差万别,但其共同结论是:混凝土徐变是由于硬化水泥石的徐变所引起的,骨料所产生的徐变可以忽略不计,占混凝土组成大部分的骨料性质可以明显地改变水泥石的徐变量。

硅酸盐水泥与水拌和后,其矿物成分生成新的生成物;

$$C_3S \rightarrow \begin{cases} Ca(OH)_2 & (结晶连生体) \\ 2CaO \cdot SiO_2 \cdot 4H_2O & (凝胶体) \end{cases}$$

$$C_2S \rightarrow 2CaO \cdot SiO_2 \cdot 4H_2O \quad (凝胶体)$$

$$C_3A \rightarrow 3CaO \cdot Al_2O_3 \cdot 6H_2O \quad (结晶连生体)$$

$$C_4AF \rightarrow \begin{cases} 3CaO \cdot Al_2O_3 \cdot 6H_2O & (结晶连生体) \\ CaO \cdot Fe_2O_3 \cdot nH_2O & (凝胶体) \end{cases}$$

这样,在水泥石中生成结晶连生体和凝胶体两种基本结构,另外还有少量未分解的水泥熟料颗粒。水泥石徐变的发展是由于凝胶体作用,而不是具有弹性的结晶连生体所促成的。当水灰比一定时,结晶连生体和凝胶体的数量随着时间而改变,凝胶体的数量减少,而结晶连生体由于亚微晶体转变为微晶体而增加。同时,由于凝胶体结构的改变,凝胶体的黏度增大。

凝胶体结构相对体积减小和黏度增加,就使水泥石在长期荷载下徐变逐渐减小。与此同时,结晶连生体由于数量增加而在结晶连生体和凝胶体之间产生应力重分布,即作用于凝胶体上的应力减小,而使水泥石在长期持荷下徐变逐渐停止。混凝土骨料可视为弹性材料,水泥石中掺入骨料,应当减小徐变,并且由于应力从全部胶结材料到骨料的重分布,而使混凝土的徐变随着时间减小。

上述徐变作用机理已被大量试验资料所证实:随着水灰比和胶凝材料用量增大,混凝土徐变增大;骨灰比和骨料弹性模量增大,混凝土徐变减小。

上述混凝土徐变机理也可以用图4-6流变学模型表示。在混凝土徐变线性范围内,当施加压缩或拉伸荷载 $P(t=0)$ 时,产生瞬时弹性变形(弹簧1)。此时($t>0$)徐变变形即开始发展,水泥石中的凝胶体开始黏性流动(黏性活塞3),结晶连生体(弹簧2)和凝胶体发生应力重分布。同时,水泥石和骨料(弹簧4)也发生应力重分布。随着持荷时间增长,混凝土徐变速率趋于停止,即达到极限徐变。

3. 不同应力状态下的徐变

混凝土即使承受较小应力也会发生徐变。应力在混凝土极限强度的30% ~40%以下时,不论是压缩还是拉伸,徐变均与应力成比例,其比例常数大体相等,这就是 Davis – Glanville 法则。试验表明在此应力范围内弹性应变与应力也成比例。所以,

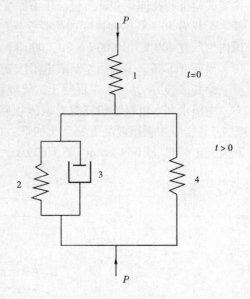

图4-6 混凝土徐变的流变学模型

$$\varepsilon_\tau = \frac{1}{E_\tau}\sigma \tag{4-20}$$

$$\varepsilon_t = K\sigma \tag{4-21}$$

式中　ε_τ——加荷龄期 τ 瞬时弹性应变;

　　　σ——作用于混凝土上的应力;

E_τ——龄期 τ 瞬时弹性模量;

ε_t——持荷后任意持荷时间 $(t-\tau)$ 的徐变, t 为混凝土成型龄期;

K——比例常数。

由 Davis – Glanville 法则,徐变与应力呈线性关系,所以可以用单位应力的徐变来表示徐变的特性,称为徐变度,即

$$C(t,\tau) = \frac{\varepsilon_t}{\sigma} \tag{4-22}$$

混凝土徐变规定是在应力—应变曲线的线弹性阶段,低于40%极限强度的应力作用下测得的。假定条件是 Davis – Glanville 法则,这个法则虽然尚有不同意见,但大多数试验结果是被认可的。因此,结构设计混凝土应力行为也应该不超出线弹性阶段。

4. 徐变试验

混凝土试件受力状况和混凝土试件强度一样,徐变分为压缩徐变和拉伸徐变。两种徐变的基本特性相同,只是变形方向相反。压缩徐变试件承受压缩荷载,徐变量缩短;拉伸徐变试件承受拉伸荷载,徐变量伸长。本节只讨论混凝土的压缩徐变。

对徐变试验加荷系统的要求:①能够长期保持已知应力的荷载,且操作简单;②试件横截面上的应力分布均匀;③为区别瞬时弹性应变和徐变,加荷应迅速,且无冲击;④测量试件变形的差动式电阻应变计长期稳定性好,且精度满足试验要求。

徐变试验机加荷系统分为机械式、液压式和气 – 液式三种。弹簧式徐变试验机分压缩徐变试验机和拉伸徐变试验机。压缩徐变试验机最大额定荷载为 200 kN,拉伸徐变试验机额定荷载为 50 kN,压缩徐变加荷荷载若超过 200 kN,则需要采用液压式徐变试验机。目前国内生产有 400 kN、1 000 kN 和 2 000 kN 压缩徐变试验机产品。

徐变变形测量多采用差动式电阻应变计,钢弦式应变计现已很少采用。

徐变试验方法见《水工混凝土试验规程》(SL 352—2006)"混凝土压缩徐变试验"。

中国水利水电科学研究院对岩滩坝碾压混凝土测定不同加荷龄期的徐变度过程线见图 4-7。岩滩坝碾压混凝土配合比如下:水泥 47 kg/m³、粉煤灰 101 kg/m³、水 89 kg/m³、石灰岩人工骨料、砂 669 kg/m³、石 1 629 kg/m³。

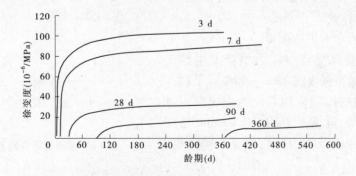

图 4-7　岩滩坝碾压混凝土不同加荷龄期的徐变度过程线

(二)影响徐变的内部因素和外部因素

1. 内部影响因素

内部影响因素是指混凝土原材料和配合比参数对徐变的影响等因素。

1）骨料

在外荷载作用下，岩石骨料只产生瞬时弹性变形，而徐变变形较小，但是，骨料的存在对水泥浆体有约束作用，约束程度取决于骨料岩质。试验表明，骨料的岩质对混凝土徐变有明显影响，不同骨料的混凝土徐变增大次序是：石灰岩、石英岩、花岗岩、砾石、玄武岩和砂岩。砂岩骨料混凝土的徐变最大，约为石灰岩骨料混凝土的1倍多。

对普通混凝土和轻骨料混凝土进行徐变对比试验，同一加荷龄期推算出两种混凝土徐变表达式和徐变极限值，见表4-8。

表4-8　普通混凝土和轻骨料混凝土的徐变表达式和徐变极限值

混凝土	徐变表达式（×10⁻⁶）	徐变极限值（×10⁻⁶）	弹性应变（×10⁻⁶）
普通	$\varepsilon_t = \dfrac{t}{0.060 + 0.013\,2t}$	760	330
轻骨料	$\varepsilon_t = \dfrac{t}{0.040 + 0.009\,6t}$	1 040	640

表4-8表明，轻骨料混凝土的徐变比普通混凝土的徐变大，徐变约增大37%。

2）灰浆率

单方体积混凝土内胶凝材料浆体积含量称为灰浆率。它综合反映了浆体对徐变的影响，因为混凝土产生徐变的主要材料是浆体。试验结果表明，若保持强度不变，徐变随灰浆率增加而增大，两者近似呈正比关系，见表4-9。

表4-9　灰浆率对徐变的影响

灰浆率（%）	25.5	29.3	34.8	41.3
徐变度（10⁻⁶/MPa）	40.0	48.0	54.5	63.8

注：加荷龄期28 d，持荷时间50 d。

2. 外部影响因素

外部影响因素是指环境的加荷龄期、持荷时间、温度和相对湿度、持荷应力/强度比等外部因素。

1）加荷龄期

混凝土徐变与加荷龄期呈直线关系下降。在早龄期，由于水泥水化正在进行，强度较低，故徐变较大；随着龄期增长，强度增高，所以后龄期徐变减小。试验结果统计表明，不同龄期加荷的徐变与28 d龄期加荷的比率：3 d龄期加荷的比率为1.8～2.0，7 d龄期加荷的比率为1.5～1.7，90 d龄期加荷的比率为0.7，365 d龄期加荷的比率为0.5～0.6。

2）持荷时间

混凝土徐变随持荷时间的增长而增加，徐变的速率却随持荷时间的增长而降低。混凝土徐变可持续很长时间，但徐变的大部分在1～2年完成。如果以持荷1年的徐变为准，则后期徐变的平均值如表4-10所示。

表4-10　1年持荷龄期后徐变平均增长率

1 年	2 年	5 年	10 年	20 年	30 年
1.00	1.14	1.20	1.26	1.33	1.36

3）温度和相对湿度

（1）温度。试验表明，混凝土徐变随温度上升而增大。温度对徐变的影响可用下面的经验式推算。

$$\frac{C_T}{C_{20}} = 1 + b(T - 20) \qquad (4-23)$$

式中　　C_T——温度为 T ℃时的徐变度，10^{-6}/MPa；

　　　　C_{20}——温度为 20 ℃时的徐变度，10^{-6}/MPa；

　　　　T——温度，℃；

　　　　b——经验系数，$0.013 \sim 0.025$。

（2）相对湿度。相对湿度对混凝土徐变的影响取决于加荷前试件的湿度与周围环境相对湿度是否达到平衡（没有湿度交换）。如果试件与周围环境不平衡，则混凝土徐变随环境相对湿度减小而增大，同时徐变速率也随之增大，这是由于试件本身干燥收缩引起干燥徐变所致；当试件湿度与环境相对湿度平衡时，即没有湿度交换，则环境相对湿度对混凝土徐变无影响。水工混凝土徐变试验中将试件密封就是为了达到湿度平衡试验条件。

混凝土试件先在 100% 相对湿度下养护，而后在不同的相对湿度下加荷，周围介质相对湿度愈低，混凝土徐变愈大。混凝土试件在承受荷载的同时经受干燥，使混凝土徐变增加的原因是干燥过程引起了附加的干燥徐变所致。

三、自生体积变形

（一）自生体积变形的特性

在恒温、绝湿和无荷载条件下，混凝土因胶凝材料自身水化引起的体积变形称为自生体积变形。近年来，随着补偿收缩水泥混凝土和轻烧氧化镁（MgO）膨胀剂在大坝混凝土应用的研究，认识到如果有意识地控制和利用混凝土的自生体积膨胀变形，可改善大坝混凝土的抗裂性，减少大坝混凝土裂缝。但是，并不是每一种膨胀剂都会产生这样的效果，有的膨胀剂掺入混凝土中，在水下膨胀，失水会收缩，可用于水下工程。如果用于面板混凝土，停止养护，在失水条件下，混凝土收缩，因而不能抵偿温降时的收缩，仍有产生裂缝的可能。

混凝土早期体积变形是在绝湿条件下进行的，这是由大体积混凝土的特点所限定的。首先发生塑性收缩，骨料吸水及水与水泥水化作用，使水分在混凝土内部发生迁移，由此引起体积收缩变形。塑性收缩产生后，相继水与水泥水化，从而引起化学作用和物理化学作用产生变形，可能是膨胀，也可能是收缩，主要由水泥的化学成分和矿物组成所决定。自生体积变形发生在早期，并延续到后期，一年、两年甚至数年。

自生体积变形是混凝土中水泥水化生成物的化学作用和物理化学作用而产生的体积变形。除与水泥化学成分和矿物组成有关外，还与掺合料、骨料和外加剂等因素的品种有关；另外，石膏、游离 CaO 和 MgO 含量也影响混凝土的自生体积变形。如果不是刻意要使混凝土产生补偿膨胀自生体积变形，在混凝土配合比设计时顾及不到专门考虑自生体积变形的作用；因为影响因素太多，目前研究深度达不到此等水平，有较大的随机性。

自生体积变形试验方法见《水工混凝土试验规程》（SL 352—2006）中"混凝土自生体积变形试验"。

(二)外掺 MgO 的混凝土自生体积变形

混凝土自生体积变形受诸多因素影响,而且难于主观掌握,要刻意利用混凝土膨胀性自生体积变形达到补偿温降收缩变形的目的,只有外掺 MgO 才能按照设计意图达到目的。

目前,水利工程使用的 MgO 膨胀剂有两种:一种是轻烧 MgO;另一种是特性 MgO。轻烧 MgO 是以辽宁省海城浮窑生产的菱镁矿为原材料生产的 MgO;特性 MgO 是以钙-硅-镁为原材料生产的 MgO。不论采用哪种原材料生产的 MgO 膨胀剂,使用前都应采用工程原材料拌制混凝土,进行压蒸安定性评定,以确定 MgO 膨胀剂的容许掺量。MgO 膨胀剂的用量按下式计算:

$$D = \frac{(C + F)B}{A} \tag{4-24}$$

式中　D——MgO 用量,kg/m^3;

　　　C——水泥用量,kg/m^3;

　　　F——粉煤灰用量,kg/m^3;

　　　B——MgO 的外掺量(%);

　　　A——膨胀剂中 MgO 的有效含量(%)。

外掺 MgO 混凝土已有 10 余年历史,取得了良好的效益:

(1)外掺 MgO 混凝土具有延续性微膨胀变形,单调增加,且无回缩,可以补偿温降收缩引起的拉应力。在重力坝强约束区和拱坝中应用,可以部分取代温控措施达到防裂目的。

(2)采用外掺 MgO 补偿收缩混凝土,其效果大致估计:如果能提供 100 $\mu\varepsilon$ 膨胀量,可补偿 10 ℃的温降收缩。

1. 外掺轻烧 MgO 安全掺量试验

1)压蒸试验

成型好的试件放入标准养护室,7 d 后拆模,经 100 ℃煮沸 3 h。然后将试件移入压蒸釜内,为提高釜内温度,使其压力表达到(2±0.05)MPa,相当于(215.7±1.3)℃,保持 3 h,让压蒸釜在 90 min 内冷却至釜内压力低于 0.1 MPa。

2)试验项目

(1)胶凝材料压蒸安定性试验,试件尺寸为 25 mm×25 mm×250 mm。

(2)全级配混凝土压蒸安定性试验,试件尺寸为 ϕ240 mm×240 mm 圆柱体。

3)试验结果与评定

(1)胶凝材料压蒸安定性试验结果见表 4-11。

表 4-11　胶凝材料压蒸安定性试验结果

MgO 掺量(%)	0	2	3	4	5	6
压蒸膨胀率(%)	-0.01	0.08	0.15	0.29	溃裂	溃裂

评定:MgO 膨胀剂掺量应小于 5%。

(2)全级配混凝土压蒸安定性试验结果见表 4-12。

表 4-12　全级配混凝土压蒸安定性试验结果

MgO 掺量(%)	0	2	4	5	6	7	8	9	10	12
压蒸膨胀率(%)	0.066	0.104	0.309	1.607	溃裂	溃裂	溃裂	溃裂	溃裂	溃裂
劈裂抗拉强度(MPa)	3.87	2.95	2.13	1.51	1.1	0.94	0.72	0.52	0.35	溃裂

评定:MgO 掺量应小于5%,当超过4%时,压蒸膨胀率增大,劈裂抗拉强度明显下降。

2. 外掺 MgO 膨胀剂混凝土工程应用实例

(1)刻意外掺 MgO,用以补偿温度收缩,主要用于拱坝。长沙坝、坝美坝和沙老河坝未采取大坝分缝措施,出现了若干条裂缝。实践经验和分析都表明,拱坝仅靠 MgO 的微膨胀不足以完全补偿温降收缩,还应采取适当的分缝措施。以后建成的三江河、鱼简河、落脚河等拱坝是外掺 MgO 加少量分缝方式建成的拱坝,均取得了成功。

(2)索风营碾压混凝土重力坝强约束区采用外掺轻烧 MgO 碾压混凝土,以减小因温降而产生的拉应力。轻烧 MgO 膨胀剂的 MgO 含量为90.4%,MgO 掺量为3%。实验室测定龄期90 d 碾压混凝土的自生体积变形为 24×10^{-6}。

在坝体中埋设的无应力计观测结果:龄期 $210 \sim 240$ d 无应力计自生体积变形观测值为 $12 \times 10^{-6} \sim 26 \times 10^{-6}$。观测结果表明,外掺 MgO 碾压混凝土的自生体积变形呈膨胀型,观测点处于压应力状态,避免了坝体裂缝。

(3)龙滩坝下游围堰采用外掺特性 MgO 碾压混凝土。特性 MgO 膨胀剂的 MgO 含量为60%,掺量为6%。龄期365 d 不同养护温度湿筛标准试件自生体积变形试验结果:20 ℃时为 36.4×10^{-6};40 ℃时为 99×10^{-6};50 ℃时为 109.6×10^{-6}。全级配碾压混凝土的自生体积变形是湿筛标准试件的0.82 倍。

利用 MgO 的延迟膨胀性能,补偿温度下降引起的碾压混凝土收缩,减小拉应力以达到防裂的目的。温控补偿计算,计算了 3 种方案,典型剖面运行期最大温度应力值见表4-13。

表 4-13　围堰典型剖面运行期最大温度应力值　　　　　　　　(单位:MPa)

计算方案	内容	σ_{xmax}	σ_{ymax}	σ_{zmax}
1	围堰整体不分缝,不掺 MgO	2.85	3.78	2.09
2	不分缝,掺 MgO	2.39	3.1	1.83
3	分一条缝,不掺 MgO	2.10	3.0	1.74

从计算结果看,方案 2 由于掺加了 MgO,与不掺 MgO 的方案 1 相比,σ_{xmax} 减少了16.1%,σ_{ymax} 减少了18%,σ_{zmax} 减少了12.4%,MgO 的微膨胀补偿作用明显。围堰分缝方案 3 与不分缝方案1 相比,σ_{xmax} 减少了26.3%,σ_{ymax} 减少了20.6%,σ_{zmax} 减少了16.7%,说明掺加 MgO 补偿温度应力的效果基本上可以取代分缝。

四、早期收缩——凝缩

混凝土早期收缩包括:塑性沉降收缩、水泥水化的化学收缩和混凝土表面失水产生的干燥收缩,均发生在混凝土浇筑成型后 3～12 h 初凝阶段内,又称为凝缩。国内外学者都进行过研究,挪威学者采用非接触式试验方法,引入浮力测量法测定了水泥砂浆早期的体积变化;国内也进行过这方面的工作。

早期出现的塑性收缩体积变形,是因为骨料吸水和水泥水化时消失水分,使水分在混凝土内部发生迁移,造成相对湿度降低,体积收缩会使混凝土表面产生微细裂纹。

塑性收缩裂缝在混凝土泵浇筑的大流动度混凝土溢洪道建筑物表面上时有发生。碾压混凝土坝施工,当层面碾压完毕后,等待上层铺筑前,也有发生塑性裂纹。因为碾压混凝土用水量较低,偶有发生,数量不多,如果是连续浇筑,一般不处理。

五、干燥收缩——干缩

(一)混凝土干缩试验

混凝土干缩试验方法见《水工混凝土试验规程》(SL 352—2006)"混凝土干缩(湿胀)试验"。该方法规定:恒温恒湿干缩室相对湿度为 60%±5%,与国际标准 ISO 和美国 ASTM 标准规定相对湿度 50%±3%,相对湿度相差 10%。

在混凝土组分中,水泥石是产生干缩的主要因素。水泥石是由凝胶体、结晶体、未水化的水泥残渣和水结合在一起的多孔密集体。在这些孔隙中,孔隙较大的毛细管孔,其间充满着水。另外,还有一部分游离水存在于孔隙和水泥石与骨料的交结面上,这部分水极易蒸发。

当环境相对湿度低于混凝土饱和蒸气压时,游离水首先被蒸发。最先失去的游离水几乎不引起干缩。当毛细管水被蒸发时,孔隙受到压缩,而导致收缩。只有当环境湿度低于 40% 相对湿度时,凝胶水才能蒸发,并引起更大的收缩。所以,混凝土干缩与周围介质的相对湿度关系极大,相对湿度愈低,其干缩愈大。

《水工混凝土试验规程》(SL 352—2006)规定的干缩试验方法测定混凝土干缩率比国际标准 ISO 测定值低,特提请注意。目前,国内仪器水平已能生产满足国际标准 ISO 要求的恒温恒湿干燥室(箱),建议修订,以便于国际交流。

(二)影响混凝土干缩的因素

(1)混凝土干缩随用水量增加而增大,碾压混凝土的用水量低,所以碾压混凝土的干缩率比常规混凝土的干缩率低。

(2)在用水量一定的条件下,混凝土干缩随水泥用量增加而增大,碾压混凝土的水泥用量较低,所以其干缩率也低。

(3)增加粉煤灰用量可降低混凝土的干缩率。掺加 20% 粉煤灰的混凝土干缩率比不掺的低 13.6%;掺加 40% 粉煤灰的混凝土干缩率比不掺的低 16.7%。碾压混凝土粉煤灰掺量为 50%～60%,干燥历时 60 d,其干缩率比不掺加粉煤灰的低 24.4%。

(4)混凝土中发生干缩的主要组分是水泥石,因此减小水泥石的相对含量,也就是增加骨料的相对含量,可以减小混凝土干缩。碾压混凝土粗骨料含量占总量的 60% 以上,所以碾压混凝土的干缩率较低。

(5)混凝土的干缩率与骨料的岩质密切相关,它们的顺序是:石英岩最低,其次是石灰岩、花岗岩、玄武岩、砾石、砂岩,砂岩骨料混凝土的干缩率最大。

六、温度变形

混凝土与别的材料一样也会热胀冷缩,混凝土随温度升降而发生的膨胀、收缩变形,称为温度变形。

众所周知,水泥石是多孔质的凝胶体,当温度上升时,除凝胶颗粒热膨胀外,还有水泥石中水的热膨胀,水的线膨胀系数约为 $210 \times 10^{-6}/℃$,大大高于混凝土的线膨胀系数$(6 \sim 12) \times 10^{-6}/℃$。另外,当温度上升时,毛细孔水的表面张力减小,使作用在水泥石内部的一部分收缩力释放,水泥石就膨胀。

混凝土温度变形可用公式(4-25)表示:

$$\Delta L = \alpha \Delta T \tag{4-25}$$

式中　ΔL——温度变形,10^{-6};

　　　α——混凝土热胀系数,$10^{-6}/℃$;

　　　ΔT——混凝土浇筑块产生温差,$℃$。

在约束条件下,当 $\Delta L > \varepsilon_p$(极限拉伸值)时,即出现裂缝。实际工程裂缝判断还要考虑混凝土徐变、约束边界条件等因素。

第四节　混凝土热性能

大体积混凝土浇筑后,水泥水化热不能很快散发,结构物混凝土温度升高,早期混凝土处于塑性状态。随着历时增长,混凝土逐渐失去塑性,变成弹塑性体。降温时混凝土不能承受相应体积变形,作用到混凝土的拉应力超过混凝土抗拉强度时会在结构物内产生裂缝。

结构设计和施工要求防止因初始温度升高而导致的裂缝。采取的措施有:混凝土搅拌前原材料人工冷却和(或)埋设冷却水管浇筑后冷却。这些措施实施前必须掌握混凝土的热性能。

大体积混凝土温控设计必须了解混凝土中温度的变动(分布)。混凝土的热性能决定了这种变动(分布),并提供了大体积混凝土温度分布和内部多余热量冷却、降温体系的计算所需参数。这些热性能参数包括绝热温升、比热容、热扩散率(导温系数)、导热系数和热胀系数,是混凝土体内温度分布、温度应力和裂缝控制的基本资料。

上述五个热性能参数按其特征可分为两类:一类是其特性主要由组成混凝土原材料自身的热性能参数所决定,如导热系数、比热容、热扩散率(导温系数)和热胀系数;另一类主要由水泥和掺合料的品质与用量决定其热性能,如绝热温升。

据理论推导,热扩散率(导温系数)、导热系数、比热容和混凝土表观密度的关系为:

$$\alpha = \frac{\lambda}{\rho C} \tag{4-26}$$

式中　α——热扩散率(导温系数),m^2/h;

　　　λ——导热系数,$kJ/(m \cdot h \cdot ℃)$;

　　　C——比热容,$kJ/(kg \cdot ℃)$;

　　　ρ——表观密度,kg/m^3。

对给定配合比的混凝土,表观密度为定值。因此,热扩散率(导温系数)、导热系数和比热容三个参数中若已取得两个参数,则第三个参数可由式(4-26)计算取得。

《水工混凝土试验规程》(SL 352—2006)所规定的热扩散率(导温系数)、导热系数、比热容和绝热温升试验方法,是参考 20 世纪美国垦务局(USBR)的标准方法制定的,所采用的测试手段和仪表比较陈旧。中国现今生产的混凝土热性能测试仪器,采用了较先进的测试手段,如温度传感器、智能仪表和计算机测控等,在结构上有所变化。但其测试原理是相同的,使用新仪器时仍有指导意义。

一、热扩散率(导温系数)

(一)物理意义

热扩散率(导温系数)的物理意义是表示材料在冷却或加热过程中,各点达到同样温度的速率。热扩散率(导温系数)大,则各点达到同样温度的速率就快。热扩散率(导温系数)的单位是 m^2/h。

(二)测试原理及方法

试件为一个初始温度均匀分布的圆柱体,直径为 D,高度为 L。将试件浸没在温度较低的恒温介质中,试件中热量就沿试件径向(r)和轴向抗拉(Z)向介质传导。根据热传导原理,对长径比为 2($L/D=2$)的试件,在坐标 $r=0$、$Z=L/2$ 的点,即试件中心,任一时刻的温度 θ 可表示为:

$$\frac{\theta}{\theta_0} = f\left(\frac{\alpha t}{D^2}\right) \tag{4-27}$$

式中　θ_0——初始温差(试件置于冷介质时的温度与冷介质温度的差),℃;

θ——历时 t 的温差(经冷却 t 时间后,试件中心温度与冷介质温度的差),℃;

t——冷却时间,h;

D——圆柱体试件直径,m;

α——热扩散率(导温系数),m^2/h。

式(4-27)已制成表格可供查用,热扩散率(导温系数)试验测得 θ_0、θ,按 $\dfrac{\theta}{\theta_0}$ 值从表查得 $\dfrac{\alpha t}{D^2}$ 值,D、t 为已知值,即可算得热扩散率(导温系数)α。

热扩散率(导温系数)测定方法见《水工混凝土试验规程》(SL 352—2006)"混凝土热扩散率(导温系数)测定"。

(三)热扩散率(导温系数)的影响因素

(1)不同岩质的骨料是对混凝土热扩散率(导温系数)影响的主要因素,温度 21 ℃时石英岩骨料拌制的混凝土热扩散率(导温系数)为 0.005 745 m^2/h,而流纹岩骨料拌制的混凝土为 0.003 372 m^2/h,石英岩混凝土是流纹岩混凝土的 1.7 倍。

(2)温度对混凝土热扩散率(导温系数)的影响次之,温度增高,热扩散率(导温系数)降低,温度由 21 ℃升高到 54 ℃,热扩散率(导温系数)大约降低 10%。

(3)用水量对混凝土热扩散率(导温系数)的影响,用水量与混凝土表观密度比$\left(\dfrac{用水量}{混凝土表观密度}\right)$每增加 1%,混凝土热扩散率(导温系数)就减少 3.75%。

(4)水灰比和骨料相同的混凝土,不论是普通硅酸盐水泥、中热硅酸盐水泥还是低热硅酸盐水泥,其热扩散率(导温系数)几乎相等,水泥品种对混凝土热扩散率(导温系数)无影响。

(5)混凝土掺加掺合料(粉煤类、矿渣粉等),其胶材用量(水泥+掺合料)及和易性相同时,混凝土热扩散率(导温系数)几乎相等。

(6)混凝土龄期从3 d到180 d,热扩散率(导温系数)增加约2%,所以龄期的影响可不予考虑。

二、导热系数

(一)物理意义

材料或构件两侧表面存在着温差,热量由材料的高温面传导到低温面的性质,称为材料的导热性能,用导热系数 λ 表示。

设材料两侧面温差为 ΔT,材料厚度为 h,面积为 A,则在稳定热流传导下,t 小时内通过材料内部的热量 Q 为:

$$Q = \lambda \frac{\Delta T}{h} At \tag{4-28}$$

所以

$$\lambda = \frac{Qh}{\Delta T A t} \tag{4-29}$$

导热系数的物理意义为:厚度为1 m、表面积为1 m^2 的材料,当两侧面温差为1 ℃时,在1 h内所传导的热量(kJ),单位为 kJ/(m·h·℃)。导热系数 λ 值愈小,材料的隔热性愈好。

(二)测试原理及方法

试件为空心圆柱体,内半径为 r_1,外半径为 r_2,长度为 L。试件内表面和外表面各维持一定的温度 T_2 和 T_1,且 $T_2 > T_1$。试件上、下两端为绝热面,温度只能沿径向传导。等温面是和圆柱体同轴的圆柱面,见图4-8。取半径为 r、厚度为 dr 的环形薄壁,薄壁两侧的温差为 dT,由公式(4-28)可知,每小时通过此薄壁的热量为:

$$Q = -\lambda(2\pi r L)\frac{dT}{dr}$$

所以

$$dT = \frac{-Q}{2\pi L \lambda}\frac{dr}{r}$$

试件半径为 r_1 至 r_2,温度从 T_2 到 T_1,则

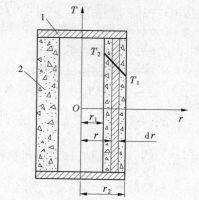

1—绝热层;2—试件

图4-8 导热系数测定原理

$$\int_{T_2}^{T_1} dT = -\frac{Q}{2\pi L \lambda}\int_{r_1}^{r_2}\frac{dr}{r}$$

$$T_1 - T_2 = -\frac{Q}{2\pi L \lambda}\ln\left(\frac{r_2}{r_1}\right)$$

所以

$$\lambda = \frac{Q\ln\left(\dfrac{r_2}{r_1}\right)}{2\pi L(T_2 - T_1)} \tag{4-30}$$

对一已知尺寸的混凝土空心圆柱体，r_1、r_2 和 L 均为常数，Q、T_1、T_2 由试验测得，导热系数 λ 值可由公式（4-30）算得。

导热系数测定方法见《水工混凝土试验规程》（SL 352—2006）"混凝土导热系数测定"。

（三）导热系数的影响因素

（1）粗骨料的不同岩质对混凝土导热系数有显著性影响，粗骨料的导热系数差异极大，温度 21 ℃石英岩的导热系数为 16.91 kJ/（m·h·℃），而流纹岩为 6.77 kJ/（m·h·℃），石英岩骨料比流纹岩高出 2.5 倍。所以，骨料本身的导热系数对混凝土导热系数起主导作用。流纹岩骨料拌制的混凝土导热系数为 7.49 kJ/（m·h·℃），石英岩骨料拌制的混凝土导热系数为 12.71 kJ/（m·h·℃），后者约为前者的 1.7 倍。

（2）温度对混凝土导热系数的影响次之。当混凝土导热系数 ≤2.0 kJ/（m·h·℃）时，温度增高导热系数增大或不变；而当导热系数 >2.0 kJ/（m·h·℃）时，温度增高导热系数减小。

（3）用水量对混凝土导热系数的影响，用水量与混凝土表观密度比$\left(\dfrac{用水量}{混凝土表观密度}\right)$每增加 1%，混凝土导热系数减少 2.25%。

（4）水泥品种对混凝土导热系数的影响与热扩散率相同，水泥品种的影响可不予考虑。

（5）混凝土掺加掺合料对导热系数的影响与热扩散率相同，胶材用量及和易性相同时，掺加与不掺加掺合料的混凝土导热系数几乎相等。

（6）混凝土龄期从 3 d 到 180 d，导热系数约增加 3.8%，龄期影响可不予考虑。

三、比热容

（一）物理意义

质量为 1 kg 的物质温度升高或降低 1 ℃时所吸收或放出的热量称为比热容，其单位为 kJ/（kg·℃）。

（二）测试原理和方法

试件为空心圆柱体，将试件浸入盛有水的绝热容器中（容器中的水不与外界发生热交换），由加热器均匀加热。试件由初温 T_1 升高到终温 T_2 所需热量 Q 可以用下式表达：

$$Q = M\int_{T_1}^{T_2} C\mathrm{d}T \tag{4-31}$$

式中　Q——试件温度由 T_1 升高到 T_2 所吸收的热量，kJ；

　　　M——试件的质量，kg；

　　　C——试件的比热容，kJ/（kg·℃）；

　　　T——试件温度，℃；

　　　T_1——试件初温，℃；

　　　T_2——试件终温，℃。

混凝土比热容 C 是温度 T 的函数，令

$$C = K_1 + K_2 T + K_3 T^2 \tag{4-32}$$

将式（4-32）代入式（4-31），积分得

$$\frac{Q}{M} = K_1(T_2 - T_1) + \frac{K_2}{2}(T_2^2 - T_1^2) + \frac{K_3}{3}(T_2^3 - T_1^3) \tag{4-33}$$

式中 K_1、K_2、K_3——待定试验常数。

在不同的初温 T_1 和终温 T_2 条件下,进行三次试验。每次测定结果代入式(4-33)得一个三元一次方程式。三次试验得三个三元一次方程式,联立方程组,求解 K_1、K_2、K_3,再代入式(4-32)得混凝土比热容—温度关系式。

混凝土比热容与温度呈抛物线关系,在温度 40 ℃时比热容最大。

比热容测定方法见《水工混凝土试验规程》(SL 352—2006)"混凝土比热容测定"。

(三)比热容的影响因素

(1)不同岩质骨料拌制混凝土,其比热容相差不多,温度为 21 ℃时石英岩骨料拌制混凝土的比热容为 0.909 kJ/(kg·℃),而流纹岩骨料的混凝土的比热容为 0.946 kJ/(kg·℃)。所以,骨料岩质对混凝土比热容无显著性影响。

(2)混凝土比热容与温度呈抛物线关系,温度由 21 ℃升高到 54 ℃,石英岩骨料混凝土比热容约增加 12%,流纹岩骨料混凝土比热容约增加 10%。

(3)混凝土用水量对比热容的影响,用水量与混凝土表观密度比$\left(\dfrac{用水量}{混凝土表观密度}\right)$每增加 1%,混凝土比热容增加 2.5%。

(4)水泥品种对混凝土比热容的影响可忽略不计。水灰比和骨料相同的混凝土,不论是普通硅酸盐水泥、中热硅酸盐水泥还是低热硅酸盐水泥,其比热容是相等的。

(5)混凝土掺加掺合料对比热容的影响与热扩散率相同,胶材用量及和易性相同时,掺加与不掺加掺合料的混凝土比热容几乎相等。

(6)混凝土龄期从 3 d 到 180 d,比热容约增加 1.8%,龄期影响可不予考虑。

四、热胀系数

(一)测试方法

混凝土热胀系数定义为单位温度变化导致混凝土单位长度的变化。用下式计算:

$$\alpha = \frac{\varepsilon_2 - \varepsilon_1}{T_2 - T_1} \tag{4-34}$$

式中 α——混凝土热胀系数,10^{-6}/℃;

ε_1——T_1 温度时的应变,10^{-6};

ε_2——T_2 温度时的应变,10^{-6};

T_1、T_2——试验温度,℃。

混凝土单位长度变化受原材料、温度和湿度变化的影响,因此热胀系数的测定必须满足以下条件:

(1)只反映混凝土受温度变化引起的变形,而不能与外界发生湿度交换;

(2)测量变形时应消除混凝土自生体积变形的影响,或在变化甚微的情况下进行;

(3)试件内外温度一致,恒定不变。

热胀系数测定方法见《水工混凝土试验规程》(SL 352—2006)"混凝土热胀系数测定"。

(二)热胀系数的影响因素

(1)混凝土的热胀系数主要取决于骨料的岩质。一般石英岩骨料热胀系数大(10×10^{-6}/℃),拌制混凝土的热胀系数也大(11.1×10^{-6}/℃);石灰岩骨料热胀系数小($4 \times$

$10^{-6}/℃$），拌制混凝土的热胀系数也小（$4.3 \times 10^{-6}/℃$）。骨料热胀系数的排序是石英岩最大，接下来是砂岩、花岗岩、玄武岩，石灰岩最小。

（2）单方骨料用量与热胀系数的关系，水泥浆的热胀系数为（$11 \sim 20$）$\times 10^{-6}/℃$，比骨料的热胀系数大，所以骨料用量多的混凝土热胀系数会小些。

（3）水泥品种对混凝土热胀系数可以认为没有影响。

（4）掺合料品种对混凝土热胀系数的影响甚微，但掺膨胀性掺合料的混凝土比不掺的混凝土的热胀系数要大得多。

（5）同一种骨料的混凝土，在水中养护的比空气中养护的热胀系数小。

（6）从常温到 70 ℃温度范围内，混凝土热胀系数可视为常数，但当温度超出此范围，温度低于 10 ℃时，热胀系数减小，-5 ℃时最小。

（7）热胀系数与龄期的关系，混凝土热胀系数随龄期增长而变化，以龄期 $3 \sim 28$ d 为准，龄期增长到 $180 \sim 210$ d，热胀系数约增加 18%，龄期再增加到 $5 \sim 6$ 年，热胀系数不再增加，而下降约 4%。

五、绝热温升

（一）测定方法

进行混凝土绝热温升试验的目的是测定在绝热条件下，由于水泥水化所生热量使混凝土升高的温度。所谓绝热条件，是指水泥水化所生热量与外界不发生热交换，即不放热也不吸热。

根据不同的绝热介质，混凝土绝热温升直接测定法又分为水循环绝热式和空气循环绝热式两种。现今，我国生产的混凝土绝热温升测定仪是空气循环绝热式，其主要技术规格如下：

（1）温度范围为 $10 \sim 80$ ℃；

（2）试件尺寸为 $\phi 400$ mm $\times 400$ mm；

（3）试体中心温度和空气介质的温差跟踪精度为 ± 0.1 ℃；

（4）用计算机进行温升控制、数据采集和处理。

混凝土绝热温升试验见《水工混凝土试验规程》（SL 352—2006）"混凝土绝热温升试验"。

（二）绝热温升的影响因素

1. 水泥对混凝土绝热温升的影响

混凝土中胶凝材料的水化反应及放热特性，如胶凝材料的组成、水胶比和反应起始温度等因素，均会影响混凝土的绝热温升。影响水泥水化热的因素都对混凝土绝热温升有重要影响。

1）水泥熟料的矿物成分对水化热的影响

硅酸盐水泥四种主要组成矿物的相对含量不同，其发热量和发热速率也不相同。C_3A 与 C_3S 含量较多的水泥，其发热量大，发热速率也快。

当已知水泥矿物成分时，可用维尔拜克（Verbeck）经验式计算水泥水化热（溶解热法）。

$$H = 4.187 [a \times C_3S + b \times C_2S + c \times C_3A + d \times C_4AF]$$

式中　H——水泥水化热（溶解热法），J/g；

C_3S、C_2S、C_3A 和 C_4AF——四种矿物成分(%);

a、b、c、d——多元回归系数,见表4-14。

表4-14　多元回归水化热经验式的四个回归系数

龄期	a	b	c	d
3 d	0.58 ± 0.08	0.12 ± 0.05	2.12 ± 0.28	0.69 ± 0.27
7 d	0.53 ± 0.11	0.10 ± 0.07	3.72 ± 0.39	1.18 ± 0.37
28 d	0.90 ± 0.07	0.25 ± 0.04	3.29 ± 0.23	1.18 ± 0.22
90 d	1.04 ± 0.05	0.42 ± 0.03	3.11 ± 0.17	0.98 ± 0.16
1 年	1.17 ± 0.07	0.54 ± 0.04	2.79 ± 0.23	0.90 ± 0.22

2)水灰比对水泥水化热的影响

水灰比增大造成水泥更完全水化的条件,因而其发热量有一定的增加。索伦逊(Sörensen)曾用绝热法测定同一种水泥不同水灰比的水化热,其结果见图4-9。图4-9表明水灰比对水泥水化热的影响是不可忽视的。

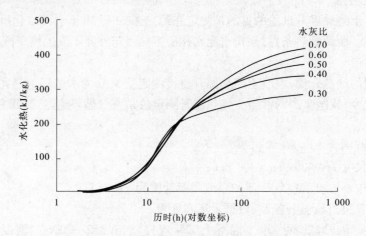

图4-9　同一种水泥不同水灰比的水化热试验结果

美国维尔拜克(Verbeck)等人对各类水泥20个样品不同水灰比的水化热试验(溶解热法)结果见表4-15。试验结果表明:水泥水化热随着水灰比的增加而增大。

表4-15　不同水灰比的水泥水化热试验(溶解热法)结果

水灰比	各龄期的水化热(J/g)					
	3 d	7 d	28 d	90 d	1 年	6.5 年
0.40	233.0	295.3	362.2	395.4	420.9	445.8
0.60	252.4	320.9	397.8	435.4	436.5	473.0
0.80	252.0	327.2	410.0	453.0	477.4	483.2

3）温度对水泥水化热的影响

水泥水化热及其速率随着温度的升高而加大，见表4-16。

表4-16　不同温度时水泥的水化热（溶解热法）

温度（℃）	水化热（J/g）			
	3 d	7 d	28 d	90 d
4.4	123.5	182.1	328.3	371.8
23.3	219.4	303.1	350.0	380.2
40.0	302.7	336.2	363.4	389.8

温度对水泥后期水化热没有太大影响，与温度20℃相比相差不超过3%。

因为混凝土的绝热温升来源于水泥的水化热，所以上述三个影响水泥水化热的因素对混凝土同样是重要影响因素。

2. 水泥用量对混凝土绝热温升的影响

绝热温升随着混凝土水泥用量增加而增加。当浇筑温度为20℃时，水泥用量增加10kg/m³，混凝土绝热温升增加值：普通硅酸水泥为0.9~1.0℃，中热硅酸盐水泥为0.8℃，粉煤灰硅酸盐水泥为1.0~1.3℃，矿渣硅酸盐水泥为0.8~1.0℃。

3. 掺合料对混凝土绝热温升的影响

混凝土掺加掺合料使其绝热温升降低，掺合料品种和掺量与混凝土绝热温升值的关系见表4-17。

表4-17　掺合料品种和掺量与混凝土绝热温升值的关系

水泥品种	水泥用量（kg/m³）	28 d绝热温升（℃）	掺合料品种	不同品种和掺量的掺合料相当于不掺的绝热温升值					
				20%	30%	40%	50%	60%	70%
普通硅酸盐水泥	350	49.0	粉煤灰	90%	86%	82%			
	280	39.0	矿渣粉			92%	90%		72%
中热硅酸盐水泥	358	41.5	粉煤灰		82%		59%		
	311	35.2			82%		59%		
	264	30.3			82%		59%		

混凝土绝热温升随着粉煤灰掺量增加而降低，同时水化速率（℃/h）也相应降低，而且水化速率峰值出现的时间也比不掺加粉煤灰的混凝土滞后6~10 h。

4. 外加剂对混凝土绝热温升的影响

掺加普通型外加剂对绝热温升的影响是间接的，因为掺加普通型减水剂使混凝土用水量减少，从而水泥用量降低，所以绝热温升降低。但是，掺加缓凝型减水剂，混凝土早期温升速率的峰值出现时间延迟2~4 h或更长时间。早期温升值也比不掺缓凝型减水剂的低。

5. 初始温度（出机温度）对混凝土绝热温升测值的影响

混凝土出机温度低，水泥水化温度低，热量不能充分发出来，所以绝热温升也低。试验规定：混凝土出机初始温度为（20±2）℃，出机浇筑温度降低1℃，28 d绝热温升降低值：普通硅酸盐水泥为 0.6 ℃,中热硅酸盐水泥为 0.9 ℃。

以岩滩坝碾压混凝土绝热温升试验为例,说明不同初始温度对其绝热温升的影响,见表 4-18。

表 4-18　不同初始温度的碾压混凝土绝热温升对比

试验编号	水泥用量（kg/m³）	粉煤灰用量（kg/m³）	初始温度（℃）	不同历时混凝土绝热温升值（℃）					说明
				1 d	3 d	7 d	14 d	28 d	
YT – A	47	107	12.4	1.5	4.2	6.3	8.8	11.5	525 普通硅酸盐水泥 I 级粉煤灰
YT – B	45	65	24.1	3.5	7.2	11.0	13.0	14.3	

混凝土出机温度对绝热温升的影响只是表现在混凝土浇筑后的初期一段时间。从理论上讲,不论出机温度如何,只要胶凝材料达到相同的水化程度,其绝热温升最终值基本上是相同的。

第五节　混凝土抗裂性能

一、大体积混凝土产生裂缝的原因

大体积混凝土自浇筑开始,就要经受外界环境及其自身的各种因素的作用,使混凝土中任一点的位移和变形不断地变化,从而产生了应力。一般情况下,如果应力超过了混凝土的极限强度,或其应力变形超过了混凝土的极限变形值,那么混凝土结构物就要产生裂缝。裂缝发展到严重程度,结构物会失去承载能力而破坏。这种破坏力综合起来可分为以下几种:

（1）温度应力,包括由结构混凝土本身水化热产生的和由环境温度变化产生的。

（2）干缩应力,由于结构混凝土表面水分散失而引起的拉应力,裂缝发生在混凝土表面很浅的部位。

（3）外荷载应力,包括自重、水压、泥沙压力、扬压力、地震力、动水压力、冰压力、设备重量及其他设计考虑的活荷载及死荷载。

（4）基础变形和模板走样产生的应力。

（5）自生体积变形应力,可能是膨胀变形,也可能是收缩变形。前者会增加压应力,后者会产生拉应力。

众所周知,混凝土的抗压强度和极限压缩变形值较高,但其抗拉强度和极限拉伸值相当低。抗拉强度只有抗压强度的 1/10,极限拉伸值约为 100×10^{-6}。因而在大体积混凝土上发生的裂缝,绝大多数是拉应力超过混凝土的抗拉强度,或拉伸应变超过混凝土的极限拉伸值而产生的。

二、防止混凝土裂缝的技术措施

为防止出现危害性裂缝,采取的技术措施分为两类:一类是提高混凝土的抗裂能力;另一类是为减小混凝土结构中的应力和变形,从而使结构中的应力或变形与混凝土的抗裂能力相适应,使工程既安全又经济。

提高混凝土的抗裂能力是一个综合措施,从原材料优选到配合比设计,包括:

(1)提高混凝土的抗拉强度和极限拉伸值;

(2)提高混凝土的徐变度,以使应力有较大的松弛;

(3)降低混凝土的热胀系数;

(4)降低混凝土的弹性模量;

(5)提高混凝土的比热容,选择适当的导热系数;

(6)适当提高混凝土的自生体积膨胀量,尽可能不使用自生体积收缩的混凝土;

(7)降低混凝土绝热温升总量,其发展曲线应与分缝分层、降温措施相匹配;

(8)降低混凝土的干缩率。

上述8条技术措施应根据施工条件能取得的原材料和配合比优化设计实现,也不可能全部达到要求。

精心设计、合理施工,最大限度地防止裂缝发生,采取的措施有:

(1)选择适当的分层厚度;

(2)适当地分缝,减小浇筑块长度,以减小约束应力;

(3)选择较好的体型,尽量减小暴露面,减小恶劣环境影响产生的应力;

(4)在结构上尽量采用减小应力集中的布置;

(5)加强表面养护或采取适当的表面保温措施;

(6)充分利用温度控制措施,减小温差而降低温度应力。

充分利用一切天然的和人工的可能条件,以达到上述全部或部分条件,最大限度地避免裂缝发生,提高工程质量。

三、混凝土抗裂指数的含义及其函数关系式

我们把混凝土结构的裂缝问题简单地分解为混凝土抗裂能力(自身的)与破坏力(外部的)之间的关系问题。以 R 表示混凝土抗裂能力,以 P 表示使混凝土产生裂缝的破坏力,简单的判别式:

$$\left.\begin{array}{ll} P < R & \text{结构安全不裂缝} \\ P = R & \text{结构处于临界状态} \\ P > R & \text{结构发生裂缝} \end{array}\right\} \tag{4-35}$$

对于水工大体积基础约束区的混凝土,为防止裂缝进行温控计算时,可简单采用下式估算:

$$P = \sigma_1 + \sigma_2 \tag{4-36}$$

式中　σ_1——温度徐变应力;

　　　σ_2——自生体积变形徐变应力。

$$R = E_c \varepsilon_t \tag{4-37}$$

式中　E_c——混凝土弹性模量;

　　　ε_t——混凝土的极限拉伸值。

所以

$$K_p \geqslant \frac{E_c \varepsilon_t}{\sigma_1 + \sigma_2} \tag{4-38}$$

式中　K_p——混凝土抗裂能力的安全系数。

采用式(4-38)可以粗略地判断基础约束区混凝土是否有可能发生裂缝。但是,大体积

混凝土的温度应力和防止裂缝计算是比较复杂的,对不同的结构和不同部位发生裂缝的主导因素又是不同的,所以也不可能采用一个简单的指数来判定混凝土的抗裂能力。

本章对混凝土的性能从力学性能、变形性能和热性能进行了较深入的讨论,其中涉及与混凝土裂缝有关的因素都作了阐述,可以用一个综合性指数来反映混凝土抗裂能力,称为抗裂指数(K)。这部分内容可分成两类:一类是对抗裂能力有正面影响的因素,如抗拉强度(R_t)、极限拉伸(ε_t)、徐变度(C)、膨胀型自生体积变形($+G$);另一类是对抗裂能力有负面影响的因素,如热胀系数(α)、温差(ΔT)、干缩变形(ε_s)、收缩型自生体积变形($-G$)和弹性模量(E_c)。抗裂指数采用分数形式表示,正面影响因子置于分子,负面影响因子置于分母,得

$$K = \frac{F(\varepsilon_t, R_t, C, +G)}{f(\alpha, \Delta T, E_c, \varepsilon_s, -G)} \tag{4-39}$$

之所以不直接采用公式形式表达,是因为各因子的数值与混凝土抗裂能力的权重不同。与混凝土抗裂能力直接相关的因子极限拉伸值,大约为 100×10^{-6},而干缩变形值为($300 \sim 500$)$\times 10^{-6}$,干缩裂缝只发生在混凝土表面,其权重是不能与极限拉伸等同。因此,抗裂指数只能采用正相关和负相关函数式表示。式(4-39)只是提供混凝土抗裂能力的概念,在选择混凝土原材料和配合比设计应考虑到这些因素。

第六节　混凝土的耐久性

一、概述

混凝土的耐久性是在环境的作用下,随着时间的推移,混凝土维持其应用性能的能力。也就是说,混凝土对风化作用、化学侵蚀、磨耗或任何其他破坏过程的抵抗能力,从而保持其原来的形状、质量和实用性。

水工大体积混凝土的耐久性分为两类:一类是混凝土的耐久性;另一类是与混凝土中钢筋锈蚀相关的耐久性。混凝土耐久性名称、含义及检测试验方法见表4-19。

表4-19　混凝土耐久性名称、含义和检测方法

类别	性能名称	项目名称	含义及目的	检测试验方法
混凝土的耐久性	抗渗性	抗渗等级	混凝土抗渗性设计指标,确定配合比设计抗渗等级	《水工混凝土试验规程》(SL 352—2006)中4.21"混凝土抗渗性试验(逐级加压法)"
		渗透系数	国外规范采用,用于评定混凝土的抗渗性和渗流计算	《水工混凝土试验规程》(SL 352—2006)中6.14"碾压混凝土渗透系数试验"
	抗冻性	抗冻等级	混凝土抗冻性设计指标,确定配合比设计抗冻等级	《水工混凝土试验规程》(SL 352—2006)中4.23"混凝土抗冻性试验"
		气泡参数	用于评定现场取样混凝土的抗冻性	《水工混凝土试验规程》(SL 352—2006)中4.25"混凝土气泡参数试验(直线导线法)"
	过水表面混凝土的磨损和空蚀	泥沙磨损	配合比筛选,抗冲磨镶护材料选择	《水工混凝土试验规程》(SL 352—2006)中4.19"混凝土抗冲磨试验(圆环法)"
				《水工混凝土试验规程》(SL 352—2006)中4.20"混凝土抗冲磨试验(水下钢球法)"

类别	性能名称	项目名称	含义及目的	检测试验方法
与混凝土中钢筋锈蚀相关的耐久性	化学反应性侵蚀	抗碳化性	混凝土配合比筛选,提高抗碳化能力	《水工混凝土试验规程》(SL 352—2006)中4.20"混凝土碳化试验"
		抗硫酸盐侵蚀	混凝土原材料和配合比筛选,防护材料比对	《普通混凝土长期性能和耐久性能试验方法标准》(GB/T 50082—2009)中14"抗硫酸盐侵蚀试验"
	氯盐侵蚀	氯离子含量	混凝土中氯离子含量测定,设计最大限值检验	《水工混凝土试验规程》(SL 352—2006)中4.25"混凝土中砂浆的氯离子总含量测定"
		抗氯离子侵入性(电通量法)	配合比筛选,施工质量检验,设计耐久性指标检验	《水工混凝土试验规程》(SL 352—2006)中4.29"混凝土抗氯离子渗透试验(电通量法)"
		抗氯离子侵入性(RCM法)	配合比筛选,施工质量检验,设计耐久性指标检验,运用寿命预测	《水工混凝土试验规程》(SL 352—2006)中4.33"混凝土氯离子扩散系数试验(RCM法)"
	钢筋锈蚀	半电池电位	定性估测钢筋锈蚀状况	《水工混凝土试验规程》(SL 352—2006)中7.9"混凝土中钢筋半电池电位法测定"
		钢筋腐蚀的砂浆阳极极化法	初步判断外加剂、掺合料、水泥对钢筋腐蚀的影响	《水工混凝土试验规程》(SL 352—2006)中4.26"混凝土中钢筋腐蚀的电化学试验(新拌砂浆阳极极化法)" 《水工混凝土试验规程》(SL 352—2006)中4.27"混凝土中钢筋腐蚀的电化学试验(硬化砂浆阳极极化法)"
		钢筋腐蚀快速试验	防止钢筋腐蚀比对性试验	《水工混凝土试验规程》(SL 352—2006)中4.30"混凝土中钢筋腐蚀快速试验(淡水、海水)"

二、水渗透性

(一)混凝土水渗透性的基本概念

混凝土本体存在着渗水的原因是:①用水量超过水泥水化所需水量,而在内部形成毛细管通道;②骨料和水泥石由于泌水而形成空隙;③振动不密实而造成的孔洞。

毛细孔半径范围很宽,从几微米到数百微米不等。在长期不断的水化过程中,毛细孔被新水化生成物充填、覆盖。随着龄期增长,混凝土中的毛细孔结构也在变化。

液体流过材料的迁移过程称为渗透,其特点是层流和紊流状态的黏性流。渗透流量可用达西定律(Darcy's law)表示,即

$$Q = KA\frac{H}{L} \tag{4-40}$$

式中　Q——通过孔隙材料的流量,cm^3/s;

　　　K——渗透系数,cm/s;

　　　A——渗透面积,cm^2;

　　　L——渗透厚度,cm;

　　　H——水头,cm。

由式(4-40)得

$$K = \frac{QL}{AH} \tag{4-41}$$

渗透系数 K 反映材料渗透率的大小,K 值越大,表示渗透率越大;反之,则渗透率越小。

(二)水渗透性测试方法

渗透性测试方法必须与渗透性评定标准相适应。我国和苏联采用抗渗等级,而欧美和日本则采用渗透系数评定标准。

1. 抗渗等级测定的逐级加压法

混凝土抗渗性试验的目的是测定抗渗等级。根据作用水头对建筑物最小厚度的比值,对混凝土提出不同抗渗等级,见表4-20。

表4-20　抗渗等级的最小允许值

作用水头对建筑物最小厚度的比值	< 10	10~30	30~50	>50
抗渗等级	W4	W6	W8	W10

抗渗等级试验的优点是试验简单、直观,但是没有时间概念,不能正确反映混凝土实际抗渗能力。

中国水利水电科学研究院的试验结果表明,配合比设计良好的龙滩大坝碾压混凝土,在 4 MPa 水压力作用下,历时 1 个月不透水,抗渗等级大于 W40。

当今,我国原材料的生产工艺和质量以及混凝土浇筑技术水平均有较大的发展和进步,不论是常规混凝土,还是碾压混凝土,其抗渗等级都超过 W10 要求 2 倍以上,因此抗渗等级评定指标已失去作为控制混凝土抗渗性的功能。

国内已有行业规范取消了混凝土抗渗等级质量要求。如《铁路混凝土结构耐久性设计暂行规定》(铁建设[2005]157 号)和中国土木工程学会《混凝土结构耐久性设计与施工指南》均取消了抗渗等级质量要求。

自 2000 年以来,中国水利水电科学研究院进行了十余个碾压混凝土工程抗渗等级试验,均表明抗渗等级已失去作为混凝土渗透性评定指标的意义,而采用渗透系数指标更为直接,工程含义清楚。因此,建议新修订的《混凝土重力坝设计规范》(SL 319—2005)采用渗透系数作为设计渗透性指标。

2. 渗透系数测定试验方法

渗透系数测定按《水工混凝土试验规程》(SL 352—2006)"碾压混凝土渗透系数试验"进行。渗透系数计算采用式(4-41)。

由式(4-41)可知,水头 H、试件面积 A 和试件长度 L 都是试验常数,实际上是测定流过混凝土试件的流量 Q。流量必须达到恒定不变,才是计算要确定的流量。可以在直角坐标纸上绘制流入累积水量—历时线和流出累积水量—历时线,当两条线平行时,即达到流量恒定不变,取 100 h 时段的直线斜率,即是要确定的流量 Q。然后,由式(4-41)计算碾压混凝土的渗透系数。

混凝土重力坝对渗透系数的允许限值见表 4-21,这个限值已被各国标准所认可。

表 4-21　混凝土重力坝对渗透系数的允许限值

提出者	混凝土重力坝坝高(m)	渗透系数的允许限值(cm/s)
美国汉森(Hansen)	<50	$<10^{-6}$
	50	$<10^{-7}$
	100	$<10^{-8}$
	200	$<10^{-9}$
	>200	$<10^{-10}$
英国邓斯坦(Dunstan)	200	$<10^{-9}$

(三)影响混凝土渗透性的因素

除本章前述影响混凝土密实性和强度的因素都会影响混凝土的渗透性外,再着重说明胶凝材料用量对碾压混凝土渗透性的影响。

1.胶凝材料用量

从 8 个不同国家的 16 个不同工程得到的结果表明,增加碾压混凝土胶凝材料用量,其渗透系数明显减小,见图 4-10。

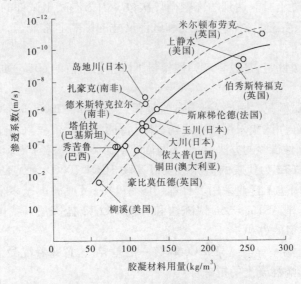

图 4-10　现场实地测定渗透系数与胶凝材料用量关系

从图 4-10 中可知,有几个坝做了水平层缝的全面处理和铺垫层拌和物;一部分坝没有层面处理,局部铺垫层拌和物;而另一些坝没有层面处理和铺垫层拌和物。在各种处理方法之间区分其差异是困难的。一般来说,胶凝材料用量低于 100 kg/m³ 的碾压混凝土渗透系数为 $10^{-2} \sim 10^{-7}$ cm/s;胶凝材料用量为 120 ~ 130 kg/m³ 的碾压混凝土渗透系数为 $10^{-5} \sim 10^{-8}$ cm/s;胶凝材料用量大于 150 kg/m³ 的碾压混凝土渗透系数为 $10^{-8} \sim 10^{-11}$ cm/s。

另外,骨料中粒径小于 0.075 mm 微粒的含量也影响碾压混凝土的渗透率。微粒起到填充碾压混凝土空隙的作用,所以微粒含量高的碾压混凝土,其渗透率也低。

2. 养护龄期

由于水泥颗粒的水化过程长期不断地进行,使水泥石孔结构发生变化。这个变化表现在初期进行得比较快,随之空隙率减小,后期逐渐减慢。只有在潮湿养护下,水化过程不断地进行,渗透系数才随龄期减小。试验结果表明,60 d 龄期的渗透系数比 30 d 龄期的减小一半;90 d 龄期的渗透系数是 30 d 龄期的 38%。

三、抗冻性

(一)冻融破坏作用

混凝土遭受冻融破坏的条件是:①处于潮湿状态下,混凝土内有足量的可冻水;②周期性受到较大正负温度变化的作用。

混凝土在冻结温度下,内部可冻水变成冰时体积膨胀率约达 9%,冰在毛细孔中受到约束而产生巨大压力;过冷的水发生迁移,冰水蒸气压差造成渗透压力,这两种压力共同作用,当超过混凝土抗拉强度时则产生局部裂缝。当冻融循环作用时,这种破坏作用反复进行,使裂缝不断扩展,相互贯通,而最后崩溃。在冻融过程中,混凝土强度、表观密度和动弹性模量均在发生变化。水饱和试件冻融破坏程度要比干燥试件强烈得多,因为冻融破坏的主要原因是可冻水的存在。

(二)冻融试验

水利设计标准是根据建筑物所在地区的气候条件,确定混凝土所要求的抗冻等级,即在标准试验条件下混凝土所能达到的冻融循环次数。因为混凝土试件的抗冻性(所能达到的冻融循环次数)受冻结速度、水饱和程度和试件尺寸的影响非常显著,所以必须对试验方法和设备加以严格规定。

混凝土抗冻等级评定,是以相对弹性模量下降至初始值的 60%;质量损失率 5% 为评定指标。

混凝土抗冻性试验见《水工混凝土试验规程》(SL 352—2006)"混凝土抗冻性试验"。

国外混凝土抗冻性试验采用的方法与《水工混凝土试验规程》(SL 352—2006)的差异。

(1)混凝土抗冻性试验的方法有:以美国 ASTM C666 为代表的快冻法,以 RILEM TC117 - IDC 和美国 ASTM C672 为代表的盐冻法及以苏联 ГОСТ 10060 为代表的慢冻法,该方法目前只有俄罗斯和我国建工行业采用。日本(JIS A1148)及亚洲国家多采用美国 ASTM C666 方法,加拿大引用美国 ASTM C666 快冻法和 ASTM C672 盐冻法。我国大部分行业标准均采用 ASTM C666 类似的方法。

试件尺寸、冻融温差等与 ASTM C666 有一定差异,这意味着混凝土试件升降温速率会产生差别,而势必影响混凝土的抗冻性。

试件开始冻融的龄期不相同,美国 ASTM C666 和日本 JIS A1148 规定 14 d 龄期;我国行业标准规定 28 d 龄期;而《水工混凝土试验规程》(SL 352—2006)规定:若无特殊要求,一般为 90 d 龄期。试验证明,开始冻融龄期愈晚,混凝土抗冻性愈强。

试验结束条件也不相同,美国 ASTM C666 有三条:①已达到 300 次循环;②相对动弹性模量已降到 60% 以下;③长度膨胀率达 0.1%(可选)。我国《普通混凝土长期性能和耐久性能试验方法》(GBJ 82—85)有三条:①和②与 ASTM C666 相同;③质量损失率达 5%。《水工混凝土试验规程》(SL 352—2006)有两条:①相对动弹性模量已降到 60% 以下;②质量损失率达 5% 。

同样一个快冻试验方法,源于美国 ASTM C666,但各国引用该试验方法时有的原封不动,如加拿大 CSA – A23.2 – 9B 标准;我国引用时做了某些修改,如试验龄期、测试参数等。因此,同样一种混凝土,采用不同的试验方法和标准,对混凝土抵抗冻融破坏能力的表现是不同的。混凝土抗冻能力不足,其破坏表现为表面混凝土剥落和内部结构破坏。

(2)混凝土抗冻性评定方法有较大差别,美国 ASTM C666 评定标准采用冻融耐久性指数 DF(Durability Factor)。对有抗冻性要求的混凝土,试件经受 300 次动融循环后,DF 值需大于或等于 60% 。

$$DF = P \frac{N}{M} = P \frac{N}{300} \tag{4-42}$$

式中　DF——混凝土冻融耐久性指数(%);

　　　P——经 N 次冻融循环后试件的相对动弹性模量;

　　　N——混凝土冻融循环次数;

　　　M——规定的冻融循环次数,$M = 300$。

我国《普通混凝土长期性能和耐久性能试验方法》(GBJ 82—85)标准也采用冻融耐久性指数(DF),而《水工混凝土试验规程》(SL 352—2006)采用动弹性模量降低到初始值的 60% 或质量损失率到 5%(两个条件中有一个先达到)时的循环次数作为混凝土抗冻等级。其他行业标准如公路、港口等标准也都采用抗冻等级评定标准。

(三)原材料和配合比设计参数的选定

有抗冻性要求的混凝土,原材料和配合比设计参数的选定应遵从《水工建筑物抗冰冻设计规范》(DL/T 5082—1998)的规定。首先根据水工结构物所处气候分区、冻融循环次数、水分饱和程度及重要性等确定设计抗冻等级;其次,要求注意原材料的稳定性和掺加引气剂等规定。

1. 粗骨料的质量

分析混凝土冻融破坏时,以粗骨料质量良好为前提,破坏原因是水泥砂浆中的裂隙水膨胀而引起混凝土破坏。如果粗骨料质量软弱,会引起试件整个断面断裂,更甚者可使混凝土崩溃,其破坏作用比砂浆冻胀严重。因此,有抗冻性要求的混凝土,粗骨料质量应满足第二章质量指标,尤其是表观密度和吸水率。

2. 含气量

试验表明,砂浆含气量为 9% ±1% 是抗冻性最优含气量,当以整个混凝土的含气量表示时,其数据随骨料最大粒径增大而减小。对骨料最大公称粒径为 40 mm 的混凝土拌和物,最优含气量为 4.5% ±1% 。为取得混凝土的最优含气量,最简单而有效的方法是掺加引气剂。

引气剂是具有憎水作用的表面活性物质,它可以明显地降低拌和水的表面张力,使混凝土内部产生大量的微小、稳定和分布均匀的气泡。这些气泡使混凝土冻结时由于冻结水膨胀而产生的内向压力,被无数气泡吸收而缓解,减轻了冻结破坏作用;这些气泡可以切断混凝土毛细孔的通路,使外界水分不易侵入,减少水饱和程度,相应也减轻了冻结破坏作用。

掺加引气剂相同剂量时,常规混凝土产生的含气量要比碾压混凝土大一倍多。碾压混凝土掺入引气剂与常规混凝土相比,有以下三个特点:①为得到确定的含气量,引气剂用量要比常规混凝土多;②含气量对碾压混凝土的工作度和强度影响较大;③虽然碾压混凝土难以加气,但仍能引入大量的、对改善抗冻性有效的微细气泡。

在冻融后的试件上切片、研磨和抛光,然后,在显微镜下测定气泡分布和直径,测线长2.5 m。气泡参数测定结果见图4-11。混凝土掺引气剂后,随着含气量增加,100 μm以下直径的微气泡明显增加,气泡间距系数减小。100 μm以下直径的微气泡比较稳定,是缓解冻融破坏作用的主要成分。气泡间距系数减小,表示每厘米导线所切割的气泡个数增多,因而抗冻性提高。

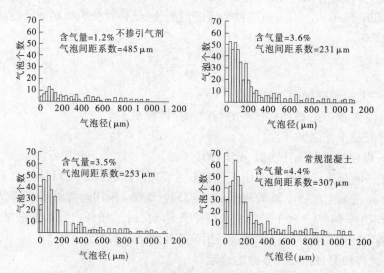

图4-11 硬化碾压混凝土气泡分布试验结果

美国混凝土学会(ACI)建议,气泡间距系数小于200 μm,混凝土抗冻性方能得到保证;美国垦务局(USBR)认为,气泡间距系数不超过250 μm,可以保证混凝土的抗冻性300次冻融循环,混凝土冻融耐久性指标不低于60%。

硬化混凝土气泡参数试验见《水工混凝土试验规程》(SL 352—2006)"混凝土气泡参数试验(直线导线法)"。

3.最低水泥用量

试验表明,在混凝土含气量相同的情况下,水泥用量多者,其相对动弹性模量下降率比水泥用量少者低,即水泥用量高者的抗冻性比水泥用量低者的高。这是因为水泥用量低者,在混凝土中生成小于100 μm微气泡的数量比高者少,相应水泥砂浆中可冻水的百分率增加,气泡间距系数增大。因此,对有抗冻性要求的混凝土,除规定含气量达到最优含气量4.5%±1%外,同时对水泥用量要加以限制,最低不得低于60 kg/m³。

(四)混凝土抗冻融性试验和评定方法的讨论

20世纪50年代,我国引用苏联混凝土抗冻融性试验和评定方法,即慢冻法,是以抗压强度降低25%时的冻融次数作为混凝土抗冻融性的评定指标。

1985年原水电部组织了中国科学院等单位,对全国32座混凝土高坝和40座钢筋混凝土水闸水工混凝土建筑物耐久性和病害进行了调查,发生冻融破坏的有7座,占调查总数的21.9%,以东北地区工程冻融破坏最为严重。这反映了水工混凝土抗冻融性评定采用慢冻法力度是不够的,达不到工程运用要求的安全寿命。

由于慢冻法评定自身存在的缺点,如试验时间长、试验量大和试验变异性也大,所以引用了美国ASTM C666快冻试验法。引用时有两点变动:其一是没有采用原标准冻融耐久性指数评定标准而是采用了抗冻等级;其二是试验龄期改为90 d。其间,做了大量慢冻法和快冻法对比试验,结果表明,同一种混凝土用慢冻法测定的冻融次数比用快冻法测定的约高出一倍,即快冻法对混凝土冻融破坏力比慢冻法高。两种试验方法采用的试验龄期不同,慢冻法试验龄期为28 d。从混凝土抗冻融方面来说,龄期也是一个重要影响因素,龄期愈长,混凝土抗冻融能力愈高。粗略估计,水工混凝土抗冻融性改为快冻法,其冻融破坏力要高于慢冻法。

20 世纪90 年代,水工混凝土抗冻融性评定改为快冻法,原慢冻法规定的环境温度条件与设计要求的抗冻等级(冻融次数),移植到快冻法。这个演变过程已在《水工建筑物抗冰冻设计规范》(DL/T 5082—1998)中体现出来。快冻法评定水工混凝土抗冻融性标准已实施20 年,工程调研水工混凝土冻融破坏仍不乐观。现行的《水工建筑物抗冰冻设计规范》(DL/T 5082—1998)标准规定的抗冻等级尚不能满足水工混凝土结构长期耐久安全运行的要求。

2009 年实施的《混凝土结构耐久性设计规范》(GB/T 50476—2008)是以建筑物寿命为目标的设计模式,见表4-22,采用了美国 ASTM C666 标准的冻融耐久性指数为评定指标,而不是抗冻等级(冻融次数)。

表4-22　混凝土抗冻耐久性指数 *DF*　　　　　　　　　　　　　　(%)

设计使用年限	100 年			50 年			30 年		
环境条件	高度饱水	中度饱水	盐或化学腐蚀下冻融	高度饱水	中度饱水	盐或化学腐蚀下冻融	高度饱水	中度饱水	盐或化学腐蚀下冻融
严寒地区	80	70	85	70	60	80	65	50	75
寒冷地区	70	60	80	60	50	70	60	45	65
微冻地区	60	60	70	50	45	60	50	40	55

表4-22 与《水工建筑物抗冰冻设计规范》(DL/T 5082—1998)比较,混凝土抗冻融设计指标明显提高。以寒冷地区为例:30 年使用年限,应达到 *DF* =45%,相应抗冻等级为 F225;50 年使用年限,应达到 *DF* =50%,相应抗冻等级为 F250;100 年使用年限,应达到 *DF* =60%,相应抗冻等级为 F300。考虑到水工混凝土强度等级较低,以上按试验龄期90 d 计算,而表4-22规定试验龄期为28 d,忽略了试验龄期对混凝土抗冻融能力增强的因素。

《混凝土结构耐久性设计规范》(GB/T 50476—2008)标准规定的 *DF* 指标与美国、日本、加拿大等国家的冻融耐久性指数 *DF* 评定指标比较接近,且比现今实施的《水工建筑物抗冰冻设计规范》(DL/T 5082—1998)抗冻等级设计指标高。鉴于我国水工混凝土抗冻融安全使用寿命不足30 年的现状,笔者认为:水工混凝土抗冻融耐久性评定采用以安全使用寿命为目标的抗冻融耐久性设计理念是合理、有益的。

四、过水表面混凝土的磨损和空蚀

(一)泥沙磨损和空蚀破坏作用

泄水建筑物过水表面混凝土所遇到的一个特殊问题是水流对过水边界混凝土的磨蚀,即泥沙磨损和空蚀。对质量密实的混凝土,可以承受流速达 40 m/s 的清水冲刷,不致引起表面混凝土损坏。对挟带砂砾石的水流,由于砂砾石运动摩擦和跳跃冲击,流速不要太大,就能够对过水表面的混凝土造成严重的破坏。

泄水建筑物流速到多大才需对边界混凝土提出抗空蚀要求？国内外资料一致认为：当水流流速超过 12～15 m/s 时，应对边界混凝土提出抗空蚀要求，其中包括混凝土强度、配合比、表面不平整度控制和处理等。

工程运用经验表明，防止泄水建筑物空蚀，主要从合理设计建筑物过水曲线，采取掺气减蚀措施，提高过水表面混凝土材料抗空蚀强度和严格控制施工表面不平整度等四个方面着手。若处理得当，空蚀破坏是完全可以防止的，国内外不少工程实例已得到了证实。

混凝土抗磨损强度和抗空蚀强度均随混凝土抗压强度提高而增加，因此从混凝土原材料、配合比和施工工艺上设法提高混凝土强度，都相应增加了混凝土抗泥沙磨损和抗空蚀的强度。所以，从原材料和配合比选择考虑，抗冲磨和抗空蚀混凝土可视为同一类混凝土，统称为高流速过水表面混凝土，在过水表面设置一层厚度为 0.5～1.0 m 的混凝土是完全必要的。

被砂砾石严重磨损的部位应采用特种材料镶护。空蚀破坏区域的修复，首先应查明产生空蚀的原因，并设法加以消除，否则修复后仍然会再次破坏。

（二）试验方法

1. 泥沙磨损试验

1）圆环法

圆环法抗冲磨试验早在 20 世纪 50 年代由中国水利水电科学研究院提出，《水工混凝土试验规程》（SD 105—82）采纳。该方法所用圆环冲磨仪，流速只有 14.3 m/s，试件尺寸较小，只能进行湿筛后的混凝土试验，并且对高强抗冲磨混凝土的冲磨能力较差。因此，于 2003 年研制了新的高流速圆环冲磨仪，以替代旧的圆环冲磨仪。新的圆环冲磨仪技术规格如下：

（1）水流流速 10～40 m/s 无级可调；

（2）水流含沙率为 0～10%；

（3）冲磨时间为 0～30 min；

（4）试件断面尺寸为 100 mm×100 mm。

根据含沙水流的冲磨流态，本方法适宜于悬移质水流冲磨试验。试验方法见《水工混凝土试验规程》（SL 352—2006）"混凝土抗冲磨试验（圆环法）"。

2）水下钢球法

水下钢球法引用美国 ASTM C1138 标准《Standard Method for Abrasion Resistance of Concrete（Underwater Method）》修编而成。该方法的原理是 1 200 r/min 转速的搅拌浆转动，带动混凝土试件表面上的不同直径的钢球滚动，而对混凝土表面产生冲磨。

根据水流流态，本方法适宜于推移质对混凝土的冲磨试验。试验方法见《水工混凝土试验规程》（SL 352—2006）"混凝土抗冲磨试验（水下钢球法）"。

2. 空蚀试验

1）仪器设备

研究混凝土抗空蚀性能，首先要控制边界发生空穴水流。使边界发生空穴水流较简单的方法是用一形似文德里管的设备。在这个设备里，由于收缩段的断面减小，增加了流速，从而获得产生空穴的最低压力，而迅速扩大的下游段则用来承受产生高的、使气泡溃灭的压力。收缩段喉部下游布置混凝土试件预留孔，空蚀控制在整个试件表面上发生。

中国水利水电科学研究院于20世纪60年代设计了这种高速水流水洞,并进行混凝土抗空蚀性能的研究。

2) 试验方法

混凝土拌制、成形和养护按《水工混凝土试验规程》(SL 352—2006)中的规定进行,空蚀试验试件尺寸为 8 cm×12 cm×22 cm,抗压强度试验试件尺寸为 10 cm×10 cm×10 cm。试件养护至试验龄期进行抗空蚀强度和抗压强度试验。

空蚀试验时先将混凝土试件放入试验段试件预留孔内,然后用盖板密封,开动水泵进行试验。试验时上游压力为 25 m 水柱高、下游压力为 7.9 m 水柱高,此时自喉部算起的空穴区长度为 10 cm,正好位于混凝土试件中心,喉部流速为 22 m/s,水温为 10~25 ℃。

每一试验持续 2.5 h。试验前 2 d 将混凝土试件浸入水中,试验时取出,用(10±0.001) kg 台称称量饱和面干质量。

3) 评定指标

混凝土抗空蚀性能好坏的评定指标是以 1 m² 混凝土表面剥蚀 1 kg 混凝土所需小时数表示,称为混凝土抗空蚀强度。按下式计算:

$$R_c = AT/(W_1 - W_2) \tag{4-43}$$

式中 R_c——混凝土抗空蚀强度,h·m²/kg;

W_1——试验前试件质量,kg;

W_2——试验后试件质量,kg;

A——试件表面面积,m²;

T——试验持续时间,h。

试验时,取 $T = 2.5$ h,$A = 0.218 \times 0.08 = 0.017\ 44$(m²)。每一试验组共 3 个试件,按式(4-43)分别计算 R_{c1}、R_{c2}、R_{c3},然后计算平均值 $\overline{R}_c = (R_{c1} + R_{c2} + R_{c3})/3$。

对个别特大或特小的抗空蚀强度值,当 $\dfrac{R_{cmax} - \overline{R}_c}{\overline{R}_c} \times 100\% \geqslant 15\%$(或 $\left|\dfrac{R_{cmin} - \overline{R}_c}{\overline{R}_c}\right|$)时,不予计算或重新补做试验。

(三)高流速过水表面混凝土原材料和配合比选择

1. 水泥

混凝土抗磨损强度与水泥品种有关,水泥熟料矿物中具有最大抗磨损强度的是 C_3S,具有很小抗磨损强度的是 C_2S,C_3A 和 C_4AF 根本没有抗磨损强度。因此,水泥应优先选用42.5中热硅酸盐水泥或硅酸盐水泥。水泥品种对混凝土抗空蚀强度影响不明显。只要混凝土强度等级(或标号)相同,不论哪种水泥,其抗空蚀强度也相近。

2. 掺合料

掺合料是指在工地拌制混凝土时掺入的天然或人工磨细矿物掺合料。混凝土中掺加掺合料可以改善混凝土的和易性,减少发热量,但是掺加掺合料一般会降低混凝土抗磨损强度和抗空蚀强度,一般不超过胶材用量的25%~30%,并需经过试验论证。

3. 骨料

混凝土所用骨料质量不同,其抗磨损强度也不相同,采用坚硬密实的骨料,混凝土抗磨损强度就高。细度模数在 2.0 以下的细砂拌制混凝土的抗磨损强度较低,不宜采用。

试验表明:混凝土的抗磨损强度比水泥砂浆高,而水泥砂浆的抗空蚀强度又比混凝土高。这是因为两种破坏力的作用机制不同。含沙水流将混凝土表面较粗骨料薄弱的水泥砂浆磨损后,由粗骨料承受泥沙磨损,所以骨料粒径愈大,混凝土抗磨损强度愈高。空蚀破坏是空穴破裂的冲击力,重复作用在混凝土表面上,水泥砂浆剥落后引起大骨料松动而脱落,因此骨料粒径愈大,破坏愈严重。虽然水泥砂浆抗空蚀强度高,但水泥用量也比相同强度的混凝土高一倍多。二级配混凝土较一级配混凝土抗空蚀强度差别甚小。

过水表面混凝土既承受泥沙磨损又有空蚀破坏的可能性,考虑到高流速过水表面混凝土强度等级不低于C40(标号R400)要求,所以此部分混凝土最大骨料粒径选用40 mm比较恰当。

4. 外加剂

1)减水剂

混凝土中掺入减水剂不但改善了混凝土的和易性,并减少了水泥用量,同时提高了混凝土的抗磨损强度和抗空蚀强度。

2)引气剂

混凝土中掺入引气剂,如果水灰比和流动性不变,相应可减少水泥用量,含气量愈大,抗空蚀强度降低愈多。如果水泥用量和流动性不变,掺入引气剂后减小水灰比,只要控制一定含气量,抗空蚀强度稍有降低,但却大大提高了混凝土的抗冻性。在严寒地区溢流坝面混凝土应掺加引气剂。

5. 混凝土强度

混凝土抗磨损强度和抗空蚀强度皆随其抗压强度的增加而提高。混凝土抗磨损强度与抗压强度的关系为:

$$R_A = 0.011\ 6R^{0.805} \tag{4-44}$$

混凝土抗空蚀强度与抗压强度的关系式为:

$$R_c = 0.025 \times 10^{-10}R^{4.84} \tag{4-45}$$

式中　R_A——混凝土抗磨损强度,$h \cdot m^2/kg$;

　　　R_c——混凝土抗空蚀强度,$h \cdot m^2/kg$;

　　　R——混凝土抗压强度,$10^{-1}MPa$。

式(4-44)和式(4-45)是在特定几何边界和水流条件下得到的经验公式,但其相对趋势是不变的。过水表面混凝土设计强度等级建议选用C40~C45(标号R400~R450)。

6. 坍落度

混凝土拌和物的稠度对混凝土抗磨损强度和抗空蚀强度都有明显影响。混凝土拌和物的稠度应以能够浇捣为限,坍落度不宜超过70 mm。

7. 养护

混凝土抗磨损强度和抗空蚀强度皆随着养护龄期的延长而增加,其增长率比抗压强度高。混凝土脱模后要及时进行养护,不用模板浇筑的开敞面混凝土初凝后应立即进行养护,至少要养护28 d。夏季气候干燥,为防止水分蒸发,产生干缩裂缝,对外露面用保温材料保护是必要的。冬季施工应防止混凝土受冻。

(四)过水边界表面不平整度的允许界限

当流速超过12~15 m/s时,应对边界表面提出不平整度要求,即要求边界放样准确和混凝土表面光滑平整。混凝土浇筑时,由于模板定位误差和模板走动等,混凝土表面会有不同形式的不平整突体出现。当水流流经不平整突体处,趋使水流与边界分离,在突体下游形成低压射流区。由式(4-46)可知,当流速大到足以使此区压力降到水蒸气压力时,水即汽化

成空穴,因而引起边界材料剥蚀:

$$P - Cv^2/(2g) = P_v \qquad (4\text{-}46)$$

式中　P——绝对压力,m 水柱;

　　　$v^2/(2g)$——流速水头,m;

　　　C——决定于边界形状或糙率的系数;

　　　P_v——给定温度下的水蒸气压力,m 水柱。

　　空穴刚刚发生时称为初生空穴,如何控制表面不平整使其不发生初生空穴是混凝土施工中亟待解决的问题。表面不平整度允许界限国内外均进行了研究。

　　美国垦务局对过水表面不平整度相当重视,采用字母数字分类法区别各种不平整度,对每种不平整度都规定了容许界限。对模板形成的混凝土表面不平整度分为四级,即 F_1、F_2、F_3 和 F_4,F_4 级是最高级,适用于水工建筑物的过水表面。对非模板形成表面分为三级,即 U_1、U_2 和 U_3,U_3 是最高级,需用钢镘刀抹平,适用于高速水流泄洪表面。表面不平整度分为突变和缓变两大类,突变用直接测量检查,缓变用样板尺检查,F_4 级样板尺长 1.52 m,U_3 级样板尺长 3.05 m。现将美国垦务局标准及我国工程采用的控制标准列于表4-23,以供参考。

表4-23　过水表面不平整度允许界限

标准及工程名称	过水面最大流速(m/s)	过水表面不平整度规定	说明
美国垦务局规范		F4 级表面,平行水流方向不平整突体高度不超过 6.3 mm,垂直水流方向不超过 3.2 mm。U_3 级表面,不平整突体高度不超过 6.3 mm。对超出上述限值者应根据不同流速研磨成不同坡度,当流速为 12.2～27.5 m/s、27.5～36.6 m/s 或大于 36.6 m/s 时研磨坡度分别为 20:1、50:1或 100:1	
刘家峡坝泄洪隧洞	40～45	垂直突体高度平行水流方向不超过 7 mm,垂直水流方向不超过 4 mm,对超出允许限值的突体研磨成 50:1～30:1坡度	施工中没有按要求进行,泄洪后严重空蚀
碧口坝泄洪隧洞	36	流速 28 m/s 段,垂直水流方向突体高度不超过 4 mm,平行水流方向不超过 7 mm。流速 36 m/s 段,垂直水流方向突体高度不超过 3 mm,平行水流方向不超过 7 mm。对超出允许限值的突体研磨成 50:1～30:1坡度	泄洪后检查边界无空蚀

　　混凝土拆模后立即进行检查,对超出允许限值的不平整突体研磨成允许坡度。研磨处理方法如下:用砂轮将突体研磨成要求的坡度,然后用高压水冲洗干净,涂上一层水灰比为0.40、灰砂比为1:2的低流动度砂浆,砂浆表面抹平,并且比要求面略高一点,待砂浆硬化后用金钢石沾水研磨成光滑的表面。对局部施工缺陷和不平整也可用环氧砂浆修补。

(五)抗空蚀耐磨损表面的镶护材料

1. 钢纤维混凝土

　　美国陆军工程师团高速水流实验室试验结果表明:钢纤维混凝土的抗空蚀强度比普通混凝土高出 2 倍,此项研究成果曾应用到利贝坝泄水建筑物空蚀破坏修复。所有损坏的混凝土全部剔除,剔除深度至少为 380 mm,补铺表面钢筋及深锚钢筋,然后浇筑钢纤维混凝土,钢纤维混凝土抗压强度相当于 C45。修复工程完工后,经半年过水,检查底板和侧壁钢纤维混凝土表面未再发生破坏。

钢纤维混凝土也在我国河北省黄壁庄水库溢洪道修复采用,溢洪道表面全部重铺厚度为 150 mm 的钢纤维混凝土。

2.选用硬质骨料拌制抗冲磨混凝土

汛期高速水流挟带大量悬移质泥沙,对泄水建筑物过水面造成磨损破坏,尤其是我国西南地区山区河流,虽然流速不是很高,但是挟带推移质砾石(粒径可达 1.0 m),对过水建筑物表面会造成更严重的破坏。

选用的硬质骨料种类有:花岗岩、石英岩、铁矿石和铸石。试验表明:硬质骨料能够明显提高混凝土抗磨损强度,铁矿石和铸石轧制磨碎的骨料拌制的混凝土比普通骨料混凝土抗磨损强度提高 2~3 倍。

3.环氧树脂砂浆和混凝土

在高流速泄水建筑物中,环氧树脂砂浆和环氧树脂混凝土常用于修整表面不平整,修复泥沙磨损和空蚀破坏区,以及修补裂缝。就我国水利水电使用环氧树脂砂浆和环氧树脂混凝土的经验,修复空蚀破坏区则要视水流流速、边界几何形状和空穴烈度等决定,对某些工程的修复是成功的,但有些工程修复后仍然发生破坏。环氧树脂砂浆或环氧树脂混凝土不能抵抗水泥中所挟推移质的磨损;对悬移质,就黄河上几个工程使用的效果来看,环氧树脂砂浆抗磨损性能比混凝土高,但每年都要磨掉数毫米,个别工程在一个汛期整个环氧砂浆涂层全部冲掉。因此,在高流速过水建筑物采用环氧树脂砂浆材料时要因地制宜,全面考虑选用,尤其是大面积涂抹时更应慎重。

美国在使用环氧树脂砂浆和环氧树脂混凝土方面有比较丰富的经验,美国垦务局对高流速水工建筑物混凝土面的修补经验是:普通混凝土用来修补深度超过 150 mm 的破坏面,环氧树脂混凝土用来修补深度为 38~150 mm 的破坏面,环氧树脂砂浆用来修补深度从 38 mm 到薄层的表面。在进行修补前,必须清除所有已破坏或质量不好的混凝土,不坚实或不可靠的混凝土会使任何修补失败。在去掉质量不好的混凝土后,应对表面进行充分清洗,修补时要保持表面干燥。

在此再介绍两个修复技术,一个是失败的,另一个是成功的。在过去修复工程中失败的经验,四川省雅安水闸曾用当地产的硬木青杠方木修复水闸底板和消力池,以抵抗推移质大砾石(粒径达 0.8~1.0 m)冲磨破坏。每年汛后检查都遭破坏,这是一个失败的工程实例,不宜再在其他类似工程中采用。另一个是比较成功的修复方法是浸渍混凝土。美国陆军工程师团试验结果表明:浸渍混凝土抗空蚀强度比普通混凝土高出 2 倍,浸渍钢纤维混凝土则高出 4 倍以上。美国将此研究成果应用到德沃夏克坝泄水道和消力池空蚀破坏工程。德沃夏克坝消力池宽为 35 m、长为 80 m,总面积为 2 800 m^2,底板全部破坏。修复是在消力池底板上重新浇筑了钢纤维混凝土,并对消力池的近一半面积(1 394 m^2)又进行浸渍聚合处理。混凝土表面浸渍处理深度为 25~38 mm。聚合处理过的混凝土抗压强度达 140 MPa。我国葛洲坝三江泄水闸闸室底板混凝土也曾采用过浸渍聚合处理,以增强表面混凝土的抗空蚀和抗磨损能力。处理面积为 1 000 m^2,浸渍深度为 30 mm,抗压强度达 100 MPa。浸渍混凝土施工工艺包括混凝土表面干燥、浸渍液浸渍和聚合三个工序,要求控制严格,施工进度缓慢,不便于水利工程应用,虽然方法好,但已没有工程再采用。

五、化学反应侵蚀耐久性

(一)化学反应侵蚀的分类

由于外部介质,如酸、碱、盐及大气中有害气体与混凝土中某些组分发生化学反应产生的病害称为化学反应侵蚀。

化学反应侵蚀物质都是以水为媒体而传入混凝土内部,并通过液相与水泥水化产物产生化学反应的。

化学反应侵蚀速度取决于侵蚀物质的性质、浓度及有害物质的迁移速度,其他因素有结构物暴露环境条件、水压力、流速、结构物形状及截面大小、混凝土材料组分、施工质量等。

1. 溶出性侵蚀

长期与水接触的混凝土建筑物,混凝土中的石灰被溶失,使液相石灰浓度下降,导致水泥水化物分解,称为溶出性侵蚀。石灰溶出可分两种方式,一种为渗漏,对于承受水压的建筑物,环境水通过连通的毛细管道向无压边渗出,将石灰溶解成 $Ca(OH)_2$ 渗出;另一种为扩散,对优质密实混凝土,连通毛细管很少,几乎不溶漏,但在内外浓度差的扩散动力作用下,也能使石灰溶解溶出。

2. 分解性侵蚀

由于物理作用或化学作用,引起混凝土介质碱度下降,导致水泥水化产物分解,称为分解性侵蚀。分解性侵蚀又分三种,即酸性侵蚀、碳酸与硫酸侵蚀、镁盐与铵盐侵蚀。

1)酸性侵蚀

混凝土中 $Ca(OH)_2$ 与酸反应生成盐,$Ca(OH)_2$ 被分解。

$$Ca(OH)_2 + H_2SO_4 \rightarrow Ca_2SO_4 \cdot 2H_2O$$

2)碳酸与硫酸侵蚀

大气中 CO_2、H_2S 气体溶于水后生成碳酸与氢硫酸,碳酸与混凝土中 $Ca(OH)_2$ 反应生成极易溶解的重碳酸钙而流失,化学反应式如下:

$$CO_2 + H_2O \rightarrow H_2CO_3$$
$$H_2CO_3 + Ca(OH)_2 \rightarrow CaCO_3 + 2H_2O$$
$$CaCO_3 + H_2CO_3 \rightarrow Ca(HCO_3)_2$$

3)镁盐与铵盐侵蚀

矿化度较高的环境水中普遍存在 Mg^{2+},而海水中 Mg^{2+} 含量更高,Mg^{2+} 与混凝土中 $Ca(OH)_2$ 反应生成难溶的 $Mg(OH)_2$,反应式为:

$$Ca(OH)_2 + Mg^{2+} \rightarrow Mg(OH)_2 \downarrow + Ca^{2+}$$

这样将混凝土中 $Ca(OH)_2$ 不断分解掉。

3. 盐类侵蚀

当环境水中含有盐类物质时,通过化学作用或物理作用会产生结晶,对混凝土产生很大的膨胀破坏作用,其中以硫酸盐化学侵蚀和因水分蒸发导致盐类结晶的物理侵蚀最为严重。盐类侵蚀又分为硫酸盐侵蚀、盐类结晶侵蚀、苛性碱侵蚀三种。

1)硫酸盐侵蚀

水泥中 C_3A 水化产物铝酸四钙与硫酸钙反应生成硫铝酸三钙(称为钙矾石)。由于硫铝酸三钙晶体体积增大(C_3A 转变成钙矾石体积增大 8 倍)产生巨大膨胀应力,导致混凝土开裂破坏。

$$3CaO \cdot Al_2O_3 + Ca(OH)_2 + 18H_2O \rightarrow 4CaO \cdot Al_2O_3 \cdot 19H_2O$$
$$4CaO \cdot Al_2O_3 \cdot 19H_2O + CaSO_4 + 13H_2O \rightarrow 3CaO \cdot Al_2O_3 \cdot CaSO_4 \cdot 31H_2O + Ca(OH)_2$$

除钙矾石外,硫酸盐还与石灰反应析出石膏晶体,反应式为:

$$Ca(OH)_2 + SO_4^{2-} + 2H_2O \rightarrow CaSO_4 \cdot 2H_2O \downarrow + 2OH^-$$

由于石灰转变为石膏,其体积增加一倍,因此硫酸盐侵蚀包括钙矾石膨胀和石膏膨胀两种膨胀破坏作用。

2)盐类结晶侵蚀

盐类结晶侵蚀是混凝土一端与含盐溶液接触,通过毛细作用,溶液沿毛细管上升至混凝土临空面水分蒸发,溶液达到过饱和在毛细管中析晶,在转化温度以下,由带水晶体向含结晶水晶体转化,体积显著增加而产生巨大膨胀力,加速混凝土破坏。

盐类结晶侵蚀以 Na_2SO_4 最为严重,其转化温度为 32.3 ℃,在 32.3 ℃以上析出无水硫酸钠,在 32.3 ℃以下析出带 10 个结晶水的硫酸钠(芒硝)。因此,在日温差较大地区,白天混凝土表面温度大于 32.3 ℃,析出无水硫酸钠,夜间气温低时,在大气湿度条件下吸水潮解,使无水 Na_2SO_4 晶体软化成有结晶水的硫酸钠($Na_2SO_4 \cdot 10H_2O$),产生巨大膨胀应力导致混凝土破坏。

3)苛性碱侵蚀

碱金属与硫酸盐一样,也会对混凝土造成盐类结晶侵蚀,以 $NaOH$ 为例,一方面 $NaOH$ 与大气中 CO_2 反应(碳化)生成 Na_2CO_3,另一方面是水的蒸发,结果使含有结晶水的 $Na_2CO_3 \cdot 10H_2O$ 晶体积聚在混凝土表面的孔隙中,导致盐类结晶侵蚀,反应式为:

$$2NaOH + CO_2 \rightarrow Na_2CO_3 + H_2O$$
$$Na_2CO_3 + 10H_2O \rightarrow Na_2CO_3 \cdot 10H_2O$$

(二)抗碳化性

混凝土碳化是指大气中的二氧化碳在有水的条件下(实际上真正的媒介是碳酸)与水泥的水化产物 $Ca(OH)_2$ 发生化学反应生成碳酸钙和游离水,其化学反应式为:

$$Ca(OH)_2 + CO_2 + H_2O \rightarrow CaCO_3 + 2H_2O$$

混凝土碳化消耗混凝土中部分 CH,使混凝土碱度降低。混凝土抵抗碳化作用的能力称为混凝土抗碳化性。

1. 碳化试验

混凝土碳化试验见《水工混凝土试验规程》(SL 352—2006)"混凝土碳化试验"。

实验室碳化箱试验条件如下:箱内 CO_2 气体的浓度为 20%±3%,温度为(20±2)℃,相对湿度为 70%±5%,试件在箱内碳化 28 d(3 d、7 d、14 d、28 d)。混凝土试件的平均碳化深度为混凝土碳化性能的特征值。

对混凝土结构物,可以通过实测的方法来确定混凝土的碳化深度。酚酞试剂法是最普遍采用的测试方法。采用此法时要注意保持被测试混凝土试样的新鲜和干净。

2. 影响混凝土碳化的因素

1)混凝土水胶比

混凝土水胶比越大、混凝土越不密实、孔隙率越大,外界 CO_2 易侵入,越容易碳化;反之,即水胶比小、混凝土密实、孔隙率小,则不易发生碳化。

2)周围介质相对湿度

混凝土碳化作用要在适中的相对湿度(50%~70%)环境条件下才会较快进行,这是因为过高的湿度(100%),使混凝土孔隙中充满了水,二氧化碳不易扩散到水泥石中去,或水泥石中的钙离子能通过水扩散到混凝土表面,碳化生成的 $CaCO_3$ 把混凝土表面孔隙堵塞,碳化作用也不易进行;相反,过低的相对湿度(如25%),孔隙中没有足够的水使 CO_2 生成碳酸,显然碳化作用也不易进行。

3)大气 CO_2 的浓度

在大气中 CO_2 的正常含量为空气体积的0.03%~0.04%,但在工业区则相对较高,而室内可达0.1%。因此,混凝土碳化作用的强弱与所在地区或位置的 CO_2 浓度有关。显然,大气中 CO_2 浓度高,则碳化作用强,反之则碳化作用弱。据有关试验结果表明,室内结构混凝土碳化速率为室外的2~3倍。

4)碳化经历时间

很明显,碳化深度随碳化时间的延长而增加。据有关研究结果表明,混凝土碳化深度与碳化时间的方根成正比。

5)混凝土碱度

采用纯熟料水泥(硅酸盐水泥)配制混凝土碱度高,有较多 $Ca(OH)_2$ 与 H_2CO_3 起反应,其碳化速度较低,而掺用火山灰质掺合料(如粉煤灰等)水泥混凝土,因粉煤灰二次水化需消耗掉一部分 $Ca(OH)_2$,致使混凝土碱度有所降低,碳化速率较高。

3. 碳化的危害性

混凝土发生碳化有两大危害,其一是使混凝土碱度降低,破坏钢筋混凝土中钢筋的钝化膜,使钢筋易发生锈蚀;其二是碳化导致混凝土发生碳化收缩变形。

1)钢筋锈蚀、混凝土保护层开裂剥落

钢筋混凝土中钢筋表面钝化膜是在一定碱度(pH 值 >11.5)条件下存在的,当混凝土发生碳化时,使混凝土碱度降低,可使 pH 值下降到8.3~8.5,这层钝化膜层破坏,导致钢筋生锈($Fe(OH)_3$),生成的 $Fe(OH)_3$ 结构疏松、体积膨胀,其体积比钢筋体积大2.0~2.5倍,导致钢筋保护层混凝土开裂,甚至剥落。最后导致钢筋混凝土结构承载能力下降。

2)碳化收缩

从碳化反应中可以看出。混凝土中 $Ca(OH)_2$ 与 CO_2 反应生成 $CaCO_3$ 和水,伴随着固相体积减小和水分排出而产生收缩,也就是所谓的碳化收缩,碳化收缩是一种不可逆收缩,也会导致混凝土表面发生裂缝。

4. 提高混凝土抗碳化性的技术措施

(1)尽量降低混凝土水胶比,提高混凝土密实性、减少空隙率,使 CO_2 很难侵入到混凝土中去。

(2)加强施工质量控制,振捣密实,不漏振、不欠振,混凝土表面抹面用力压实,使混凝土表面密实,CO_2 不易侵入混凝土内部。

(3)选用合适的水泥品种,优先选用硅酸盐水泥和普通硅酸盐水泥。

(4)混凝土表面涂刷防碳化涂料作保护层,阻止 CO_2 入侵混凝土。

(5)钢筋混凝土中钢筋的混凝土保护层有足够厚度,以尽量延长碳化时间。

(6)钢筋混凝土中混凝土掺钢筋阻锈剂,防止混凝土碳化后钢筋生锈。

(三)抗硫酸盐侵蚀

混凝土建筑物因硫酸盐侵蚀而引起破坏的工程实例有:①刘家峡水电站主厂房地下厂房段混凝土遭受硫酸盐侵蚀而渗漏,内部钢筋锈蚀;②盐锅峡水电站混凝土挡墙受硫酸盐侵蚀,胀裂破坏而产生大片崩落,内部钢筋锈蚀;③八盘峡大坝基础廊道排水沟周围混凝土受硫酸盐侵蚀而胀裂、剥落破坏。我国沿海地区,西北、西南地区混凝土建筑物,均存在因硫酸盐侵蚀而破坏的工程实例。

《建筑防腐施工及验收规范》(GB 50212—1991)提出了硫酸盐的侵蚀标准:当水中 SO_4^{2-} 含量大于4 000 mg/L 为强侵蚀,1 000 ~ 4 000 mg/L 为中等侵蚀,250 ~ 1 000 mg/L 为弱侵蚀,同时对防腐混凝土的设计、施工和养护也做了相应的规定。

1. 抗硫酸盐侵蚀试验

抗硫酸盐侵蚀试验方法见《普通混凝土长期性能和耐久性能试验方法标准》(GB/T 50082—2009)。原标准《普通混凝土长期性能和耐久性能试验方法标准》(GBJ 82—85)试验方法有全浸泡法和干湿循环法两种,新标准《普通混凝土长期性能和耐久性能试验方法标准》(GB/T 50082—2009)取消了全浸泡法;试件尺寸仍采用100 mm × 100 mm × 100 mm,每组3块。

2. 提高混凝土抗硫酸盐侵蚀的技术措施

(1)恰当选择水泥品种,通常选用抗硫酸盐水泥,根据侵蚀类型和程度采用高抗硫酸盐水泥或中抗硫酸盐水泥。采用硅酸盐水泥应掺加30%以上粉煤灰或磨细矿渣粉等掺合料。

(2)混凝土的密实性对提高抗侵蚀能力有极大效果。正确选择混凝土配合比,使拌和物有良好和易性,避免离析及泌水发生,使混凝土有极好的密实性。

(3)硅酸盐水泥掺加15%丙乳和高效减水剂的混凝土,可以明显地提高混凝土抗硫酸盐侵蚀性,抗侵蚀系数在120%以上(普通混凝土的抗侵蚀系数为85%)。

(4)掺加引气剂的混凝土,含气量为4% ~ 5%,与普通混凝土相比,对提高其抗侵蚀性有较好的效果。

(5)普通混凝土采用防腐涂层进行防护处理,均可提高混凝土抗侵蚀能力,以纯丙、EVA、氯丁涂层材料效果较好。

六、抗氯离子侵蚀

由氯盐引起的钢筋锈蚀是影响混凝土结构耐久性最主要的因素。氯盐不仅通过对钢筋的锈蚀作用而导致混凝土结构破坏,而且能和混凝土中的 $Ca(OH)_2$ 发生离子互换反应生成易溶($CaCl_2$)或疏松无胶凝性的($Mg(OH)_2$)产物,破坏混凝土材料的微结构。

为抵抗混凝土中氯离子侵蚀,通常采取两种技术措施:其一是限制混凝土中的氯离子含量;其二是增强混凝土抗氯离子侵蚀能力。

(一)混凝土中氯离子含量限值

混凝土的氯离子主要来源于两部分:一部分是由拌和水、水泥、掺合料、细骨料、粗骨料以及外加剂等原材料带入混凝土的氯离子;另一部分是通过混凝土保护层由外部环境渗透进入混凝土内部的氯离子。对前者应根据混凝土结构设计要求,提出混凝土拌和物氯离子总含量限值(包括水泥、掺合料、细骨料、粗骨料、拌和水、外加剂所含氯离子之和),见表4-24。

表4-24　混凝土拌和物中氯离子的最高限值

规范名称	结构			说明
	素混凝土	钢筋混凝土	预应力混凝土	
水运工程混凝土施工规范(占水泥用量%)	1.30	0.10	0.06	海水环境
	1.30	0.30	0.06	淡水环境
海港工程混凝土结构防腐蚀技术规范(占水泥用量%)		0.10	0.06	JTJ 275—2000
铁路混凝土结构耐久性设计暂行规定(占胶凝材料用量%)		0.10	0.06	铁建议[2005]157号

对硬化混凝土氯离子含量检测方法有两种:

(1)混凝土中砂浆的水溶性氯离子含量测定。本方法是为查明钢筋锈蚀原因及判定混凝土密实性提供依据,见《水工混凝土试验规程》(SL 352—2006)"混凝土中砂浆的水溶性氯离子含量测定"。

(2)混凝土中砂浆的氯离子总含量测定。本方法为查明钢筋锈蚀的原因提供依据,见《水工混凝土试验规程》(SL 352—2006)"混凝土中砂浆的氯离子总含量测定"。

(二)混凝土的抗氯离子侵入性及检测

混凝土材料的劣化主要是有害物质侵入混凝土内部的结果。这些有害物质(氯离子)进入混凝土内部的传输机制可以是渗透、扩散或吸收,所以抗氯离子侵入性可以用氯离子渗透系数、氯离子扩散系数或氯离子吸收率等参数表示。

以下介绍两种混凝土抗氯离子侵入性的快速检测方法。一种是基于电通量法的混凝土抗氯离子渗透性标准试验方法,另一种是基于氯离子扩散系数试验的RCM法。两种试验方法的适用范围和目的见表4-25。

表4-25　两种试验方法的适用范围和目的

试验方法	适用范围(强度等级)	试验预期目的
电通量法	C30 ~ C50	1. 配合比筛选; 2. 施工质量检控; 3. 设计耐久性指标验收
氯离子扩散系数法(RCM法)	C50 ~ C70	1. 配合比筛选; 2. 施工质量检控; 3. 设计耐久性指标验收; 4. 运用寿命预测

1. 混凝土抗氯离子渗透性试验(电通量法)

本方法吸收了美国 ASTM C1202 试验方法和《海港工程混凝土结构防腐蚀技术规范》(JTJ 275—2000)附录B"混凝土抗氯离子渗透性标准试验方法"编制而成。该方法与长期氯化物渗透试验测定的氯离子扩散系数有良好的相关性,具有方法简便、快速等优点,但不适用于掺亚硝酸钙的混凝土。

试验基本原理:在直流电压作用下,氯离子能通过混凝土试件向正极方向移动,以测量流过混凝土的电量(库仑 C)来反映渗透过混凝土的氯离子量。

国内外大量试验资料表明:应根据建筑物的重要性和混凝土强度等级规定电通量的限值。C30 以下混凝土电通量小于 2 000 C,C45 以下混凝土电通量小于 1 500 C,C50 混凝土电通量一般小于 1 000 C。

《水运工程混凝土施工规范》(JTS 202—2011)规定海港工程的混凝土抗氯离子渗透性要求不大于 2 000 C;浪溅区宜采用高性能混凝土,抗氯离子渗透性指标小于等于 1 000 C。

抗氯离子渗透性试验方法详见《水工混凝土试验规程》(SL 352—2006)"混凝土抗氯离子渗透性试验(电通量法)"。

2. 混凝土氯离子扩散系数试验(RCM 法)

扩散是自由分子或离子通过无序运动从高浓度区到低浓度区的迁移,其驱动力是浓度差而不是压力差。氯盐侵入混凝土内部主要是通过溶于混凝土孔溶液的氯离子的浓度差而扩散的。

实验室采用快速电迁移法测定扩散系数,将试件的两端分别置于两种溶液之间并施加电位差,溶液中所含的氯盐在外加电场的驱动下氯离子快速向混凝土内迁移,经过若干小时后劈开试件测出氯离子侵入试件中的深度,利用理论公式可以计算得出扩散系数,称为非稳态快速氯离子扩散系数,该方法简称 RCM 法。该扩散系数可以用来作为氯盐环境下混凝土工程设计与施工时的混凝土质量要求和质量控制指标。RCM 法测定快速而简便。

抗氯离子渗透性试验是通过电通量测定,而 RCM 法是直接根据氯离子侵入混凝土深度来导出扩散系数。

混凝土氯离子扩散系数试验方法详见《水工混凝土试验规程》(SL 352—2006)"混凝土氯离子扩散系数试验(RCM 法)"。

(三)从提高混凝土抗氯离子侵蚀性考虑混凝土配合比选择应注意的问题

(1)单独用硅酸盐水泥配制混凝土,即使水灰比较低,其抗氯离子侵蚀的能力也比较差,只有加入大掺量粉煤灰、矿渣粉和一定量的硅灰,才能获得根本改善。国外研究资料表明:对设计寿命为 75 年的海洋混凝土结构,若单纯采用硅酸盐水泥为胶凝材料,则需要 C60 级混凝土和 100 mm 厚度的保护层;若掺入 60% 的矿渣粉或 30% 的粉煤灰,则只需要 50 mm 保护层厚度的 C40 级(掺矿渣粉)或 C50 级(掺粉煤灰)的混凝土。

(2)海水环境中不宜采用抗硫酸盐硅酸盐水泥,因其 C_3A 含量太低($C_3A < 3\% \sim 5\%$),而水泥中的 C_3A 却有利于提高混凝土抗氯盐的能力。因此,采用抗硫酸盐水泥的效果不佳。

(3)海水环境中不得采用活性骨料(粗、细),淡水环境中所用骨料(粗、细)经验证若具有活性,应采用碱含量小于 0.6% 的水泥。

(4)氯盐环境下混凝土的水胶比不应超过 0.40。

(5)混凝土的密实性对提高其抗氯盐的侵入性是重要的。正确选择和易性良好的混凝土配合比,使混凝土有较好的密实性。

第七节 混凝土中钢筋锈蚀

一、混凝土中钢筋锈蚀的原因和机制

在正常情况下,混凝土中的钢筋不会锈蚀。这是由于混凝土内部的孔溶液(pH 值大于 13)使混凝土呈高碱性,在钢筋表面形成一层致密的钝化膜,能隔绝水分和氧气与内部金属接触,阻止钢筋发生锈蚀。

通常有两种情况可导致钝化膜失效:①混凝土的中性化,主要是碳化;②氯盐的浸入,即氯离子从混凝土表面经过保护层迁移到钢筋表面并积累到一定浓度(临界浓度)后,使钝化膜破坏。混凝土内由碳化引起的钢筋锈蚀和由氯盐引起的钢筋锈蚀都是电化学腐蚀过程,都必须有水分和氧气参与锈蚀反应。

钢筋的锈蚀产物在生成过程中体积膨胀,能导致混凝土顺筋开裂和混凝土保护层剥落,损害钢筋与混凝土之间的黏着力,削弱钢筋的截面面积并使钢筋变脆,从而影响结构的功能和安全度。

钢筋锈蚀是电化学反应的结果,在钢筋混凝土内部由于湿度不同、氧浓度不同和电离质浓度不同,各点间可产生电位差,因而沿钢筋形成微电池。形成微电池必须有电解质,使离子移动产生电流,而潮湿的混凝土中含有足够的电解质。产生锈蚀的另一个必要条件是有氧存在。钢筋锈蚀的主要电化学反应过程如下:

(1)钢筋锈蚀部位为阳极。铁失去电子而成为铁离子进入电解质溶液,即 $Fe - 2e \rightarrow Fe^{2+}$。

(2)钢筋未锈蚀部位为阴极。存在氧的情况下反应式如下:

$$O_2 + 2H_2O + 4e \rightarrow 4(OH)^-$$

(3)电解质中的铁离子与氢氧根离子反应而生成氢氧化亚铁:

$$Fe^{2+} + 2(OH)^- \rightarrow Fe(OH)_2$$

(4)氢氧化亚铁又与溶解在水中的氧起作用而生成氢氧化铁:

$$4Fe(OH)_2 + O_2 + 2H_2O \rightarrow 4Fe(OH)_3$$

因此,混凝土中钢筋锈蚀作用的发生与发展,必须具备下列条件:①破坏钝化膜;②形成微电池;③有一定的水分和足够的氧;④混凝土的导电性能影响钢筋锈蚀速率,导电性愈好,锈蚀速率愈快。

二、混凝土中钢筋锈蚀检测方法

混凝土中钢筋锈蚀程度的检测方法很多,但由于种种因素的限制,在工程实际检测中仍只能以定性检测为主。

(一)综合分析法

根据现场实测钢筋直径、保护层厚度及混凝土成分分析(混凝土中氯离子含量),综合考虑构件所处环境推断钢筋锈蚀程度。它是一种快速、经济的方法,但只是一种定性测量方法,带有较大主观性。

（二）钢筋锈蚀的物理检测方法——电阻探针法

电阻探针法测量因钢筋锈蚀使钢筋截面面积和表面状态发生变化引起的电阻值变化，利用导电原理间接推算钢筋的剩余面积。目前，这种方法还没有表征钢筋锈蚀的电阻变化与钢筋锈蚀程度的明确相关关系。该法只能提供环境锈蚀活动的估测，而且只能测试探头位置的锈蚀率。

（三）混凝土中钢筋半电池电位测定

钢筋锈蚀时在钢筋表面形成阳极区和阴极区，这些具有不同电位的区域间将钢筋表面层上某一点的电位可通过和参比电极电位作比较来确定出锈蚀情况。该方法的缺点是：①只能从热力学角度定性判断钢筋发生锈蚀的可能性，不能应用于定量测量；②当混凝土干燥或表面有非导电性覆盖层时，因不能形成回路故不适用；③也不适用于混凝土已饱水或接近饱水的构件。

现场检测海洋环境水工钢筋混凝土建筑物中钢筋腐蚀情况的方法，详见《水工混凝土试验规程》（SL 352—2006）"混凝土中钢筋半电池电位测定"。

（四）混凝土中钢筋腐蚀的砂浆阳极极化法

1. 新拌砂浆阳极极化法

新拌砂浆阳极极化法原理是：在外加电压作用下，接直流电源正极的钢筋表面可以模拟钢筋腐蚀的阳极过程。通过测量通电后钢筋阳极电位的变化，可定性判断钢筋在新拌砂浆中钝化膜的好坏，以初步判断外加剂、掺合料和水泥对钢筋锈蚀的影响。

本方法见《水工混凝土试验规程》（SL 352—2006）"混凝土中钢筋腐蚀的电化学试验（新拌砂浆阳极极化法）"。

2. 硬化砂浆阳极极化法

当按新拌砂浆阳极极化法试验后，尚不能对所试验的外加剂、掺合料和水泥的影响作出结论时，可采用本方法进一步试验。本方法不适用于终凝时间超过48 h的砂浆。

基本原理：在砂浆硬化初期水泥已结合部分外加剂，这时采取提高温度100 ℃条件下烘24 h的方法，以加速钢筋腐蚀，并由阳极极化法测定钢筋表面钝化膜的状况，由此判断水泥、外加剂和掺合料对钢筋腐蚀的影响。

本试验方法见《水工混凝土试验规程》（SL 352—2006）"混凝土中钢筋腐蚀的电化学试验（硬化砂浆阳极极化法）"。

（五）混凝土中钢筋腐蚀快速试验（淡水、海水）

调查表明，水工混凝土建筑物水上和水位变动区钢筋腐蚀主因是混凝土碳化。混凝土碳化深度超过钢筋保护层厚度，钢筋就会锈蚀。而海洋环境的水工混凝土建筑物浪溅区和水位变化区钢筋腐蚀主因是氯离子。本方法是根据这两种腐蚀机制编制的，并且用适当提高温度的方法来加快腐蚀速度。

本方法分淡水和海水两种试验：

（1）淡水试验：先在碳化箱内进行碳化，当碳化深度至钢筋表面时，停止碳化，转入浸烘循环试验，烘箱温度（60 ± 2）℃。

（2）海水试验：浸烘循环试验，3.5%食盐水浸蚀。

混凝土钢筋腐蚀快速试验见《水工混凝土试验规程》（SL 352—2006）"混凝土钢筋腐蚀快速试验（淡水、海水）"。

第五章　特种混凝土

凡是采用特种施工方法(泵送、喷射、自流平自密实)或具有特种性能(水下不分散、膨胀、抗渗性优、黏结强度高、韧性好)的混凝土均称为特种混凝土,归纳起来主要有以下 7 种:①泵送混凝土;②喷射混凝土;③自流平自密实混凝土;④水下不分散混凝土;⑤膨胀混凝土;⑥纤维混凝土;⑦变态混凝土。

本章概要介绍各种特种混凝土对原材料的要求、配合比特点、特性、用途及检测方法。

第一节　泵送混凝土

一、概述

采用混凝土泵进行混凝土运输与浇筑的混凝土称为泵送混凝土。混凝土泵是一种专门用于混凝土输送和浇筑的施工设备,它能一次连续完成水平运输和垂直运输,效率高、劳动力省、费用低,特别适合浇筑空间狭窄和有障碍物的混凝土浇筑。

泵送混凝土的关键施工设备混凝土泵在 100 年前就开始研究,早在 1907 年德国率先研究混凝土泵,1913 年美国制造出全世界第一台混凝土泵,1927 年德国制造出立式单缸混凝土泵,1932 年荷兰制造出卧式缸混凝土泵,20 世纪 50 年代德国又制造出液压式混凝土泵,其功率大、排量大、运输远且能无级调节。

我国在 20 世纪 50 年代就从国外引进混凝土泵,20 世纪 60 年代,上海重型机械厂生产了仿苏 C-284 型混凝土泵(排量为 40 m³/h)。1981 年,电力工业部水电七局水工机械厂研制成功 HB-30 型混凝土泵,液压活塞式混凝土泵是当今混凝土泵发展的主流。

我国建工、铁道、冶金、交通、水利、水电、矿山等行业都广泛应用泵送混凝土。

二、泵送混凝土对原材料的要求

(一)水泥

由于泵送混凝土要求泌水率低,特别是压力泌水率要低,因此泵送混凝土用水泥宜选用硅酸盐水泥、中热硅酸盐水泥、低热硅酸盐水泥、普通硅酸盐水泥。

(二)掺合料

为了提高泵送混凝土的可泵性,减少混凝土泌水,宜选用微珠含量较高的Ⅰ级或Ⅱ级粉煤灰,不宜选用Ⅲ级粉煤灰,也可选用其他矿物掺合料。

(三)外加剂

泵送混凝土要求坍落度损失小、不离析,因此要求选用的减水剂混凝土坍落度损失小、较黏稠,一般选用专用的泵送剂,见表 5-1。另外,为了提高可泵性和混凝土抗冻性,应选用优质引气剂。

表 5-1　掺泵送剂混凝土性能要求

序号	检验项目		性能要求	序号	检验项目		性能要求
1	坍落度增加值(cm)		≥10	6	抗压强度比 (%)	3 d	≥85
2	常压泌水率比(%)		≤100			7 d	≥85
3	压力泌水率比(%)		≤95			28 d	≥85
4	含气量(%)		≤4.5	7	收缩率比(%) 28 d		<125
5	坍落度损失率 (%)	30 min	≤20	8	抗冻等级		≥F50
		60 min	≤30	9	对钢筋锈蚀		无

(四)粗骨料

粗骨料的级配、粒径与形状对混凝土拌和物的可泵性影响很大。粗骨料应采用连续级配,针片状颗粒含量不宜大于 10%。粗骨料最大粒径与运输管径之比应根据泵送高度确定,建工行业标准《混凝土泵送施工技术规程》(JGJ/T 10—95)规定:泵送高度在 50 m 以下时,对碎石不宜大于 1:3,对卵石不宜大于 1:2.5;泵送高度为 50~100 m 时,宜为 1:3~1:4;泵送高度超过 100 m 时,宜为 1:4~1:5。

(五)细骨料

细骨料对混凝土拌和物可泵性影响比粗骨料大得多,混凝土拌和物之所以能在运输管中顺利流动,是由于砂浆润滑管壁和粗骨料悬浮在灰浆中的缘故。因此,要求泵送混凝土细骨料有良好级配,且粒径小于 0.30 mm 颗粒(细料)含量应不小于 15%,最好为 20%。这是因为"细料"含量过低,混凝土中水从拌和物中"析出",其他材料不能随水一起流动,运输管容易堵塞,也就是可泵性差。

三、泵送混凝土配合比特点

泵送混凝土配合比的特点如下:

(1)泵送混凝土配合比,除必须满足混凝土设计强度和耐久性要求外,尚应满足可泵性要求,并进行现场泵送试验确定混凝土配合比。可泵性必须同时考虑流动阻力和黏聚性两个要素。

(2)混凝土具有可泵性,可泵性可用压力泌水试验结合施工经验进行控制,要求 10 s 时间的相对压力泌水率不宜超过 40%。

(3)泵送混凝土坍落度较大(100~200 mm),根据泵送高度选用,泵送高度 30 m 以下为 100~140 mm,泵送高度 30~60 m 为 140~160 mm,泵送高度 60~100 m 为 160~180 mm,泵送高度超过 100 m 为 180~200 mm。

泵送混凝土经时坍落度允许损失值,根据环境温度高低来确定,环境温度 10~20 ℃ 时为 5~25 mm;环境温度 20~30 ℃ 时为 25~35 mm;环境温度 30~35 ℃ 时为 35~50 mm。

(4)泵送混凝土砂率比普通混凝土大 4%~8%,二级配泵送混凝土的砂率宜为 38%~45%。

(5)泵送混凝土水泥用量比普通混凝土高,胶凝材料用量不宜低于 300 kg/m³。胶凝材料用量过低,无法泵送。

(6)泵送混凝土级配,一般用二级配骨料,骨料最大粒径为40 mm,水工混凝土溢洪道用过三级配混凝土(最大骨料粒径80 mm)。

(7)泵送混凝土配合比应经过泵送试验调整后确定施工配合比。

四、泵送混凝土特有性能检测

除泵送混凝土拌和物压力泌水率是泵送混凝土特有的试验方法外,其余项目试验方法与普通混凝土相同。

泵送混凝土压力泌水率试验如下:

(1)仪器设备:压力泌水仪、1 000 mL 量筒、秒表。

(2)试验步骤:

①先将混凝土拌和物装入压力缸中,插捣25次,将仪器按规定安装好;

②尽快给混凝土加压至3.5 MPa,立即打开泌水管闸门,同时开始计时,并保持恒压,泌出的水流入量筒内;

③加压10 s后读取泌水量 V_{10},加压至140 s后读取泌水量 V_{140}。

(3)试验结果处理:

压力泌水率按 $B_P = V_{10}/V_{140}$ 计算而得,以3次测值的平均值作为试验结果。

压力泌水率试验方法详见《水工混凝土试验规程》(SL 352—2006)。

五、泵送混凝土的特性

泵送混凝土的特征如下:

(1)泵送混凝上经泵送后到达浇筑仓面,其坍落度与含气量都有所减小,而温度升高,日本试验结果平均升高0.4~1.0 ℃。

(2)泵送混凝土水泥用量较高,因此其极限拉伸值、干缩、水化热温升都比较大,特别是后两项对混凝土抗裂性不利。

六、泵送混凝土的用途

泵送混凝土的用途包括:

(1)水工隧洞衬砌;

(2)高压引水钢管外回填混凝土;

(3)导流洞与导流底孔封堵混凝土,特别是其顶部回填封堵;

(4)钢筋密集、空间狭窄部位混凝土;

(5)大型基础;

(6)高层建筑。

第二节　喷射混凝土

一、概述

喷射混凝土是通过喷射机管道输送混凝土拌和物,由喷射机喷头高速喷射到受喷面而迅速凝结的混凝土。

喷射法施工将混凝土运输、浇筑、捣实三者结合为一道工序,不要或只要单面模板,可通过输料软管在高空、深坑或狭小工作区向任意方位浇筑薄壁或外形复杂的混凝土结构,机动灵活,适应性强。

喷射法施工分干喷法和湿喷法两种。干喷法是将水泥、砂石骨料、粉状速凝剂等干拌均匀,在喷射机喷头出口加水进行喷射;湿喷法是将水泥、砂石骨料、液态速凝剂、水在搅拌机内拌制混凝土拌和物,用喷射机直接喷射。湿喷法比干喷法具有明显的优点,湿喷法混凝土拌和物水灰比控制得好,有利于水泥水化,强度高;混凝土拌和均匀,混凝土匀质性好;喷射时粉尘小、回弹率低。因此,今后的发展趋势是采用湿喷法进行喷射混凝土施工。

喷射混凝土的关键施工设备——混凝土喷射机,早在 1942 年瑞士阿利瓦公司研制成功转子式混凝土喷射机,能喷射最大骨料粒径为 25 mm 的混凝土。1947 年德国 BSM 公司研制成功双罐式混凝土喷射机,以后法国、瑞典、美国、加拿大、苏联、日本等国相继在土木建筑工程采用喷射混凝土技术。

我国冶金、水电部门于 20 世纪 60 年代初期也着手研究喷射混凝土及喷射混凝土施工技术。1968 年,我国回龙山水电站地下厂房及梅山铁矿竖井工程采用了喷射混凝土与锚杆相结合的支护(喷锚支护)。几十年来,喷射混凝土技术得到了很大发展和创新。从干喷机到湿喷机,从手工操作到智能机械手喷射,从粉状有碱速凝剂到液态无碱速凝剂,使喷射混凝土质量大大提高。

二、喷射混凝土对原材料的特殊要求

(一)水泥

喷射混凝土用水泥应选用不低于 42.5 普通水泥,这是因为普通水泥的 C_3S 和 C_3A 含量较高,能速凝、快硬,后期强度高。

选用喷射混凝土水泥必须考虑水泥与速凝剂的相容性,应做相容性试验来确定。

(二)细骨料

喷射混凝土用砂宜选用中粗砂,细度模数为 2.5 ~ 3.0,砂子过细会使干缩增大,砂子过粗则会增加回弹量,因此选用中粗砂。

(三)粗骨料

喷射混凝土用粗骨料最大粒径不宜大于 15 mm,且其级配良好,要求粒径 5 ~ 10 mm 颗粒含量不小于 70%,粒径 10 ~ 15 mm 颗粒含量不大于 20%,粒径小于 5 mm 颗粒含量不大于 10%,且不允许有超径。这是因为粗骨料粒径大,喷射混凝土回弹多,因此应严格控制骨料级配,使粒径 10 ~ 15 mm 含量不超过 20%,且不允许有超径。

(四)外加剂

喷射混凝土必须掺用速凝剂和减水剂,一般不掺引气剂。因为在喷射过程中能引气,室内试验抗冻等级大于 F250。

速凝剂分粉状和液态两大类,前者用于干喷法,后者用于湿喷法。液态速凝剂又分有碱液体速凝剂与无碱液体速凝剂,粉状速凝剂均为有碱速凝剂。建材行业标准《喷射混凝土用速凝剂》(JC 477—2005)规定了掺速凝剂水泥净浆与水泥砂浆的性能要求,列于表 5-2。

表 5-2　掺速凝剂水泥净浆与水泥砂浆的性能要求

产品等级	检测项目			
	水泥净浆		水泥砂浆	
	初凝时间(min)	终凝时间(min)	1 d 抗压强度(MPa)	28 d 抗压强度比(%)
一等品	≤3	≤8	7.0	≥75
合格品	≤5	≤12	6.0	≥70

三、喷射混凝土配合比特点

喷射混凝土配合比的特点如下：

(1)湿喷法混凝土坍落度宜控制在 8 ~ 12 cm。

(2)湿喷法混凝土砂率比混凝土的高得多。

湿喷法喷射混凝土砂率宜控制在 55% ~ 65%。湿喷钢纤维混凝土砂率宜控制在 60% ~ 70%。

(3)喷射混凝土水泥与骨料之比(简称灰骨比)比普通混凝土高。

湿喷法喷射混凝土灰骨比宜控制在 1:3.5 ~ 1:4.0,湿喷钢纤维混凝土灰骨比宜控制在 1:3.0 ~ 1:4.0。

(4)喷射混凝土水灰比。

湿喷法喷射混凝土水灰比宜控制在 0.42 ~ 0.50,湿喷钢纤维混凝土水灰比宜控制在 0.40 ~ 0.45。

(5)喷射混凝土水泥用量比普通混凝土高,一般为 400 ~ 450 kg/m³,最高达 500 kg/m³。

(6)喷射混凝土配合比设计方法与普通混凝土不同,其配制强度计算应考虑基准混凝土(不掺速凝剂)与喷射大板试件强度差值;喷射混凝土不掺用掺合料。

喷射混凝土抗压强度试件是在现场喷大板,用切割法或钻芯法加工成边长为 100 mm 的立方体或 φ100 mm × 100 mm 的圆柱体试件。在喷射混凝土配合比设计时,不可能去现场喷大板切割加工试件检验混凝土抗压强度,一般采用在室内成型基准混凝土(不掺速凝剂)试件检测抗压强度。而室内基准混凝土试件抗压强度比现场喷大板抗压强度高得多。我国三峡总公司试验中心进行了 25 组基准混凝土与喷大板混凝土抗压强度对比试验,其试验结果列于表 5-3。

表 5-3　基准混凝土与喷大板混凝土抗压强度对比试验结果

设计强度	试验项目	基准混凝土	喷大板混凝土	抗压强度差
C25	组数	25	25	—
	28 d 抗压强度(MPa)	55.5	39.7	15.8
C30	组数	9	9	—
	28 d 抗压强度(MPa)	66.4	49.6	16.8

从表 5-3 可以看出,基准混凝土比喷大板混凝土 28 d 抗压强度高 16 MPa 左右。因此,在计算配制强度时应加上差值,即

$$R_{配} = R_{设} + t\sigma + \Delta R \qquad (5\text{-}1)$$

式中　$R_{配}$——混凝土配制强度,MPa;

　　$R_{设}$——混凝土设计强度,MPa;

　　t——概率度系数;

　　σ——喷大板试件强度均方差,MPa;

　　ΔR——基准混凝土与喷大板混凝土抗压强度之差,MPa。

(7)喷射混凝土配合比必须通过现场喷射试验,并用喷大板切割法或钻芯法制作加工强度试件,进行喷射混凝土性能试验,试验结果应满足设计要求后确定的施工配合比。

四、喷射混凝土特有性能检测

(一)试件成型加工

喷射混凝土抗压强度、抗拉强度、抗渗、抗冻试件都是在现场喷大板用切割法或钻芯法制作加工所需尺寸的试件,具体操作如下:

(1)在喷射混凝土作业时,按实际施工条件向垂直放置的长 450 mm、宽 350 mm、高 120 mm 的开敞式木模内沿水平方向喷射混凝土,在施工现场放置养护 24 h 后脱模。

(2)将混凝土大板移至标准养护室养护 7 d,取出大板用切割机去掉大板周边和上表面(底面可不切割),加工成需要尺寸的试件,抗压强度与劈裂抗拉强度试件为边长为 100 mm 的立方体,抗渗试件为 ϕ 100 mm × 100 mm 的圆柱体,抗冻试件为 100 mm × 100 mm × 400 mm 的棱柱体。

(3)加工的试件继续放回标准养护室养护至 28 d 龄期后做试验。

(二)喷射混凝土与围岩黏结强度试验

对喷射混凝土与围岩黏结强度试验介绍两种方法。

1. 钻芯拉拔法

(1)采用小型钻机配金刚钻石钻头垂直喷射混凝土层面钻进并深入围岩 20 mm 以上,形成带有喷射混凝土与围岩黏结面的圆柱形芯样;

(2)用卡套套住并卡紧芯样;

(3)安装拉拔器,对卡套缓慢施加拉力,直到芯样沿喷射混凝土与围岩结合面破坏;

(4)按下式计算喷射混凝土与围岩黏结强度。

$$R_c = \frac{P_c}{A_c}\cos\alpha \qquad (5\text{-}2)$$

式中　R_c——喷射混凝土与围岩黏结强度,MPa;

　　P_c——实测破坏拉力,N;

　　A_c——实测喷射混凝土与围岩结合面的破坏面积,mm^2;

　　α——实测断裂面与芯样横截面的夹角。

2. 喷大板劈裂抗拉法

(1)在喷大板木模(450 mm × 350 mm × 120 mm)内,放置从施工现场选取表面较平整、厚度超过 50 mm 的岩石板,用水将岩石板表面润滑;

(2)按实际喷射条件向木模内喷射混凝土,并在与实际结构物相同条件下养护 7 d;

(3)用切割法加工成边长为 100 mm 的立方体(其中岩石和混凝土厚度各为 50 mm 左

右),继续养护至 28 d 龄期;

(4)在混凝土与岩块结合面处,用劈裂抗拉法测定混凝土与岩块的黏结强度。

五、喷射混凝土特性

喷射混凝土特性如下:

(1)喷射混凝土(大板)抗压强度比基准混凝土低得多。试验结果表明,前者比后者低 16 MPa 左右,其原因可能有四个:①喷射混凝土密实性、均匀性不如基准混凝土标准试件;②喷射时带入混凝土内的气泡,使混凝土强度降低;③喷大板试件需切割加工成立方体,加工过程、试件尺寸和形状不一定精确;④喷大板混凝土中掺入速凝剂,混凝土凝结得快,水化产物结构较粗大,使混凝土强度有所降低。

(2)喷射混凝土的干缩比普通混凝土大。这是因为喷射混凝土水泥用量大,又掺速凝剂,使混凝土收缩增大。

(3)喷射混凝土(掺引气剂)的抗冻性比普通混凝土的高。

不掺引气剂的普通混凝土抗冻性较差,一般抗冻等级为 F50 ~ F100,而掺引气剂的喷射混凝土,因在喷射时带入一部分气,使喷射混凝土含气量增大 2% 左右,从而提高了混凝土抗冻性。

六、喷射混凝土的用途

喷射混凝土的用途如下:

(1)水工隧洞喷锚支护与衬砌;

(2)地下电站厂房等洞室喷锚支护与衬砌;

(3)岩石开挖边坡,特别是高边坡喷锚支护护坡;

(4)水工混凝土结构补强加固;

(5)其他,如交通隧道、矿山竖井与平巷、地下仓库等地下工程的初期支护与最终衬砌。

第三节 自流平自密实混凝土

一、概述

自流平自密实混凝土具有高流动度、不离析和均匀性及稳定性都好的特点。浇筑时依靠自重流动,无须振捣就能达到密实。自流平自密实混凝土技术的发展至今已有 20 年历史,在国内也已应用 10 多年了,1993 年日本开始有免振捣自流平自密实混凝土技术的报道。由于自密实混凝土施工质量好、节省劳动力、减小施工噪声污染,因而该技术发展很快。日本建筑学会于 1998 年制定了《自密实混凝土施工指南》,按钢筋最小间距自流平自密实混凝土分为三级,即一级钢筋最小间距为 35 ~ 60 mm,二级为 60 ~ 200 mm,三级为大于 200 mm,欧洲于 2002 年 2 月也制定了《自密实混凝土规范和指南》。

我国中南大学等单位曾在 2005 年制定了《自密实高性能混凝土设计与施工指南》,中国土木工程学会标准化委员会制定了《自密实混凝土应用技术规程》(CECS 203: 2006)。

自流平混凝土配合比不仅应考虑混凝土水胶比,而且应考虑水粉比,以满足自流平混凝土的自密实性能的要求,水粉比是自流平混凝土配合比中特有的参数。所谓水粉比,是指混凝土单位用水量与单位体积粉体量的体积之比,其中粉体量是指混凝土原材料中的水泥、掺合料与骨料中粒径小于 0.08 mm 的颗粒含量的总和。

自流平自密实混凝土的拌和物自密实性能包括流动性、抗离析性和充填性三项性能,分别采用坍扩度试验(或 T50 试验)、V 形漏斗试验和 U 形箱试验进行检验。

自密实混凝土既可用于现浇混凝土,又可用于预制混凝土构件生产,特别适用于薄壁、钢筋密集和振捣困难的部位。

二、自密实混凝土对原材料的要求

(1)自密实混凝土掺合料,既可掺活性掺合料,如粉煤灰、矿渣粉、硅粉、沸石粉等,也可掺非活性(惰性)掺合料,惰性掺合料品质应满足表 5-4 的要求。

表 5-4   惰性掺合料品质指标

检测项目	SO₃	烧失量	氯离子含量	比表面积	流动度比	含水量
品质指标	≤4%	≤3.0%	≤0.02%	≥350 m²/kg	≥90%	≤1.0%

(2)自密实混凝土细骨料宜选用偏粗中砂,粗骨料最大粒径不宜大于 20 mm,且针片状颗粒含量应不大于 8%。

(3)自密实混凝土宜选用聚羧酸系高性能减水剂,同时可掺增黏剂,以提高混凝土黏聚性而不离析。

自密实混凝土不宜掺用速凝剂、早强剂。

(4)自密实混凝土可掺用钢纤维或合成纤维,以改善混凝土力学性能(如韧性等),减少塑性收缩。

三、自密实混凝土配合比特点

(1)自密实混凝土配合比参数比普通混凝土多一个名为"水粉比"的重要参数。水粉比大小决定自密实混凝土流动性和抗离析性能,水粉比过小,虽然混凝土拌和物抗离析性提高,但黏度增大使流动性降低,水粉比宜取 0.80~1.15。

(2)自密实混凝土用水量宜为 150~180 kg/m³,单位体积粉体含量宜为 0.16~0.23 m³,单位体积浆体含量宜为 0.32~0.40 m³。

(3)自密实混凝土单位体积粗骨料量,根据自密实性能等级选用,一级为 0.28~0.30 m³、二级为 0.30~0.33 m³、三级为 0.32~0.35 m³。

(4)为便于自密实混凝土配合比设计,将其设计程序以表格形式列出,见表 5-5。

四、自密实混凝土特有性能检测

除自密实混凝土拌和物性能及混凝土试件成型(不分层、不振捣)方法与普通混凝土不同外,其余试验方法与普通混凝土相同。

(一)自密实混凝土拌和物坍扩度试验方法

1.适用范围

本方法测定自密实混凝土拌和物的流动性。

表 5-5   自密实混凝土配合比

自密实混凝土强度等级		
自密实混凝土性能等级		
自密实混凝土坍扩度设计值(mm)		
V 形漏斗通过时间设计值(s)		
水胶比(质量)		
水粉比(体积)		
含气量(%)		
粗骨料最大粒径(mm)		
单位体积粗骨料绝对体积(m³)		
原材料	体积用量(L/m³)	质量用量(kg/m³)
水		
水泥		
掺合料		
细骨料		
粗骨料		
高性能减水剂		
其他外加剂		

2. 仪器设备

(1)钢卷尺或钢直尺:最小刻度 1 mm。

(2)坍落度筒:上口内径 100 mm、下口内径 200 mm、高 300 mm。

(3)钢质平板:800 mm×800 mm×3 mm,刻有直径 500 mm 圆线。

(4)气泡水准仪。

(5)容器。

3. 试验步骤

(1)用湿布擦拭坍落度筒内表面及钢质平板表面使之湿润,将坍落度筒置于钢质平板中心,平板用气泡水准仪测定是否水平。

(2)将自密实混凝土装入容器,不分层一次连续灌满坍落度筒,自开始入料至充填结束应在 2 min 内完成,且不准施以任何捣实或振动。

(3)用刮刀刮去坍落度筒顶部余料,随后将坍落度筒沿铅直方向连续提升30 cm 高度,提升时间宜控制在 3 s 左右。

(4)待混凝土流动停止后,量测混凝土扩展最大直径及与最大直径相垂直方向的扩展直径。

(5)相互垂直的两个直径测值的平均值即为自密实混凝土坍扩度试验结果,精确至1 mm。

若两直径测值之差超过 50 mm,则需从同盘混凝土拌和物中另取样重新试验。

(6)测定 T50,从坍落度筒提起时开始,混凝土拌和物扩展至直径为 50 cm 时所需时间(s),精确至 0.1 s。

(二)V 形漏斗试验方法

1. 适用范围

本方法测定自密实混凝土拌和物抗离析性。

2. 仪器设备

(1)V 形漏斗:漏斗容量 10 L,材质为金属或塑料均可,漏斗上口内径为 490 mm、下口内径为 65 mm、高 425 mm,出口圆筒内径为 65 mm、高 150 mm,详见图 5-1。

(2)投料容器:5 L 塑料桶。

(3)接料容器:12 L 塑料桶。

(4)秒表:精度 0.1 s。

(5)平直刮刀。

3. 试验步骤

(1)V 形漏斗经清水冲洗干净后置于台架上,使其顶面水平,并确保其稳定。再用拧过的湿布擦拭漏斗内表面,使其保持湿润状态。

(2)在漏斗下方放置接料容器,并关闭漏斗出口底盖。

(3)将自密实混凝土拌和物装入投料容器,从漏斗正上方向漏斗中灌料至满(试样约 10 L)。

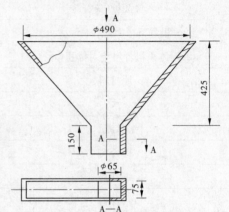

图 5-1 V 形漏斗形状与尺寸

(4)用平直刮刀沿漏斗顶面刮平。

(5)漏斗顶面混凝土刮平静置 1 min 后,打开出料口底盖,用秒表测量自开盖至漏斗中混凝土全部流出的时间(s),精确至 0.1 s,同时记录混凝土流出是否有堵塞现象。

(6)在 5 min 内对试样进行 2 次试验,以 2 次测值的平均值作为 V 形漏斗混凝土流出时间试验结果。

(三)U 形箱混凝土充填高度试验方法

1. 适用范围

本方法适用于测定自密实混凝土通过钢筋间隙与自行充填至模板角落的能力,即充填性。

2. 仪器设备

(1)U 形箱:U 形箱分 1 型与 2 型两种,1 型为隔栅由 5 根 ϕ 10 mm 光圆钢筋(间距 35 mm)组成,2 型为隔栅由 3 根 ϕ 13 mm 光圆钢筋(间距 35 mm)组成,具体构造详见图 5-2。

(2)投料容器:5 L 塑料桶。

(3)平直刮刀。

(4)钢卷尺或钢直尺:最小刻度 1 mm。

(5)秒表:精确至 0.1 s。

3. 试验步骤

(1)U 形箱垂直放置,顶面为水平状态。

(2)用湿布擦拭 U 形箱内表面、间隔门、间隔板或隔栅等,使其保持湿润。

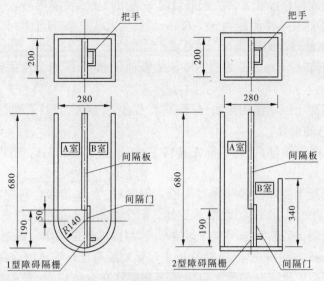

图 5-2　U 形箱容器的形状与尺寸

（3）关闭间隔门,将自密实混凝土拌和物装入投料容器,并将混凝土拌和物试样连续灌入 U 形箱 A 室至满,不得振捣或敲振。

（4）用平直刮刀将混凝土顶面刮平,静置 1 min。

（5）连续、迅速将间隔门向上提升,混凝土拌和物通过隔栅障碍向 B 室流动,直至流动停止。

（6）在 U 形箱 B 室,用钢卷尺或钢直尺测量混凝土底面至其顶面的高度,即为混凝土充填高度（mm）。

（7）在 B 室 3 个位置测量充填高度,并计算平均值,即为 U 形箱混凝土充填高度试验结果。

五、自密实混凝土特性

（1）自密实混凝土拌和物自密实性是一项特别重要的性能,它包括混凝土拌和物流动性、抗离析性与充填性三项特性。

（2）自密实混凝土流动性用坍扩度（或 T50）表示,抗离析性用 V 形漏斗通过时间来测定;自密实混凝土拌和物充填性用 U 形箱充填高度来测定。

（3）自密实混凝土自密实性能分成三个等级,其技术要求列于表 5-6。

表 5-6　自密实混凝土自密实性等级指标

自密实性能等级	一级	二级	三级
坍扩度（mm）	700 ± 50	650 ± 50	600 ± 50
T50（s）	5~20	3~20	3~20
V 形漏斗通过时间（s）	10~25	7~25	4~25
U 形箱试验充填高度（mm）	320 1 型障碍隔栅	320 2 型障碍隔栅	320 无障碍

（4）根据结构或构件形状、尺寸、配筋情况等选用自密实性能等级。

一级适用于钢筋最小净间距为 35 ~ 60 mm、结构形状复杂、断面尺寸小的部位；

二级适用于钢筋最小间距为 60 ~ 200 mm 的部位；

三级适用于钢筋最小净间距超过 200 mm、断面尺寸大、配筋量少的钢筋混凝土结构或无筋混凝土结构。

（5）自密实混凝土因水泥用量高，导致其收缩、徐变较大，且具有弹性模量较低等特点，设计者应给予足够的重视。

（6）自密实混凝土较黏稠，为了确保其均匀性，尽量采用强制式搅拌机搅拌，且适当延长搅拌时间。

（7）自密实混凝土搅拌投料顺序宜先投入细骨料、水泥和掺合料搅拌 20 s 后，再投入 2/3 的用水量和粗骨料搅拌 30 s 以上，然后加入剩余水量和外加剂搅拌 30 s 以上。

（8）自密实混凝土运输宜选用搅拌运输车，卸料前搅拌运输车应高速旋转 1 min 以上方可卸料，宜在 90 min 内卸料完毕（从搅拌加水起算），混凝土运输速度应保证施工的连续性。

（9）自密实混凝土浇筑时的最大自由落下高度宜在 5 m 以下，最大水平流动距离不宜超过 7 m。

六、自密实混凝土的用途

自密实混凝土的用途如下：

（1）大坝导流底孔顶部封堵；

（2）地下工程导流洞顶部封堵；

（3）钢筋密集部位；

（4）薄壁结构；

（5）预制构件。

第四节　水下不分散混凝土

一、概述

水下工程常遇到水下浇筑混凝土，但水泥混凝土拌和物直接倒入水中进行浇筑水下混凝土是不可能的，这是因为水泥混凝土拌和物穿过水层时，骨料与水泥就分离了，因此无法浇筑成型水下混凝土。为此，要求与环境水隔离条件下进行水下混凝土浇筑，常用导管法施工，即将导管埋入混凝土中，导管随混凝土面上升而逐渐上提，但要保证导管埋在混凝土中一定深度，这种施工方法混凝土表面与水接触部位易发生水泥浆流失，使其强度降低，底层与基础黏结强度不高。据有关文献介绍，用导管法施工，其表层混凝土强度损失可达 50%，因而常常要清除 15 ~ 45 cm 厚表层低强水下混凝土，或每边富裕 15 cm 左右厚混凝土，这样造成了较大浪费。

上述施工方法解决水下浇筑混凝土在很长一段时间广泛应用，但存在表层混凝土低强等问题。为此，1970 年起联邦德国开始研究改善混凝土本身性能（水下不分散）来提高水下混凝土质量，1974 年联邦德国率先在工程中应用，并定名为水下不分散混凝土（简称

NDC)。1980 年日本从西德引进该项技术,并于 1981 年开始在工程上应用,而后英、美等国也都开展该项技术的研究与应用。我国于 1985 年由原石油部施工技术研究所(天津塘沽)从日本引进该项技术,并研制成功了我国第一种水下不分散剂 UWB－1,而后交通部二航局科研所研制出了不分散剂 PN,南京水科院成功研制了 NNDC－2 型水下不分散剂,中国水利水电科学研究院结构材料所成功研制了 NDC－IA 水下不分散剂,华东水电勘测设计院科研所成功研制了水下不分散剂 NDC－A、NDC－B。

因此,水下不分散水泥混凝土在我国已经有 20 年的应用历史,广泛应用于桥梁、码头、港口、水工等工程。

水下不分散混凝土试验方法已有电力行业标准,即《水下不分散混凝土试验规程》(DL/T 5117—2000)。

二、水下不分散混凝土对原材料要求

水下不分散水泥混凝土的原材料与普通混凝土相同,其不同是必须掺用抗分散剂,以及粗骨料粒径不宜超过 20 mm。

常用抗分散剂可分成聚丙烯酰胺类和纤维素类两种。

掺抗分散剂水下不分散混凝土性能应满足表 5-7 的要求。

表 5-7　掺抗分散剂水下不分散混凝土性能要求

检测项目		普通型	缓凝型
泌水率(%)		<0.5	<0.5
含气量(%)		<4.5	<4.5
坍落度损失(cm)	30 min	<3.0	<3.0
	120 min	—	<3.0
抗分散性	水泥流失量(%)	<1.5	<1.5
	悬浊物含量(mg/L)	<50	<50
	pH 值	<12	<12
凝结时间	初凝(h)	>5	>12
	终凝(h)	<24	<36
水气强度比(%)	7 d	>60	>60
	28 d	>70	>70

注:水气强度比为水中与大气中成型试件抗压强度之比。

三、水下不分散混凝土配合比特点

水下不分散混凝土配合比的特点如下:

(1)水下不分散混凝土中必须掺用水下不分散剂。

(2)水下不分散混凝土水泥用量比普通混凝土大,一般均在 350 kg/m³ 以上。

(3)水下不分散混凝土骨料最大粒径不宜大于 20 mm,因为水下不分散混凝土属自流平自密实混凝土,粗骨料粒径大于 20 mm 易发生骨料沉淀,流动困难,影响混凝土流动性、均匀性。因此,一般水下不分散混凝土最大骨料粒径为 20 mm(一级配),个别的也用到 40 mm,如三峡右岸重件码头(缆车斜坡式),高程 66 m 以下 120 cm 厚水下不分散混凝土斜坡道采用二级配混凝土,最大骨料粒径为 40 mm。

(4)混凝土配合比设计应采用水下成型与养护的混凝土抗压强度,不能采用大气环境成型与标准养护室养护的混凝土抗压强度。

(5)水下不分散混凝土流动性应采用坍扩度或扩展度来测定。

四、水下不分散混凝土特有性能检测

水下不分散混凝土性能试验方法与普通混凝土基本相同,其中混凝土搅拌、试件成型及养护与普通混凝土不同,并具有抗分散性和流动性试验的特有方法。

(一)水下不分散混凝土搅拌

由于水下不分散混凝土较黏稠,原则上应采用强制式搅拌机搅拌,需搅拌 2~3 min;若用自落式搅拌机,则应增加搅拌时间,一般需 3~6 min。

(二)试件成型与养护

试件在水中成型与养护具体操作步骤为:

(1)将试模放入水箱中,将水加至试模顶以上 15 cm,水箱放置于标准养护室内,或保持水温为(20±2)℃。

(2)用铲将水下不分散混凝土从水面上向下浇筑入模,每次投料量为试模容量的 1/10 左右,连续投料,并超出试模表面,投料时间为 0.5~1.0 min。

(3)将试件从水中取出,静置 5~10 min,使混凝土自流平自密实。

(4)用木锤轻敲试模两个侧面以促进排水,然后放回水中。

(5)初凝前用抹刀抹平,放置 2 d 拆模。

(6)放在水中进行标准养护至试验龄期。

(三)水下不分散混凝土抗分散性——水泥流失量试验方法

1.适用范围

本方法适用于水下不分散混凝土在水中浇筑时水泥流失量的测定。

2.仪器设备

(1)白铁皮桶:直径 400 mm、高 550 mm、壁厚 1~2 mm。

(2)天平:称量 2 kg,感量为 0.01 g。

(3)容器:容积为 1 500 mL 的广口容器。

3.试验步骤

(1)将 1 500 mL 容器放入白铁皮桶底部,向桶内充水至 500 mm 高度。

(2)拌制 2 kg 水下不分散混凝土,并从水面自由落下倒入水中的容器内,使之全部倒入水下容器,不得洒漏,并静置 5 min。

(3)将容器从水中提起,排掉混凝土面上积水,并称其质量。

(4)重复进行 3 次,以三次测值的平均值作为试验结果。

4.试验结果处理

水泥流失量按下式计算

$$水泥流失量 = \frac{a-b}{a-c} \times 100\% \tag{5-3}$$

式中　a——浸入水前混凝土和容器的质量,g;

　　　b——浸入水后混凝土和容器的质量,g;

　　　c——容器质量,g。

(四)水下不分散混凝土抗分散性——悬浊物含量测定方法

1.适用范围

本方法适用测定水下不分散混凝土水中自由落下产生的悬浊物含量。

2.仪器设备

(1)烧杯:容积为1 000 mL,外径110 mm、高150 mm。

(2)其他仪器按《水质　悬浮物的测定(重量法)混浊度测试方法》(GB/T 11901—1989)的规定执行。

3.试验步骤

(1)在1 000 mL烧杯中加入800 mL水,然后将500 g水下不分散混凝土分成10份,用手铲将每份混凝土从水面缓缓地自由落下,该操作在10～20 s内完成,并将烧杯静置3 min。

(2)用吸管在1 min内将烧杯中的水轻轻吸取600 mL,注意不能吸入混凝土,吸入的水作为试验样品,迅速进行测试。

(3)悬浊物测定方法按《水质　悬浮物的测定(重量法)》(GB/T 11901—1989)规定执行。

(五)水下不分散混凝土流动度——扩展度试验方法

水下不分散混凝土流动度可用坍扩度或扩展度来表示,坍扩度试验方法与自密实混凝土坍扩度试验方法相同。

根据施工条件可选择相应的坍扩度,推荐范围见表5-8。

表5-8　水下不分散混凝土坍扩度推荐值

施工条件	水下滑道	导管	混凝土泵	极好流动性
坍扩度(cm)	30～40	36～45	45～55	>55

以下介绍扩展度试验方法。

1.适用范围

本方法适用于测定水下不分散混凝土及其他高流态混凝土的扩展度,以评定其流动性。

2.仪器设备

(1)扩展度试验台:由顶板、底板、上下止动板、活页等组成,顶板尺寸为700 mm×700 mm,厚为40 mm,质量为16 kg左右,见图5-3。

(2)流动度筒:上口内径130 mm、下口内径200 mm、高200 mm,详见图5-4。

(3)捣棒:截面为40 mm×40 mm、长200 mm的金属棒,另加长为150 mm手柄,详见图5-5。

(4)铁铲。

(5)钢直尺。

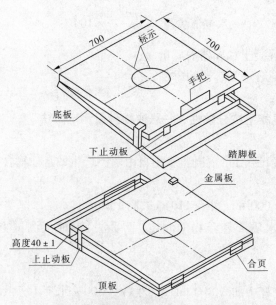

图5-3 扩展度试验台 （单位:mm）

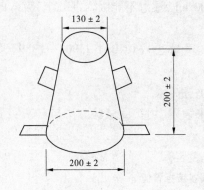

图5-4 流动度筒 （单位:mm）

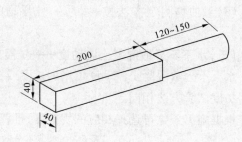

图5-5 捣棒 （单位:mm）

3.试验步骤

（1）用湿布擦拭试验台顶板表面与流动度筒内壁,使其保持湿润状态。

（2）将水下不分散混凝土拌和物倒入流动度筒内,不分层一次倒满,自开始入料至倒满应在2 min内完成。

（3）垂直提起流动度筒(3～6 s),试验操作者站在流动台的前踏脚板上使之稳定,缓慢提起顶板,直至上止动板(顶板不得撞击止动板),再使顶板自由下落至下止动板。

（4）重复以上操作15次,每次操作时间控制在3～5 s,混凝土拌和物在顶板上扩展。

（5）用钢直尺测量扩展圆的最大直径及与最大直径呈垂直方向的扩展直径,取两者平均值作为扩展度试验结果。

五、水下不分散混凝土特性

水下不分散混凝土的特性如下:

（1）水下不分散混凝土具有水下不分散特性,且能自流平、自密实。

（2）水下不分散混凝土在水中成型抗压强度比在大气中成型的低得多，一般低 20% ~ 30% ，见表 5-9。

表 5-9　水下不分散混凝土水气强度比

抗压强度（MPa）	水泥用量（kg/m³）								
	436			501			550		
	水	气	强度比	水	气	强度比	水	气	强度比
7 d	21.1	24.9	0.85	21.5	26.8	0.74	23.8	27.8	0.86
28 d	26.7	35.3	0.75	34.9	46.9	0.74	39.1	50.3	0.77

（3）水下不分散混凝土水气强度比普通混凝土的高得多，见表 5-10。

表 5-10　普通混凝土与水下不分散混凝土水气强度比

类别	水	气	强度比
普通混凝土	13.1	38.4	0.34
水下不分散混凝土（NDC）	26.8	31.8	0.84
	34.0	37.8	0.90

（4）水下不分散混凝土水下成型抗压强度、劈裂抗拉强度、抗弯强度、黏结强度等均比普通混凝土水下成型的各种强度高，见表 5-11。

表 5-11　普通混凝土与水下不分散混凝土力学性能比较

混凝土种类	抗压强度（MPa）		劈裂抗拉强度（MPa）		抗弯强度（MPa）		黏结强度（MPa）	
	水	气	水	气	水	气	水	气
普通混凝土	7.7	32.3	0.8	2.8	1.6	6.6	0.6	2.2
水下不分散混凝土	28.0	33.9	3.0	3.4	5.0	6.8	1.7	2.1

（5）水下不分散混凝土可在水深为 30 ~ 50 cm 的情况下直接浇筑，但水深大于 50 cm 则需采用导管法施工。

（6）水下不分散混凝土宜在静水中浇筑，水流流速在 0.3 ~ 0.5 m/s 时混凝土流失量较少，但当流速大于 0.5 m/s 时应采取措施，如采用导管理入混凝土中提升浇筑等。

（7）在水下不分散混凝土浇筑完后，在混凝土硬化过程中应避免受动水、波浪等冲刷造成水泥浆流失及混凝土被淘刷，必须进行表面保护。

六、水下不分散混凝土的用途

水下不分散混凝土的用途如下：

（1）港口、码头、桥梁、船坞等新建工程水下部位混凝土浇筑。

（2）海堤护坡、河道护岸、堤防加固等水下部位混凝土浇筑。

（3）水电厂尾水护坦、水垫塘、消力池底板等水下补强加固。

（4）码头、桥梁桥墩等水下补强加固。

第五节　膨胀混凝土

一、概述

普通硅酸盐水泥混凝土常因水泥水化发生收缩而开裂,为了提高水泥混凝土的抗裂性,补偿收缩,甚至使混凝土内部产生化学预应力,采用膨胀水泥或在混凝土中掺膨胀剂都能配制膨胀混凝土。

早在 1890 年,凯德洛特(C. Candlot)就发现铝酸三钙和硫酸钙在水介质中相互作用,会生成水化硫铝酸钙(即钙矾石),钙矾石含有 32 个结晶水,体积发生膨胀。1935 年,法国洛西叶(H. Lasier)在波特兰水泥中掺入矾土、石膏和白垩磨成生料,经煅烧成熟料,再加入适量矿渣共同粉磨而成膨胀水泥。1942 年,苏联米哈依洛夫、1964 年美国克莱恩(A. Klein)先后都研制成功了膨胀水泥。

1962 年日本购买了美国 K 型膨胀水泥专利技术,并在此基础上首次研制成功硫铝酸钙膨胀剂,取名 CSA。这种膨胀剂是用石灰石、矾土和石膏煅烧成熟料后粉磨而成的,在硅酸盐水泥中掺入 8% ~12% 和 17% ~25% 的 CSA,即可分别配制成补偿收缩混凝土与自应力混凝土(膨胀混凝土)。用膨胀剂来配制膨胀混凝土,可以降低造价,且使用灵活方便。

我国自 20 世纪 50 年代开始研制膨胀水泥,1957 年吴中伟、曹永康等研制成功硅酸盐自应力水泥(膨胀水泥)。我国膨胀剂研制始于 20 世纪 70 年代,经过多年的努力,已研制出 10 多种膨胀剂产品,主要有硫铝酸钙类、硫铝酸钙 – 氧化钙类、氧化钙类等三类混凝土膨胀剂。

因膨胀水泥膨胀量不可调、价格贵、保存防潮较困难,而膨胀剂膨胀量可用膨胀剂掺量来调节、掺量少、价格较便宜、易防潮保存等,因此一般不采用膨胀水泥配制膨胀混凝土,而是采用膨胀剂配制膨胀混凝土。

水利水电工程大体积混凝土掺加膨胀剂的目的是使混凝土产生膨胀型自生体积变形,以抵消混凝土因温度收缩而产生的拉应力。目前,惯用的膨胀剂有两种:①轻烧 MgO 膨胀剂,是由菱镁矿石($MgCO_3$)经过 1 000 ℃左右温度煅烧、粉磨而成的。MgO 与水反应生成 $Mg(OH)_2$,体积膨胀,因煅烧温度比水泥熟料煅烧温度(1 450 ℃左右)低,故称轻烧 MgO;②特性 MgO,是以钙、硅、镁为原料生产的 MgO。

二、膨胀混凝土对原材料要求

膨胀混凝土与普通混凝土原材料的差别在于前者必须掺适宜的膨胀剂。

(一)膨胀剂种类

混凝土膨胀剂可分成以下四类:

(1)硫铝酸钙类膨胀剂,如 UEA、AEA、PNC 等,与水泥、水拌和后经水化反应生成钙矾石。

(2)硫铝酸钙 – 氧化钙类膨胀剂,如 CEA,与水泥、水拌和后经水化反应生成钙矾石和氢氧化钙。

(3)氧化钙类膨胀剂,与水泥、水拌和后经水化反应生成氢氧化钙。

(4)轻烧氧化镁膨胀剂,与水泥、水拌和后经水化反应生成氢氧化镁。

(二)膨胀剂品质要求

(1)硫铝酸钙类、硫铝酸钙–氧化钙类、氧化钙类膨胀剂品质要求列于表5-12。

(2)轻烧氧化镁膨胀剂品质要求。由原能源部水利水电规划设计总院颁布的《水利水电工程轻烧氧化镁材料品质技术要求》(试行)规定的轻烧氧化镁膨胀剂品质要求列于表5-13。

表 5-12　混凝土膨胀剂品质要求

项目		指标值	
		Ⅰ 型	Ⅱ 型
氧化镁含量(%)		≤5.0	
总碱量(%)		≤0.75	
细度	比表面积(m^2/kg)	≥200	
	1.18 mm 筛筛余量(%)	≤0.5	
凝结时间	初凝(min)	≥45	
	终凝(min)	≤600	
限制膨胀率(10^{-4})	水中 7 d	≥0.025	≥0.050
	空气中 21 d	≥ -0.020	≥ -0.010
抗压强度(MPa)	7 d	≥20.0	
	28 d	≥40.0	

注:本表中的限制膨胀率为强制性的,其余为推荐性的。

表 5-13　轻烧氧化镁膨胀剂品质要求

序号	检测项目	技术要求	序号	检测项目	技术要求
1	MgO 含量(%)	≥90	4	SiO_2 含量(%)	>4
2	活性指标(s)	240 ± 40	5	细度筛余量(%)(0.075 mm 筛)	≤3
3	CaO 含量(%)	≤2	6	烧失量(%)	≤4

三、膨胀混凝土配合比特点

膨胀混凝土配合比的特点如下:

(1)膨胀混凝土必须掺用适宜的膨胀剂,掺量较大,但可取代水泥(内掺)。

(2)根据要求的膨胀量大小,选择膨胀剂品种与掺量。

①大体积混凝土微膨胀量$(50 \sim 150) \times 10^{-6}$,选用轻烧氧化镁、特性 MgO;

②补偿收缩混凝土小膨胀量$(150 \sim 250) \times 10^{-6}$,选用硫铝酸钙类膨胀剂等,若选用 UEA 掺量,为 10% ~ 12%;

③填充用膨胀混凝土较大膨胀量$(250 \sim 400) \times 10^{-6}$,选用硫铝酸钙类膨胀剂等,若选

用 UEA,掺量为 13% ~15%;

④自应力混凝土大膨胀量($>400 \times 10^{-6}$),选用硫铝酸钙类膨胀剂等,掺量 $>15\%$。

(3)膨胀混凝土配合比设计必须对选定膨胀剂品质和掺膨胀剂混凝土限制膨胀率进行试验。通过试验,确定是否满足膨胀量设计要求。

(4)掺膨胀剂的补偿收缩混凝土应根据使用条件和设计要求选用合适的膨胀剂。表 5-12 中限制膨胀率在空气中 21 d 会出现收缩变形,因此应在水中或潮湿环境中使用,否则达不到预期效果。

四、膨胀混凝土的特性

(一)掺加《混凝土膨胀剂》(GB 23439—2009)类混凝土的特性

(1)膨胀混凝土具有微膨胀性(大体积微膨胀混凝土)或小膨胀性(补偿收缩混凝土)或较大膨胀性(填充性膨胀混凝土)。

(2)掺膨胀剂膨胀混凝土的抗裂性、抗渗性均比普通混凝土的高,这是因为在限制条件下,膨胀剂在混凝土中建立一定预压应力,改善了混凝土内部的应力状态,从而提高了混凝土抗裂性。同时,在水泥凝结硬化过程中,膨胀结晶体(如钙矾石等)在混凝土内部起到填充、切断毛细孔缝的作用,改善了混凝土孔结构,使混凝土更加密实,从而提高了混凝土抗渗性及力学性能。

(3)掺粉煤灰膨胀混凝土的膨胀率比不掺粉煤灰的有所降低,这是因为粉煤灰火山灰反应会消耗部分膨胀剂中的硫酸盐和体系中的氢氧化钙,使浆体液相 pH 值降低,在没有足够碱度和一定数量 $Ca(OH)_2$ 条件下生成的钙矾石往往以粗粒状形态结晶,表现出较差膨胀性能。

(4)膨胀混凝土拌和时间应比普通混凝土延长 30 s,以保证膨胀剂和水泥、减水剂等拌和均匀,提高混凝土匀质性。

(5)掺膨胀剂膨胀混凝土能在低温条件下膨胀,且低温比常温条件下产生更大的膨胀值,这是由于低温条件下溶液中 $Ca(OH)_2$ 浓度较高,从而导致细粒钙矾石体生成,产生较大的膨胀量。

(6)掺各类膨胀剂的膨胀混凝土,施工时必须进行不少于 14 d 湿养护,以保证有足够水供水化反应,达到预期膨胀量。

(二)水工混凝土掺加 MgO 膨胀剂混凝土的特性

水工混凝土掺加 MgO 膨胀剂的目的是使混凝土产生膨胀型自生体积变形,以抵消混凝土因温度收缩而产生的拉应力,其特性详见第四章第三节。

五、掺加《混凝土膨胀剂》(GB 23439—2009)类混凝土的特有性能检测

膨胀混凝土与普通混凝土试验方法基本相同,其特有的性能试验方法有限制膨胀率试验方法及掺膨胀剂的混凝土限制膨胀和收缩试验方法。

(一)胶砂的限制膨胀率试验方法

1.适用范围

本方法适用于掺硫铝酸钙类、硫铝酸钙–氧化钙类及氧化钙类膨胀剂胶砂限制膨胀率试验。

2. 仪器设备

(1)胶砂搅拌机、振动台及下料漏斗。

(2)试模:40 mm×40 mm×160 mm 棱柱体试模。

(3)纵向限制器:钢板 40 mm×40 mm×4 mm、ϕ4 钢丝,使用次数不超过 5 次,其形状与尺寸详见图 5-6。

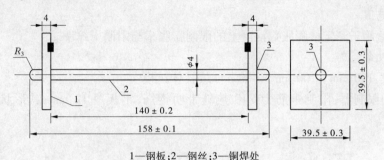

1—钢板;2—钢丝;3—铜焊处

图 5-6　纵向限制器(胶砂)　(单位:mm)

(4)测长仪:由千分表与支架组成,千分表最小刻度 0.001 mm。

3. 试验水泥砂浆配合比

成型 3 条试件,材料用量见表 5-14。

表 5-14　成型 3 条试件材料用量

材料	代号	用量(g)
水泥	C	607.5±2.0
膨胀剂	E	67.5±0.2
标准砂	S	1 350.0±5.0
拌和水	W	270.0±1.0

注:$\dfrac{E}{C+E}=0.10$,　$\dfrac{S}{C+E}=2.0$,　$\dfrac{W}{C+E}=0.40$。

4. 试验步骤

(1)按《水泥胶砂强度检测方法(ISO 法)》(GB/T 17671—1999)规定成型试件,试件抗压强度达(10±2)MPa 时进行脱模。

(2)试件脱模后在 1 h 内测量初始长度(mm)。

(3)测完初始长度后立即将试件放入水中养护,测量 7 d 龄期试件长度。

(4)测完水中养护 7 d 试件长度后,放入恒温恒湿箱(室)养护 21 d,测量试件长度变化,即为空气中 21 d 的限制膨胀率。也可以根据需要测量不同龄期的长度,观察膨胀收缩变化趋势。

(5)试验结果处理。

限制膨胀率按下式计算:

$$\varepsilon = \frac{L_1 - L}{L_0} \times 100 \tag{5-4}$$

式中　ε——限制膨胀率(%);

　　L_1——所测龄期的限制试件长度,mm;

L——限制试件初始长度,mm;

L_0——限制试件的基长,取 140 mm。

取相近的两条试件测值的平均值作为限制膨胀率试验结果,计算应精确到小数点后第 3 位。

(二)掺膨胀剂的混凝土限制膨胀和收缩试验方法

1.适用范围

本方法适用于测定掺膨胀剂混凝土的限制膨胀率与限制干缩率。

2.仪器设备

(1)试模:100 mm × 100 mm × 400 mm 棱柱体试模。

(2)纵向限制器:限制钢筋为 ϕ10 热轧带肋钢筋,钢板厚 12 mm,其形状与尺寸详见图 5-7。

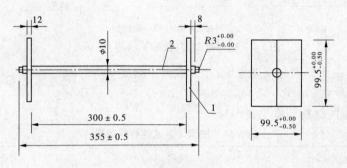

1—钢板;2—钢筋

图 5-7 纵向限制器(混凝土) (单位:mm)

(3)测长仪:千分表最小刻度为 0.001 mm,测量倾角为 30°,测量示意图见图 5-8。

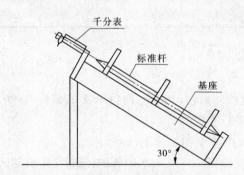

图 5-8 掺膨胀剂的混凝土膨胀、收缩测量仪示意图

3.试验步骤

(1)先把纵向限制器放入试模中,然后进行成型每组 3 个试件,并将试件置于标准养护室养护,试件表面盖塑料布或湿布,防止水分蒸发。

(2)当混凝土抗压强度达到 3 ~ 5 MPa 时拆模(一般成型后 12 ~ 16 h),并测量试件初始长度。

(3)将测定初始长度的试件浸入(20 ±2)℃的水中养护,分别测定 3 d、7 d、14 d 龄期的试件长度。

(4)测完 14 d 试件长度后,将试件移入温度为(20 ±2)℃与相对湿度为 60% ±5% 的恒温恒湿箱或恒温恒湿室内养护,分别测定28 d、42 d龄期时试件长度。

4.试验结果处理

掺膨胀剂混凝土的纵向限制膨胀率(或干缩率)按下式计算:

$$\varepsilon_t = \frac{L_t - L_0}{L} \times 100\% \tag{5-5}$$

式中 ε_t——龄期 t 时的纵向膨胀率或干缩率;

L——试件基准长度,取300 mm;

L_0——试件初始长度,mm;

L_t——t 龄期时试件长度,mm。

每组以3个试件测值的平均值作为试件长度测量结果。

六、膨胀混凝土的用途

膨胀混凝土的用途如下:

(1)大体积补偿收缩混凝土;

(2)导流底孔与导流洞封堵混凝土;

(3)厂坝之间宽缝回填混凝土;

(4)坝基坑塘、断层挖槽等回填混凝土;

(5)工业与民用建筑无缝浇筑混凝土(微膨胀混凝土 + 后浇加强带)。

第六节　纤维混凝土

一、概述

纤维混凝土是在混凝土基体中掺入乱向分布的短纤维所组成的一种多相、多组分水泥基复合材料。

掺入混凝土中的纤维有两种:一种是钢纤维,另一种是合成纤维。钢纤维按生产工艺可分为钢丝切断型、薄板剪切型、熔抽型与钢锭铣削型等四种。合成纤维为高分子材料,按其材质可分为聚丙烯(丙纶)纤维、聚丙烯腈(腈纶)纤维、改性聚酯(涤纶)纤维与聚酰胺(尼龙)纤维等四种。

掺入钢纤维对混凝土基体产生增强、增韧和阻裂效应,从而能显著地提高混凝土抗拉与抗弯强度、限裂与限缩能力、抗冲击与耐疲劳性能,大幅度提高混凝土的韧性,改变混凝土脆性易裂的破坏形态,延长使用寿命。与普通混凝土相比,钢纤维混凝土除抗压强度与弹性模量外,其他各项性能均有显著提高。

由于钢纤维混凝土的优异特性,它已广泛地应用于公路路面、机场道面、桥面、防水屋面、工业厂房地面、隧道与涵洞衬砌、水利水电工程、港口与海洋工程、建筑结构工程、国防抗爆与弹道工程等。

常用合成纤维为聚丙烯纤维与聚丙烯腈纤维,两者区别在于聚丙烯腈纤维的抗拉强度、弹性模量均比聚丙烯纤维高,常用合成纤维形状为单丝状与膜裂网片状两种,因此聚丙烯纤维适用于防止和减少混凝土早期凝缩裂缝,而聚丙烯腈纤维适用于硬化后混凝土增韧。

二、纤维混凝土对原材料要求

纤维混凝土比普通混凝土原材料多掺一种纤维（钢纤维或合成纤维），其他原材料与普通混凝土相同。

（一）钢纤维

1. 钢纤维的分类

（1）按生产工艺分为钢丝切断型、薄板剪切型、熔抽型和钢锭铣削型等四种。

（2）按材质分为碳钢型、低合金型与不锈钢型等三种。

（3）按形状分为平直形和异形两种，而异形钢纤维又分为压痕形、波形、端钩形、大头形和不规则麻面形等。

（4）按强度等级分为：380 级——抗拉强度≥380 MPa 而＜600 MPa，600 级——抗拉强度≥600 MPa 而＜1 000 MPa，1 000 级——抗拉强度≥1 000 MPa。

2. 钢纤维外形尺寸

（1）钢纤维长度或标称长度宜为 20～60 mm。

（2）钢纤维直径或等效直径宽宜为 0.3～0.9 mm。

（3）钢纤维长径比宜为 30～80。

3. 钢纤维品质要求

钢纤维品质检验项目与技术要求列于表 5-15。

表 5-15　钢纤维品质检验项目与技术要求

序号	检验项目	技术要求	序号	检验项目	技术要求
1	长径比偏差（%）	≤10	4	直径与等效直径偏差（%）	≤10
2	抗拉强度（MPa）	≥380*	5	形状合格率（%）	≥90
3	长度偏差合格率（%）	≥90	6	弯折不断裂率（%）	≥90

注：* 根据钢纤维强度等级定。

（二）合成纤维

1. 合成纤维分类

（1）按材质分为聚丙烯（丙纶）纤维、聚丙烯腈（腈纶）纤维、聚酰胺（尼龙）纤维、改性聚酯（涤纶）纤维等四种。

（2）按形状分为单丝、束状单丝和膜裂网状等 3 种。

2. 合成纤维外形尺寸

（1）直径为 2～65 μm。

（2）长度为 4～25 mm。

3. 合成纤维的品质要求

合成纤维品质检验项目与性能要求列于表 5-16。

三、纤维混凝土配合比特点

（一）钢纤维混凝土配合比特点

（1）钢纤维混凝土配合比设计采用根据混凝土抗压强度计算水灰比和依据混凝土抗拉

或抗弯强度计算钢纤维体积率(掺量)的双控方法。

表 5-16　常用合成纤维品质检验项目与技术要求

序号	检测项目	技术要求	
		聚丙烯纤维	聚丙烯腈纤维
1	纤维直径偏差(%)	≤10	≤10
2	纤维长度偏差(%)	≤10	≤10
3	密度(g/cm³)	≥0.90	≥1.18
4	熔点(℃)	≥160	≥220
5	抗拉强度(MPa)	≥350	≥910
6	弹性模量(MPa)	≥3 500	≥17 100
7	伸长率(%)	8～30	10～20
8	抗碱能力*(%)	≥99	≥99

注:* 抗碱能力为抗拉强度保持率(%)。

(2)由于钢纤维在混凝土基体中交叉与搭接,对混凝土流动性产生很大阻力,稠度显著增大,因此用坍落度评定钢纤维混凝土工作性不太合适,用维勃稠度仪测定的 $V_b(s)$ 来判断与控制其工作性较合适。

(3)钢纤维混凝土骨料最大粒径不宜大于 20 mm,应为钢纤维长度的 1/2～2/3;粗骨料针片状含量不宜大于 5%,含泥量不应大于 1%,泥块含量不应大于 0.5%。

(4)钢纤维混凝土的砂率比普通混凝土高,一般为 45%～50%,其砂率随钢纤维体积率的增加而增大。

(5)钢纤维混凝土的单位用水量比普通混凝土高,其用水量随钢纤维体积率的增加而增大。

(6)钢纤维混凝土的水胶比不宜大于 0.50。

(二)合成纤维混凝土配合比特点

(1)合成纤维混凝土体积率宜在 0.05%～0.3% 内选取。

(2)合成纤维混凝土试配时,可不考虑纤维对混凝土抗压强度的影响。

(3)合成纤维混凝土坍落度可比普通混凝土相应要求适当降低。

(4)合成纤维混凝土用水量比不掺的普通混凝土增加较多。

四、纤维混凝土特有性能检测

钢纤维混凝土试验方法与普通混凝土基本相同,其特有试验方法有钢纤维混凝土拌和物钢纤维体积率、钢纤维混凝土弯曲韧性和弯曲初裂强度及纤维混凝土收缩开裂等试验方法。

(一)钢纤维混凝土拌和物钢纤维体积率试验方法

1.适用范围

本方法适用于钢纤维混凝土拌和物中钢纤维所占的体积百分率(体积率)测定。

2.仪器设备

(1)容量筒:纤维长度≤40 mm;容量筒内部尺寸为ϕ186 mm×186 mm,容积为5 L;纤维长度>40 mm,容量筒内径与筒高均应大于纤维长度的4倍。

(2)台秤:称量100 kg,感量5 g;

(3)振动台:频率(50±3)Hz,振幅(0.5±0.1)mm;

(4)托盘天平:称量2 kg,感量2 g;

(5)振槌:重1 kg木槌。

3.试验步骤

(1)拌制钢纤维混凝土拌和物,并将其装入容量筒内。

(2)坍落度≤50 mm的拌和物,用振动台振实,直至表面出浆;坍落度>50 mm的拌和物,用振槌打击振实。

5 L容量筒分2层装入,大于5 L容量筒每层装100 mm厚料,沿容量筒侧壁均匀敲振,每层30次,敲振完后,将直径为16 mm钢棒垫在筒底,左右交替将容量筒颠击地面各15次。

(3)刮去筒顶部多余的拌和物,并填平表面凹陷部分,擦净容量筒外壁,并称重,精确至50 g。

(4)倒出拌和物,边水洗边用磁铁搜集钢纤维。

(5)将搜集的钢纤维在(105±5)℃温度烘干至恒重,冷却至室温后称其质量,精确至2 g。

4.试验结果处理

钢纤维体积率按下式计算:

$$\rho_f = \frac{m_f}{\rho V} \times 100 \tag{5-6}$$

式中　ρ_f——钢纤维体积率(%);

　　　m_f——钢纤维质量,g;

　　　V——容量筒容积,cm^3;

　　　ρ——钢密度,g/cm^3。

以两次测值的平均值为试验结果,当两次测值的差的绝对值大于平均值的5%时,则试验结果无效。

(二)钢纤维混凝土弯曲韧性和弯曲初裂强度试验方法

1.适用范围

本方法适用于测定钢纤维混凝土试件弯曲时韧度指数和弯曲初裂强度。

2.仪器设备

(1)1 000 kN液压试验机,附加刚性组件,其装置如图5-9所示。

(2)三分点加荷装置。

(3)挠度测量装置。

3.试验步骤

(1)从养护室取出试件,并检查外观和测量尺寸。

(2)将试件安放在试验机上,并安装测量传感器。

(3)对试件连续均匀地加荷,初裂前加荷速度为0.05~0.08 MPa/s,初裂后取每分钟l/3 000(l为受拉面跨度),使挠度增长速度相等,若试件在三分点外断裂,则该试件试验结果无效。

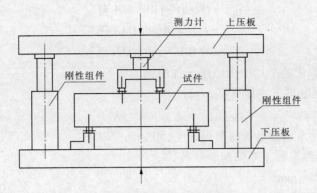

图 5-9　刚性组件示意图

（4）当采用千斤顶作刚性组件时,应使活塞顶升至稍高出力传感器顶面,然后开动试验机,使千斤顶刚度达到稳定状态,随即对试件连续均匀加荷,初裂前加荷速度与前面相同,而初裂后应减小加荷速度,使试件处于"准等应变"状态,其条件是

$$V_{\Delta W \max}/V_m \geqslant 5$$

式中　$V_{\Delta W \max}$——挠度增量最大时的相应速度,$\mu m/s$;

　　　V_m——挠度由 0 至 3 倍最大荷载挠度时段内相应速率之平均值,m/s。

注意:在加荷过程中应记录挠度变化速度。

4. 试验结果处理

试件的弯曲韧度指数、弯曲初裂强度的计算如下:

（1）将直尺与荷载—挠度曲线的线性部分重叠放置,确定初裂点 A(见图 5-10)。A 点的纵坐标为弯曲初裂荷载 F_{cra},横坐标为弯曲初裂挠度 W_{Fcra},而 OAB 为弯曲初裂韧度。

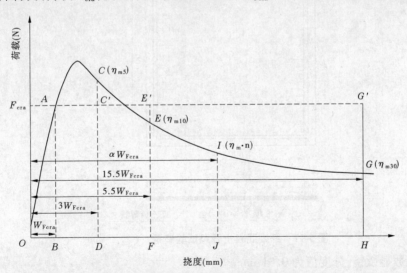

图 5-10　荷载—挠度曲线及弯曲韧度指数

（2）以 O 为原点,按 3.0、5.5、15.5 或试验要求的初裂挠度的倍数,在横轴上确定 D、F、H 点或其他给定点 J。用求积仪测得 OAB、$OACD$、$OAEF$、$OAGH$ 或其他给定变形的面积,即为弯曲初裂韧度和各给定挠度的韧度实测值。

按下列公式计算得出弯曲韧度指数,精确至 0.01。

$$\eta_{m5} = OACD \text{ 面积} / OAB \text{ 面积}$$
$$\eta_{m10} = OAEF \text{ 面积} / OAB \text{ 面积}$$
$$\eta_{m30} = OAGH \text{ 面积} / OAB \text{ 面积}$$

以 4 个试件计算值的平均值为该组试件的韧度指数。

(3)弯曲初裂强度按下式计算:

$$f_{fc,cra} = F_{cra} \times l / (bh^2) \tag{5-7}$$

式中 $f_{fc,cra}$——钢纤维混凝土弯曲初裂强度,MPa;

F_{cra}——钢纤维混凝土弯曲初裂荷载,N;

l——支座间距,mm;

b——试件截面宽度,mm;

h——试件截面高度,mm。

以 4 个试件计算值的平均值作为该组试件的弯曲初裂强度。

(三)纤维混凝土收缩开裂试验方法

1. 适用范围

本方法适用于纤维对限制混凝土早期收缩开裂有效性试验。

2. 仪器设备

(1)试模:600 mm ×600 mm ×63 mm(正方形薄板),试模边杠内设间距为 60 mm 的双排 φ 6 mm 栓钉,栓钉长度分别为 50 mm 与 100 mm,间隔布置,底板上铺聚乙烯薄膜隔离层,试模形状与尺寸详见图 5-11。

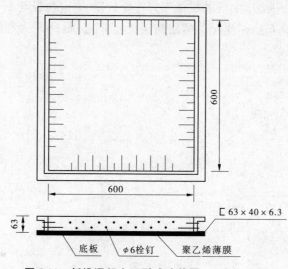

图 5-11　纤维混凝土开裂试验装置 （单位:mm）

(2)读数显微镜,分度值为 0.01 mm。

(3)电风扇 2 台。

(4)钢直尺。

3. 试验步骤

(1)采用纤维混凝土配合比拌制纤维混凝土,同时拌制不掺纤维的基体混凝土(对比用)。

（2）同时成型纤维混凝土试件与基体混凝土对比试件，每组各 1 个试件。

（3）试件经振实、抹平后用塑料薄膜覆盖 2 h，环境温度宜为（20±2）℃。

（4）试件成型 2 h 后取下塑料薄膜，每个试件各用 1 台电风扇吹试件表面，风向平行试件，风速为 0.5 m/s，环境温度为（20±2）℃，相对湿度不大于 60%。

（5）试件成型 24 h 后观察裂缝数量、宽度与长度，裂缝以目测可见裂缝为准，用钢直尺测量其长度；用读数显微镜测读裂缝宽度，可取裂缝中点附近的宽度代表该裂缝的名义最大宽度。

4. 试验结果处理

（1）裂缝总面积按下式计算：

$$A_{cr} = \sum_{i=1}^{n} W_{i,\max} l_i \tag{5-8}$$

式中　A_{cr}——试件裂缝的名义总面积，mm^2；

　　　$W_{i,\max}$——第 i 条裂缝名义最大宽度，mm；

　　　l_i——第 i 条裂缝长度，mm。

（2）裂缝降低系数 η 按下式计算：

$$\eta = \frac{A_{mcr} - A_{fcr}}{A_{mcr}} \tag{5-9}$$

式中　A_{mcr}——对比试件的裂缝总面积，mm^2；

　　　A_{fcr}——钢纤维混凝土试件裂缝总面积，mm^2。

（3）限裂效能等级评定。纤维混凝土早龄期限裂效能根据 2 组试验的 η 平均值，按表 5-17 的规定进行评定。

表 5-17　限裂效能等级评定标准

限裂效能等级	评定标准
一级	$\eta \geqslant 70$
二级	$55 \leqslant \eta < 70$
三级	$40 \leqslant \eta < 55$

五、纤维混凝土的特性

（一）钢纤维混凝土的特性

（1）钢纤维混凝土的韧性高，这是钢纤维混凝土优异特性之一，对混凝土基体强度等级 C40 混凝土，掺钢纤维可提高混凝土韧性 15～20 倍。

（2）钢纤维混凝土的抗疲劳性高，这又是钢纤维混凝土另一个优异特性，因此钢纤维混凝土适用于弯曲疲劳荷载作用下的结构（如公路路面、机场道面、桥面等）和构件（如铁路轨枕等）。

（3）钢纤维混凝土的抗冲击性能好，与不掺钢纤维基体混凝土相比，掺钢纤维混凝土初裂冲击次数可提高 12～14 倍、破坏冲击次数可提高 11～13 倍、冲击韧性提高 10～14 倍。这是由于钢纤维的掺入完全改变了混凝土在冲击荷载作用下粉碎性的破坏形态，而且在初裂后钢纤维混凝土仍能继续承担冲击荷载,且因冲击而出现的裂缝发展十分缓慢,因此掺钢纤维可明显提高混凝土的抗冲击性能。

(4)钢纤维混凝土具有优异的限缩与阻裂能力,与不掺钢纤维混凝土相比,掺钢纤维混凝土的收缩率降低 50% 左右,且收缩稳定期提前,这是由于钢纤维长径比较大、纤维间距小,对混凝土收缩产生限制作用所致。

(5)钢纤维混凝土耐久性高。由于掺入钢纤维,使混凝土裂缝数量减少、裂缝缝宽减小,提高了抗氯离子侵蚀能力。钢纤维通过阻裂效应,不仅改善混凝土孔结构,而且有效地抑制因冰冻产生的膨胀压力,这两个作用复合后,又相互促进、相互补充,产生"阻裂"与"缓冲"双重效应,从而降低了混凝土冻融损伤程度,相应提高了混凝土抗冻性。

(二)合成纤维混凝土的特性

(1)掺合成纤维能提高混凝土早期抗裂性,减少塑性收缩裂缝。

(2)合成纤维混凝土比普通混凝土的弯曲韧性高,抗冲击和抗疲劳性能也有所提高。

(3)合成纤维混凝土拌和物黏聚性高,可减少喷射混凝土的回弹率。

六、纤维混凝土的用途

(一)钢纤维混凝土用途

(1)水工混凝土建筑物抗冲耐磨部位。

(2)水工隧洞与地下厂房工程支护和衬砌。

(3)水工混凝土建筑物补强加固工程。

(4)公路路面、桥梁、机场跑道、工业建筑地面混凝土工程。

(5)屋面、地下室和水池刚性防水工程。

(6)专用铁路轨枕。

(7)国防抗爆与弹道工程。

(二)合成纤维混凝土用途

(1)混凝土面板堆石坝的混凝土面板工程。

(2)地下厂房岩锚梁。

(3)混凝土预制板材、管材。

(4)屋面、地下室、储水池等刚性防水层。

第七节 变态混凝土(碾压混凝土变态)

一、碾压混凝土变态的目的

在摊铺(之前、之中或之后)的碾压混凝土中注入适量水泥类浆材,使碾压混凝土中净浆量达到低塑性混凝土的浆量水平,然后用插入式高频振捣器振捣密实,即为碾压混凝土变态。相应地经加浆振实的碾压混凝土称为变态混凝土(GEV - RCC)。使用变态混凝土的初始目的是解决近坝面模板区的碾压混凝土难于碾压密实的技术难点。以后,其使用范围逐渐扩大到模板周边、竖井、廊道及岸坡周边等,以代替非关键部位的常规混凝土。近期,龙滩碾压混凝土重力坝上游面成功地采用变态混凝土与二级配碾压混凝土联合防渗,更扩大了变态混凝土的应用范围。

二、变态混凝土配合比设计

(一)变态混凝土配合比设计程序

1. 浆液配制及用水量确定

加浆材料由水泥、掺合料、外加剂加水经机械搅拌而成浆液。浆液应具有良好的流动性、体积稳定性和抗离析性。

1)加浆材料选用

(1)水泥选用强度等级为42.5的中热硅酸盐水泥或普通硅酸盐水泥。

(2)掺合料首选Ⅰ级粉煤灰或需水量比较低者。

(3)外加剂选用泌水小、沉降少、静止时间长,并具有增强性能的。

2)浆液配合比设计

(1)浆液水灰比与基材碾压混凝土水灰比相近,当水灰比大于1.0时选用1.0。

(2)浆液原材料中的水泥、掺合料和外加剂选定后,用水量由浆液流动度试验确定,试验方法见四变态混凝土试验方法(一)。由用水量和 Marsh 流动度试验曲线上,选取流动度为(9 ± 3)s 所对应的用水量,即为浆液的用水量 W_p。

(3)掺合料用量按绝对体积法计算

$$F_p = r_f \left(1\ 000 - W_p - \frac{C_p}{r_c} \right) \tag{5-10}$$

式中　F_p——浆液掺合料用量,kg/m³;

　　　W_p——浆液用水量,kg/m³;

　　　C_p——浆液水泥用量,kg/m³;

　　　r_c、r_f——水泥和掺合料密度,kg/L。

(4)外加剂掺量选用厂家推荐的掺量,或进行浆液流动度试验时由试验确定。

2. 加浆率确定

加浆率(浆液量占变态混凝土的体积比率)和加浆方法由加浆仿真试验的浆液振动液化形态与泛浆时间确定。从国内各工程已采用的加浆方法中筛选出底层、中间层和造孔加浆三种加浆方法进行加浆仿真试验,表面加浆方法是不可采用的。加浆仿真试验方法见四变态混凝土试验方法(二)。

3. 变态混凝土(GEV - RCC)配合比计算

变态混凝土配合比是将两种已拌制好的基材(碾压混凝土和浆液)通过加浆振动方法使浆液液化,形成变态混凝土。当加浆率(β)确定后,可按公式(5-11)计算变态混凝土各组分材料用量。

$$\left. \begin{aligned} W &= \beta W_p + (1 - \beta) W_R \\ C &= \beta C_p + (1 - \beta) C_R \\ F &= \beta F_p + (1 - \beta) F_R \\ S &= (1 - \beta) S_R \\ G &= (1 - \beta) G_R \\ A &= \beta A_p + (1 - \beta) A_R \end{aligned} \right\} \tag{5-11}$$

式中　W、W_p 和 W_R——变态混凝土、浆液和碾压混凝土用水量,kg/m³;

　　　C、C_p 和 C_R——变态混凝土、浆液和碾压混凝土水泥用量,kg/m³;

　　　F、F_p 和 F_R——变态混凝土、浆液和碾压混凝土掺合料用量,kg/m³;

　　　S 和 S_R——变态混凝土和碾压混凝土砂用量,kg/m³;

　　　G 和 G_R——变态混凝土和碾压混凝土石用量,kg/m³;

　　　A、A_p 和 A_R——变态混凝土、浆液和碾压混凝土的外加剂用量,kg/m³;

　　　β——加浆率,体积比率。

4. 试拌和调整

1) 试拌

实验室拌制变态混凝土的方法是将两种基材(碾压混凝土和浆液)按确定的加浆率和拌和量分别拌制成基材,再在钢板上进行混拌,拌制成变态混凝土。然后,测定变态混凝土的坍落度、含气量和标准试件抗压强度。变态混凝土拌和物室内拌和方法见四变态混凝土试验方法(三)。

2) 调整

变态混凝土坍落度控制值为 10~30 mm,含气量控制值为 3%~5%,抗压强度不得低于设计龄期碾压混凝土基体配制强度。调整方法如下:当坍落度超出控制值时,应增减加浆率;含气量达不到控制值时,应增减引气剂掺量;抗压强度不满足要求时,应减小浆液水灰比。

(二)变态混凝土配合比设计示例

本示例取自龙滩碾压混凝土重力坝上游面变态混凝土。

1. 原材料

水泥:42.5 强度等级中热硅酸盐水泥,密度 $\rho_c = 3.19$ kg/L;

粉煤灰:凯里 I 级粉煤灰,密度 $\rho_f = 2.35$ kg/L;

砂:石灰岩人工砂,石粉含量 17.3%,饱和面干密度 $\rho_s = 2.66$ kg/L;

石:石灰岩碎石,饱和面干密度 $\rho_g = 2.70$ kg/L;

外加剂:JM - 2 高效减水剂和 JM - 2000 引气剂。

2. 二级配碾压混凝土基材

上游面二级配碾压混凝土配合比在大坝配合比优化设计阶段已完成,见表5-18。

表 5-18　龙滩坝上游面碾压混凝土配合比

水胶比	砂率 (%)	外加剂		1 m³ 材料用量(kg)					工作度 (VC 值)(s)	含气量 (%)
		JM - 2(%)	JM - 2000(1×10⁻⁴)	水	水泥	粉煤灰	砂	石		
0.43	37.5	0.63	6.3	82	90	100	823	1 370	4.6	2.8

3. 浆液配合比设计

1) 水灰比选择

碾压混凝土基材水灰比 $= \dfrac{82}{90} = 0.91$,选用浆液水灰比为 1.0。

2) 浆液材料用量计算

设定不同用水量,水灰比选用 1.0,所以水泥用量等于用水量。按公式(5-10)计算粉煤灰用量。然后进行 Marsh 流动度试验,试验结果见图 5-12。由此图中选取流动度为(9 ± 3)s 所对应的配合比作为所选用的浆液配合比,见表 5-19。

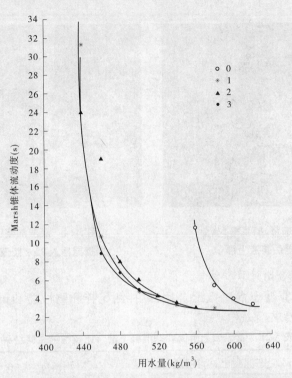

图 5-12　变态混凝土浆液用水量与 Marsh 流动度的关系

表 5-19　龙滩坝上游面变态混凝土浆液配合比

试验编号	外加剂		1 m³ 浆液材料用量(kg)			Marsh 流动度(s)
	品名	掺量(%)	水	水泥	粉煤灰	
LT－43	JM－2	0.5	480	480	888	8.5

3)浆液性能

浆液抗压强度、静置不同时间重新搅拌测定其流动度和凝结时间试验结果见表 5-20。

表 5-20　浆液抗压强度、静置稳定性和凝结时间测定结果

试验编号	抗压强度(MPa)			不同静置时间的流动度(s)				凝结时间(h:min)	
	7 d	28 d	90 d	0 h	2 h	4 h	6 h	初凝	终凝
LT－43	8.6	20.8	32.3	8.5	8.1	7.1	6.3	46:30	50:30

4.变态混凝土配合比设计

1)加浆率确定

按已确定的浆液配合比(见表 5-19)进行加浆仿真试验以确定加浆率,加浆仿真试验方法见四变态混凝土试验方法(二)。

加浆方法采用底部加浆。加浆率由仿真试验的浆液振动液化形态和泛浆时间确定,见

图 5-13,底层加浆、加浆率 5%,插入振捣器后浆液上浮;图 5-14 为振捣器插入 25 s 浆液上浮出表面。仿真试验表明,加浆率为 5%(体积比率)时,30 s 内表面泛浆,且浆量充足,由此采用加浆率为 5%。

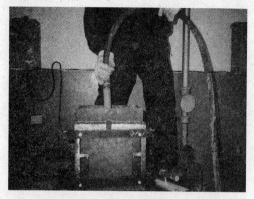

图 5-13 底层加浆、加浆率 5%,
插入振捣器后浆液上浮

图 5-14 底层加浆、加浆率 5%,
振捣器插入 25 s 浆液液化浮出表面

2)变态混凝土配合比计算和试拌结果

按公式(5-11)计算变态混凝土配合比,试拌测定拌和物性能和抗压强度试验结果见表 5-21,均满足设计要求。

表 5-21 龙滩坝上游面变态混凝土配合比及性能试验结果

水胶比	1 m³ 变态混凝土材料用量(kg)						坍落度（mm）	含气量（%）	90 d 抗压强度（MPa）
	水	水泥	粉煤灰	砂	石	外加剂			
0.41	102	110	139	782	1 302	1.48	25	2.7	38.8

三、变态混凝土主要性能

变态混凝土是由碾压混凝土基材摊铺后加浆液振捣而成,浆液体积占 5% ~ 6%。本节以龙滩碾压混凝土坝上游面二级配碾压混凝土、加浆率为 5%(体积比)为例,证明变态混凝土性能基本接近于碾压混凝土基材的性能。因此,碾压混凝土坝设计时变态混凝土视为碾压混凝土基材的一部分,而不需单独考虑。

龙滩坝上游面碾压混凝土变态有两个方案,其碾压混凝土基材、浆液及变态后的配合比见表 5-22。

表 5-22 上游面二级配碾压混凝土基材、浆液和变态混凝土配合比

方案	材料		浆液:基材RCC(体积比)	水胶比	砂率（%）	1 m³ 材料用量(kg)					流动度	含气量（%）
						水	水泥	粉煤灰	砂	石		
No. 1	基材	RCC	0:1	0.36	36	90	100	140	765	1 360	VC 值 5.0(s)	2.5
		浆液	1:0	0.35		480	480	888			Marsh8.6(s)	
	变态混凝土		0.05:0.95	0.36	36	106	119	176	727	1 296	坍落度 3.6(cm)	2.5

方案	材料		浆液:基材 RCC(体积比)	水胶比	砂率 (%)	1 m³ 材料用量(kg)					流动度	含气量 (%)
						水	水泥	粉煤灰	砂	石		
No.2	基材	RCC	0:1	0.43	37.5	82	90	100	723	1 370	VC 值 4.6(s)	2.8
		浆液	1:0	0.35		480	480	888			Marsh8.6(s)	
	变态混凝土		0.05:0.95	0.41	37.5	102	110	139	782	1 302	坍落度 1.7(cm)	2.8

表 5-22 表明:从仿真试验来看,加浆率为 5%已足以满足变态振捣流动性要求;变态后混凝土的配合比参数与变态前碾压混凝土基材基本相同或变动甚微,但是流动性发生了变化,由原先的干形态(无坍落度)变成了低流动形态(坍落度 2~3 cm)。

以下通过力学性能、变形性能、热物理性能、耐久性能和抗冻性能对比,证明变态混凝土性能基本上接近碾压混凝土基材的性能,只是绝热温升略有提高,大约提高 2 ℃,施工期需要增强表面保护,防止寒潮袭击是必要的。

(一)力学性能

两种碾压混凝土基材与变态混凝土的抗压强度和轴拉强度对比见表 5-23。从表 5-23 可知变态混凝土的抗压强度和轴拉强度与原先的碾压混凝土基材无显著性变化,基本属于同一量级,变态后混凝土的强度等级(或标号)均能满足设计要求。

表 5-23　变态混凝土与碾压混凝土基材的抗压强度和轴拉强度对比

方案	材料	浆液:基材 RCC (体积比)	抗压强度(MPa)				轴拉强度(MPa)			
			7 d	28 d	90 d	180 d	7 d	28 d	90 d	180 d
No.1	基材 RCC	0:1	18.2	30.0	41.1	47.3	1.50	2.38	3.42	3.77
	变态混凝土	0.05:0.95	13.3	27.7	39.7	46.5	1.13	2.46	3.57	3.66
No.2	基材 RCC	0:1	14.5	25.0	37.8	43.9	—	2.61	3.59	3.82
	变态混凝土	0.05:0.95	14.0	27.9	39.8	43.6	1.18	2.24	3.16	3.58

(二)变形性能

变态混凝土与碾压混凝土基材的弹性模量和极限拉伸值对比见表 5-24。变态混凝土的弹性模量和极限拉伸值与原先的碾压混凝土基材无显著性变化,属于同一量级。

表 5-24　变态混凝土与碾压混凝土基材的弹性模量和极限拉伸值对比

方案	材料	浆液:基材 RCC (体积比)	弹性模量(GPa)				极限拉伸值($\times 10^{-6}$)			
			7 d	28 d	90 d	180 d	7 d	28 d	90 d	180 d
No.1	基材 RCC	0:1	—	38.1	47.2	48.1	—	68	90	92
	变态混凝土	0.05:0.95	25.0	36.7	43.0	44.7	42	66	97	100
No.2	基材 RCC	0:1	—	36.7	43.9	46.7		67	88	101
	变态混凝土	0.05:0.95	25.4	38.3	42.5	43.7	44	65	87	100

(三)热物理性能

变态混凝土与碾压混凝土基材的绝热温升对比见表 5-25。碾压混凝土基材加浆变态后,其水泥用量增加 20 kg/m³,相应发热速率和发热量有所增加,变态混凝土绝热温升约增加 2 ℃。

表 5-25 变态混凝土与碾压混凝土基材的绝热温升对比

方案	材料	绝热温升(℃)													
		0	1 d	2 d	3 d	4 d	5 d	6 d	7 d	9 d	11 d	14 d	21 d	25 d	28 d
No. 2	基材 RCC	0	3.4	8.6	10.6	12.1	13.2	14.3	15.2	17.0	18.4	19.8	21.5	22.1	22.2
	变态混凝土	0	1.5	8.0	10.9	12.7	14.1	15.6	16.8	18.6	20.0	21.4	23.4	23.9	24.1

(四)抗渗性能

变态混凝土与碾压混凝土基材抗渗等级对比结果列于表 5-26。碾压混凝土基材变态后,对其抗渗性能无影响,均能满足水工混凝土抗渗等级最高级要求 W12。

表 5-26 变态混凝土与碾压混凝土基材抗渗等级对比

方案	材料	浆液:基材 RCC(体积比)	抗渗等级	渗水高度(mm)
No. 1	基材 RCC	0:1	> W12	15
	变态混凝土	0.05:0.95	> W12	11
No. 2	基材 RCC	0:1	> W12	22
	变态混凝土	0.05:0.95	> W12	17

(五)抗冻性能

变态混凝土与碾压混凝土基材的抗冻等级对比结果列于表 5-27。碾压混凝土基材加浆变态后,对其抗冻性无影响,不会因变态而影响碾压混凝土基材的抗冻等级。

表 5-27 变态混凝土与碾压混凝土基材的抗冻等级对比

方案	材料	相对动弹性模量(%)						质量损失率(%)					
		25 次	50 次	75 次	100 次	125 次	150 次	25 次	50 次	75 次	100 次	125 次	150 次
No. 2	基材 RCC	87.7	86.4	86.0	85.4	85.2	84.9	0.15	0.33	0.44	0.67	0.92	1.07
	变态混凝土	86.4	85.9	85.8	84.4	83.4	82.7	0.13	0.37	0.56	0.75	1.03	1.25

四、变态混凝土试验方法

(一)浆液流动度测定方法(Marsh 流动度法)

(1)测定变态混凝土加浆的浆液流动度,以确定浆液的用水量。本方法用于变态混凝土配合比设计。

(2)仪器设备包括以下几种:①水泥净浆搅拌机(JC/T 729—1996);②Marsh 流动度计:锥形漏斗(锥角 60°),上口直径 100 mm,出口直径 10 mm,见图 5-15;③称料天平:称量 1 000 g,感量 0.5 g;④量筒:100 mL,500 mL;⑤秒表、小铁铲、钢板尺(长度 300 mm)等。

（3）操作步骤应按以下规定执行：

①搅拌前，应将搅拌机的锅、叶片及流动度计的漏斗、量杯内壁用潮湿棉布擦拭并覆盖。

②按拌和量 600 mL 计算水、水泥、掺合料和外加剂用量，然后倒入水泥净浆搅拌机的锅内。启动电源按钮，按自动控制程序：慢速 120 s，停 15 s，快速 120 s 搅拌，自动停机。将拌制好的浆液倒入 Marsh 流动度计的锥形漏斗中，盛满顶面略有突起，用钢板尺刮平。

③将漏斗阀门打开，同时用秒表计时，观察量杯上端的三角开口尖端，当浆液与尖端齐平时计时结束，此时量杯中浆液容积为 200 mL。流动度以时间秒（s）计，称为 Marsh 流动度。

图 5-15　Marsh 流动度计

（4）以两次试验结果的平均值作为浆液流动度的测值。当两次流动度测值大于 6 s 时，应重做试验。

（二）加浆仿真试验

（1）本试验用于变态混凝土配合比设计，确定变态混凝土的加浆率（浆液量占变态混凝土的体积比率）。

（2）仪器设备包括以下几种：①混凝土搅拌机：容量 60～100 L，转速 18～22 r/min；②水泥净浆搅拌机（JC/T 729—1996）；③Marsh 流动度计；④仿真试模：300 mm×300 mm×300 mm 立方体铁模，4 个侧面中有一面带透明塑料板观察窗（200 mm×200 mm）；⑤插入式振捣器：振动棒直径为 36 mm，长度为 500 mm，空载频率≥11 000 次/分，最大振幅≥1.1 mm，功率 1.1 kW；⑥拌和钢板：平面尺寸不小于 1.5 m×2.0 m，厚度为 5 mm 左右；⑦其他：磅称、台称、天平、秒表及盛料容器和铁铲等。

（3）操作步骤应按以下规定执行：

①按试验拌和量拌制碾压混凝土基材（拌制方法见《水工混凝土试验规程》（SL 352—2006））和浆液，见本节试验方法（一）。

②每个仿真试件容积为 27 L，按规定加浆率称取浆液，按规定的加浆方法倒入试模内。底部加浆，浆液先倒入试模内，再将碾压混凝土基材装满试模；中部加浆，先装入碾压混凝土基材至试模一半高度，倒入浆液并摊平，再装入另一半碾压混凝土基材；造孔加浆，先装入碾压混凝土基材至试模满，然后造孔，向孔内倒入浆液。

③启动插入式振动棒，垂直插入试模中央，并记时和从观察窗观察浆液液化形态，做好记录。

④当浆液上浮、试件表面泛浆时，记录液化泛浆时间，以秒计。用抹刀抹平试件顶面。

⑤2 d 后试件脱模，送入养护室养护，至试验龄期测定表观密度和抗压强度。

（4）以两次试验观测结果为准，所选用的加浆方法和加浆率应在 30 s 内试件表面泛浆，表观密度和抗压强度均满足设计要求指标。

（三）变态混凝土拌和及性能试验

（1）本试验用于变态混凝土配合比设计和性能试验。

（2）仪器设备包括以下几种：①混凝土搅拌机：与《水工混凝土试验规程》（SL 352—2006）室内拌和方法相同；②水净浆搅拌机（JC/T 729—1996）；③坍落度仪：与坍落度试验相同；④含气量仪：与含气量试验相同；⑤拌和钢板：与室内拌和方法相同；⑥天平、磅称和台称：与室内拌和方法相同；⑦其他：盛料容器和铁铲等。

（3）操作步骤应按以下规定执行。

①按试验拌和量拌制碾压混凝土基材和浆液。

②将拌制好的碾压混凝土基材摊铺在拌和板上，厚度为 150～200 mm，按规定加浆率的浆液，均匀洒铺其上。然后，人工用铁铲翻拌两次，堆起，即成变态混凝土拌和物。

③按《水工混凝土试验规程》（SL 352—2006）常规混凝土试验方法测定拌和物的坍落度和含气量。

④按《水工混凝土试验规程》（SL 352—2006）常规混凝土试验方法成型和测定变态混凝土的各项性能。

（4）变态混凝土各项性能试验结果按《水工混凝土试验规程》（SL 352—2006）常规混凝土相应性能试验结果规定处理。

第六章　水工混凝土配合比设计

第一节　设计要求、依据和基本资料

一、设计要求

（1）水工混凝土配合比设计应满足设计与施工要求，确保混凝土工程质量且经济合理。

（2）混凝土配合比设计要求做到：

①应根据工程要求、结构形式、施工条件和原材料状况，配制出既满足工作性、强度及耐久性等要求，又经济合理的混凝土，确定各组成材料的用量；

②在满足工作性要求的前提下，宜选用较小的用水量；

③在满足强度要求的水灰比和耐久性及其他要求的前提下，选用合适的水胶比；

④宜选取最优砂率，即在保证混凝土拌和物具有良好的黏聚性并达到要求的工作性能时用水量最小的砂率；

⑤宜选用最大粒径较大的骨料及最佳级配。

二、设计依据和原材料特性

（一）设计依据

进行混凝土配合比设计时，应收集相关工程的设计资料，明确设计要求。

（1）混凝土强度及保证率；

（2）混凝土的抗渗等级、抗冻等级以及抗化学侵蚀等设计指标；

（3）混凝土的工作性；

（4）骨料最大粒径。

（二）原材料特性

进行混凝土配合比设计时，应收集有关原材料的资料，并按有关标准对水泥、掺合料、外加剂、砂石骨料等的性能进行试验。

（1）水泥的品种、品质、强度等级、密度等；

（2）石料岩性、种类、级配、表观密度、吸水率等；

（3）砂料岩性、种类、级配、表观密度、细度模数、吸水率等；

（4）外加剂种类、品质等；

（5）掺合料的品种、品质、密度等；

（6）拌和用水品质。

第二节　配合比设计参数的确定及其计算方法

一、结构强度要求确定的配制抗压强度

（1）目前，水工混凝土设计龄期立方体抗压强度标准值采用两种方式。一种是以强度等级"C"表示，与国际标准 ISO3892 接轨，龄期 28 d，强度保证率为 95%，其后为抗压强度标准值，如 C20；其他龄期混凝土，采用符号 C 加设计龄期下标再加立方体抗压强度标准值表示，如 $C_{90}20$、$C_{180}20$，其强度保证率为 80%。另一种是以惯用的强度标号"R"表示，龄期 90 d 或 180 d，强度保证率为 80%，其后三位数，末位去零，前两位为抗压强度标准值，如 $R_{90}150$ 或 $R_{180}150$。不论用哪种方式表示，混凝土设计龄期立方体抗压强度标准值都是指按照标准方法制作养护的边长为 150 mm 的立方体试件，在设计龄期用标准试验方法测得的具有设计保证率的抗压强度，以 MPa 计。

（2）混凝土配制强度按公式（6-1）或公式（6-2）计算：

$$f_{cu,0} = f_{cu,k} + t\sigma \tag{6-1}$$

$$f_{cu,0} = \frac{f_{cu,k}}{1 - tc_v} \tag{6-2}$$

式中　$f_{cu,0}$——混凝土配制强度，MPa；

$f_{cu,k}$——设计龄期抗压强度标准值，MPa；

t——概率系数，由给定的保证率 P 选定，其值按表 6-1 选用；

σ——立方体抗压强度标准差，MPa；

c_v——立方体抗压强度变异系数。

表 6-1　保证率和概率系数关系

保证率 P（%）	80.0	85.0	90.0	95.0
概率系数 t	0.840	1.040	1.280	1.645

（3）混凝土抗压强度标准差 σ 和变异系数 c_v 宜按同品种混凝土抗压强度统计资料确定。

统计时，抗压强度试件总数应不少于 30 组。

根据近期相同抗压强度、生产工艺和配合比基本相同的抗压强度资料，抗压强度标准差按公式（6-3）计算：

$$\sigma = \sqrt{\frac{\sum_{i=1}^{n} f_{cu,i}^2 - n m_{f_{cu}}^2}{n - 1}} \tag{6-3}$$

式中　$f_{cu,i}$——第 i 组试件抗压强度，MPa；

$m_{f_{cu}}$——n 组试件的抗压强度平均值，MPa；

n——试件组数。

在任何情况下，当现场搅拌楼（站）取样统计计算标准差 $\sigma < 2.5$ MPa 时，按标准差 $\sigma =$

2.5 MPa 计算配制抗压强度。

变异系数 c_v 按公式(6-4)计算：

$$c_v = \frac{\sigma}{m_{f_{cu}}} \tag{6-4}$$

当无近期同品种混凝土抗压强度统计资料时，σ 值可按表 6-2 取用，c_v 值可按表 6-3 取用。施工中应根据现场施工时段强度的统计结果调整 σ 和 c_v 值。

表 6-2　标准差 σ 选用值　　　　　　　　　　（单位：MPa）

设计龄期抗压强度标准值	≤15	20～25	30～35	40～45	50
抗压强度标准差	3.5	4.0	4.5	5.0	5.5

表 6-3　变异系数 c_v 选用值

设计龄期抗压强度标准值(MPa)	≤15	20～25	≥30～35
变异系数 c_v	0.20	0.18	0.15

二、结构耐久性指标要求确定的配制抗压强度

每个混凝土结构由于其所处环境条件不同，设计者都会提出 2～3 个耐久性设计指标，如抗渗等级(渗透系数)、抗冻等级(含抗大气侵蚀)、碱骨料反应、抗硫酸盐侵蚀、抗氯离子侵蚀(电通量和氯离子扩散系数)等。混凝土配合比设计既要满足结构强度设计要求，又要同时满足耐久性指标要求。选择混凝土原材料应按第四章所述混凝土性能特征和影响因素，综合要求统一选定。

按惯例：①首先确定结构强度要求的配制强度和配合比各组分用量；②接下来，用已确定的配合比各组分材料用量拌制混凝土，进行规定的耐久性项目试验；③如果耐久性指标不满足设计要求，则应按第四章第六节"混凝土的耐久性"的特性修正先前初定配合比；④直至耐久性指标达到设计指标，并测定该配合比的抗压强度，即为耐久性指标确定的设计抗压强度标准值；⑤比较结构强度和耐久性指标两个设计抗压强度标准值，水工混凝土一般是耐久性设计抗压强度标准值高于结构强度设计抗压强度标准值；⑥然后按式(6-1)计算混凝土配制抗压强度，耐久性指标保证率采取与结构强度相同的保证率。

三、骨料最大粒径的确定

(一)钢筋混凝土结构
骨料最大粒径不应超过钢筋净距的 2/3 及构件断面最小边长的 1/4。

(二)大体积混凝土结构
(1)骨料最大粒径不得大于混凝土垫层厚度的 1/3。

(2)混凝土抗压强度与骨料最大粒径的关系准则。

美国垦务局进行了大量圆柱体ϕ450 mm×900 mm 大试件全级配混凝土抗压强度与骨料最大粒径的关系试验。试验结果表明了合理选用骨料最大粒径级配的混凝土所带来的效益。用给定的骨料拌制一定龄期下抗压强度最高的混凝土，其所需要的水泥用量随骨料最大粒径而变化。不论是哪种骨料，水泥用量大的抗压强度就高，但强度达到最大值以后，再

增加水泥用量,强度也不会再提高。将垦务局一系列试验结果,总结出一条最大水泥用量效率线,见图6-1,即混凝土抗压强度要求应按最大水泥用量效率线选择骨料最大粒径才是合理的。

如重力坝混凝土抗压强度相对低些,混凝土抗压强度标准值选用 $C_{90}20(R_{90}200)$ 的混凝土,由图6-1 最大水泥用量效率线选用骨料最大粒径为 150 mm 是合理的。拱坝的强度比重力坝高,混凝土抗压强度选用 $C_{90}35(R_{90}350)$,混凝土选用骨料最大粒径为 80 mm 的骨料往往会得到较好的效益,而再选用 150 mm 骨料粒径的混凝土,其优越性已下降到最低程度。对强度等级较高的 C40(R400) 抗冲磨混凝土,由图6-1 最大水泥用量效率线选用骨料最大粒径为 40 mm 的混凝土,可以获得最大效益。

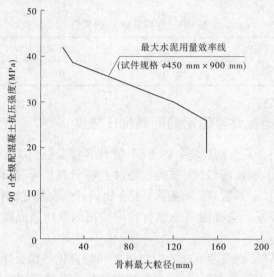

图 6-1　混凝土抗压强度与骨料最大粒径关系准则

四、配合比设计参数选择及计算方法

(一)配合比设计参数选择

1. 配合比设计独立参数

配合比设计独立参数有四个,即用水量、水灰比、掺合料及其掺量和砂率。

1)用水量

用水量应根据骨料最大粒径、工作度、外加剂、掺合料及最优砂率通过试拌确定。

2)水灰比

水灰比由结构强度要求确定的配制抗压强度或由耐久性指标要求确定的配制抗压强度,经试拌、试验确定,取其低者。

3)掺合料及其掺量

掺合料的功能是增加混凝土的密实性、改善其和易性和减少大体积混凝土的发热量。掺合料品种应尽量取得当地料源,同时满足耐久性要求。抑制碱骨料反应,应选用粉煤灰;提高混凝土抗氯离子侵蚀性能则宜选用粉煤灰或矿渣粉;掺量多少同样也要视耐久性指标的特点而定。

4）砂率

砂率大小取决于骨料最大粒径、级配、品种,混凝土和易性、流动度和密实性,由拌和物试拌检测的工作度确定。常规混凝土坍落度最大者,碾压混凝土工作度 VC 值最小者,由此确定的砂率为最佳砂率。

2.配合比设计非独立参数

配合比设计非独立参数有两个,即外加剂品种及掺量和水胶比。

1）外加剂品种及掺量

外加剂品种选择应与混凝土设计性能要求相适应,以强度为主的混凝土宜采用减水剂,以抗冻性为主的混凝土宜采用减水剂和引气剂复合外加剂,以泵送施工的混凝土宜采用泵送剂等。

外加剂的掺量应根据混凝土性能要求严格控制,特别是掺用引气剂的混凝土应严格控制含气量,否则会造成质量事故。

外加剂的品种和掺量直接影响混凝土的用水量,在选择用水量时应与外加剂品种和掺量选择同时进行。

2）水胶比

水胶比不是一个独立的参数,因为水胶比是水灰比和掺合料掺量的函数,见式(6-5)。

$$B = \frac{W}{C + F} = \frac{W}{C}(1 - K) \tag{6-5}$$

式中　　B——水胶比;

$\dfrac{W}{C}$——水灰比;

K——掺合料掺量;

F——掺合料用量,kg/m^3;

C——水泥用量,kg/m^3;

W——用水量,kg/m^3。

2000 年以来,掺合料品种和质量都有较大的发展和提高。试验表明:外掺掺合料和水泥内掺混合料具有相同的功效,所以已将先前规定的最大水灰比控制水平修订为最大水胶比控制水平。混凝土的水胶比应根据设计对混凝土性能的要求,通过试验确定,并不超过表6-4的规定。

表 6-4　混凝土的水胶比最大允许值

部位	严寒地区	寒冷地区	温和地区
上、下游水位以上(坝体外部)	0.50	0.55	0.60
上、下游水位变化区(坝体外部)	0.45	0.50	0.55
上、下游最低水位以下(坝体外部)	0.50	0.55	0.60
基础	0.50	0.55	0.60
内部	0.60	0.65	0.65
受水流冲刷部位	0.45	0.50	0.50

注:在有环境水侵蚀情况下,水位变化区外部及水下混凝土最大允许水胶比应减小 0.05。

（二）配合比计算方法

推荐采用惯用的绝对体积法。配合比计算应以饱和面干状态骨料为基准。

当试拌或按经验式、相关图、表确定了四个独立参数后，根据绝对体积法的原则，可建立五个方程式，求解五个联立方程式可得出每立方米混凝土各组分材料用量 W、C、F、S 和 G。

$$W = 满足工作度要求的给定值（试拌、经验式、图和表）$$

$$B = \frac{W}{C + F} = \frac{W}{C}(1 - K)$$

$$K = \frac{F}{C + F} \tag{6-6}$$

$$M = \frac{S_V}{S_V + G_V} \tag{6-7}$$

$$\frac{W}{\rho_w} + \frac{C}{\rho_c} + \frac{F}{\rho_f} + \frac{S}{\rho_s} + \frac{G}{\rho_g} = 1 - V_a \tag{6-8}$$

式中　M——体积砂率；

　　　S_V、G_V——砂、石骨料的绝对体积，m^3；

　　　S、G——砂、石骨料的用量，kg/m^3；

　　　V_a——混凝土含气量，根据骨料最大粒径和抗冻等级选取，$V_a = 0.035 \sim 0.055\ m^3$；

　　　ρ_w——水的密度，kg/m^3；

　　　ρ_c——水泥密度，kg/m^3；

　　　ρ_f——掺合料密度，kg/m^3；

　　　ρ_s——砂料饱和面干表观密度，kg/m^3；

　　　ρ_g——石料饱和面干表观密度，kg/m^3；

其余符号意义同前。

第三节　碾压混凝土配合比选择示例（一）规范法

一、碾压混凝土配合比设计原则和方法

（一）配合比设计原则

除满足本章第一节设计要求外，根据碾压混凝土的特点再补充以下三点：

（1）为使碾压混凝土具有低发热量和施工可碾性，掺用较多掺合料。

（2）石子最大粒径越大，其总表面积越小，所需填充包裹的水泥砂浆量越少，碾压混凝土的表观密度增加，密实性提高。但是，要考虑碾压混凝土运输、卸料和摊铺时骨料分离，石子最大骨料粒径不宜超过 80 mm。

（3）碾压混凝土的组成材料以石子为主体并满足填充包裹理论，石子空隙被水泥砂浆填裹，而砂空隙被水泥灰浆填裹且有裕量，凝固后形成坚固密实体。为此要求：石子级配密实，空隙率小；砂率合适；稠度（VC 值）与振动碾的振动特性相适用。

（二）配合比设计方法

碾压混凝土配合比设计方法有绝对体积法、最大密度近似法和填充包裹法等。《水工

混凝土配合比设计规程》(DL/T 5330—2005)采用绝对体积法和最大密度近似法;《水工混凝土试验规程》(SL 352—2006)采用绝对体积法;日本的 RCD 坝采用填充包裹法,20 世纪 80 年代初期我国个别工程也曾采用过。绝对体积法是水工混凝土配合比设计规范性标准方法。

工程进入设计和施工阶段采用的配合比必须满足工程结构设计指标和经济性、耐久性要求,因此需要严格按规范要求进行配合比设计和性能试验。从当地原材料(水泥、掺合料和外加剂),砂石骨料勘察、试验和比对优选到碾压混凝土配合比优化试验都应该按规范程序进行。

二、配合比设计程序和试配调整

(一)配合比设计程序

1. 配合比设计参数选定

(1)碾压混凝土所用原材料应符合下列规定:

①宜选用硅酸盐水泥、普通硅酸盐水泥和中热硅酸盐水泥。

②应优先选用优质粉煤灰或其他活性材料作为掺合料;掺量超过 60%,应通过试验论证。

③石料最大粒径一般不宜超过 80 mm,粗骨料宜采用连续级配。

④当采用人工骨料时,人工砂的石粉(小于 0.16 mm 颗粒)含量宜控制在 10% ~22%,最佳石粉含量应通过试验确定。

⑤必须掺用外加剂,以满足可碾性、缓凝性及其他性能要求。

(2)由结构设计强度标准值确定混凝土配制抗压强度。

由结构强度要求确定的混凝土配制抗压强度由式(6-1)计算取得。

(3)选定用水量。

建立碾压混凝土工作度(VC 值)和用水量的关系,如图 6-2 所示。确定用水量时应将选用的外加剂按厂家推荐的掺量加入拌和水中。再由碾压混凝土施工要求的工作度(VC 值)确定用水量。

(4)确定水灰比(W/C)和掺合料掺量(K)。

碾压混凝土强度与水灰比的倒数即灰水比(C/W)呈直线关系,建立不同掺合料掺量(K)的碾压混凝土强度与灰水比(C/W)的关系,如图 6-3 所示。根据式(6-1)计算所得配制强度($f_{cu,0}$),确定灰水比(C/W)和掺合料掺量(K)。图 6-3 是掺合料采用 Ⅱ 级粉煤灰和 42.5 普通硅酸盐水泥的试验结果。

(5)确定砂率(M)。

建立碾压混凝土砂率与工作度(VC 值)的关系,如图 6-4 所示。由规定的工作度(VC 值)确定碾压混凝土砂率。

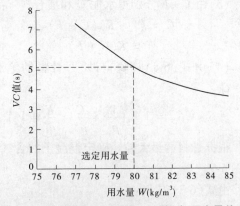

图 6-2　碾压混凝土工作度(VC 值)与用水量关系

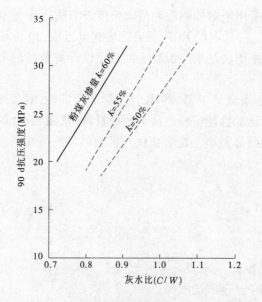

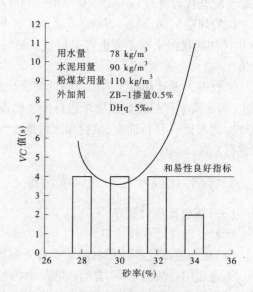

图6-3 不同掺合料掺量的碾压混凝土强度
与灰水比的关系

图6-4 碾压混凝土砂率
与工作度(VC值)的关系

2. 配合比的计算

当用水量(含外加剂掺量)、水灰比、掺合料掺量和砂率确定后,代入下列公式可计算出单方碾压混凝土各组分材料用量。

(1)由式(6-5)得水胶比B:

$$B = \frac{W}{C}(1 - K)$$

水胶比B不能大于表6-4规定的混凝土水胶比最大允许值。

(2)由水胶比B得胶材用量$C + F$:

$$C + F = \frac{W}{B}$$

(3)由$C + F$分别得水泥C和掺合料F:

$$C = (1 - K)(C + F)$$
$$F = K(C + F)$$

(4)由式(6-8)计算得砂、石骨料的绝对体积$S_V + G_V$:

$$S_V + G_V = 1 - \left(\frac{W}{\rho_w} + \frac{C}{\rho_c} + \frac{F}{\rho_f} + V_a \right)$$

根据骨料的最大粒径确定混凝土的含气量V_a,见图6-5。

由式(6-7)得S_V:

$$S_V = M(S_V + G_V)$$

所以,砂用量

$$S = S_V \rho_s$$

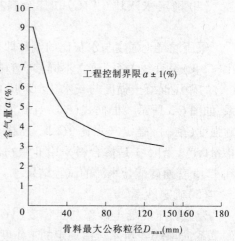

图6-5 骨料最大粒径与混凝土含气量的关系

· 156 ·

由 S_V 得 G_V,所以石用量

$$G = G_V \rho_g$$

由此得出碾压混凝土单方的各组分材料用量。

(二)试配与调整

由上述配合比设计程序计算得出的碾压混凝土各组分材料用量,按第三章拌和物拌制规定,拌制碾压混凝土。试拌调整主要是对拌和物性能进行检测。

(1)判断拌和物的和易性,包括流动性、泌水性、离析性。测试手段多凭试验人员的经验外观判断,也可成型试件观察试件表面状况,评定分为三级,见表6-5。

表6-5 碾压混凝土和易性试件外观评定分级

分级	优	良	劣
表面状况	密实无缺	有少量气泡及麻面	麻面蜂窝

对表面状况为劣级的碾压混凝土,即使工作度(VC 值)满足要求,也应调整配合比。

调整的方法:①适量增加掺合料掺量;②变动砂率。

(2)拌和物的工作度(VC 值)检测,是否满足施工要求的规定。调整方法是增减用水量,按经验工作度(VC 值)每增减 1 s,用水量减增 2 kg/m³。

(3)密实度检测。计算碾压混凝土设计理论表观密度 V_0:

$$V_0 = W + C + F + S + G$$

拌和物表观密度按《水工混凝土试验规程》(SL 352—2006)6.2"碾压混凝土表观密实度测定"进行。当实测表面密度 V 与 V_0 相差较大时,应计算修正系数 Q,调整配合比。

$$Q = \frac{V}{V_0}$$

碾压混凝土各组分理论计算用量乘以 Q,即为各组分实际用量。若实测表观密度与理论计算表观密度相差甚小,则不需要调整。

(4)含气量检测。对有含气量要求的碾压混凝土,按《水工混凝土试验规程》(SL 352—2006)采用湿筛法测定的含气量应在 4.5% ±1% 范围内。

三、结构设计抗压强度标准值和耐久性指标检验

(一)结构设计抗压强度标准值检验

上述配合比设计程序和试拌调整取得配合比是以结构设计抗压强度标准值为基础取得的配合比。采用此配合比成型标准立方体试件,若检验设计龄期抗压强度平均值大于或等于配制抗压强度,则满足结构设计抗压强度标准值;若不满足,则需减小水灰比,再次检验,直至满足。

(二)结构耐久性设计指标检验

根据碾压混凝土工程所处环境条件、材料特性和使用年限,对碾压混凝土提出耐久性设计指标,如抗冻性、抗硫酸盐侵蚀、抑制碱骨料反应等。因此,配合比设计的碾压混凝土也必须满足这些指标要求。

按结构设计抗压强度确定的配合比,成型相应耐久性指标规定的试件,进行耐久性试验。若不能满足耐久性指标要求,则需要重新调整配合比。调整方法应按第四章第五节中

所述影响各项耐久性的因素调整,重新试验,直至满足规定的耐久性设计指标。用此配合比成型碾压混凝土抗压强度试件,其测值即为耐久性指标确定的碾压混凝土抗压强度标准值。耐久性指标保证率采用与结构强度相同的保证率。

(三)工程施工碾压混凝土配合比的确定

工程采用的碾压混凝土配合比既要满足结构设计抗压强度标准值确定的配制抗压强度,又要满足结构耐久性指标确定的配制抗压强度。最终选择两者高者作为工程采用的碾压混凝土施工配合比。

第四节 碾压混凝土配合比选择示例(二)统计经验法

一、统计经验法的理论基础、运用条件和服务对象

(一)统计经验法的理论基础

水工混凝土配合比优化设计,对一个新建的水利水电工程将要花费较大的人力、物力和时间。尤其是在可行性设计阶段,规划、设计人员更急于能根据当地材料的来源和特点,掌握和了解强度达到设计或强度等级(标号)碾压混凝土配合比的各组分材料用量,以及与结构设计有关的性能指标。

大量配合比优化试验结果表明:一个工程碾压混凝土规定的设计指标和原材料特性参数之间存在一个优化配合比区间。这个区间严格地说是通过正交设计统计方法取得的,并存在着共性和个性。共性是有规律性的,用数理统计方法可以探索其规律性,建立数学模型;而其个性,通过试配手段来筛选,这就是统计经验法建立的基础。统计经验法的特点是:将大量试验工作量通过数学模型计算取得,一个碾压混凝土配合比设计可在数小时内提出初选配合比。

(二)运用条件

1. 原材料和施工工作度规定

通过统计分析碾压混凝土配合比设计成果得出以下规律:其一,碾压混凝土原材料和配合比设计性能之间存在一个优化区间;其二,影响碾压混凝土施工和易性的参数比影响混凝土性能的参数敏感。为此,采用统计经验法进行配合比设计时,必须对原材料性能和施工和易性条件加以规定,方能较快地取得实用结果。

本方法的基本条件是:

(1)水泥规定强度等级为 42.5 的普通硅酸盐水泥或中热硅酸盐水泥。

(2)掺合料首选粉煤灰,当采用其他掺合料时可以修正。

(3)骨料规定采用人工砂和碎石,最大骨料粒径 80 mm,三级配碾压混凝土。

(4)外加剂为高效减水剂和松香热聚物引气剂,掺量按厂家推荐用量选择。

(5)碾压混凝土拌和物的工作度为 5~7 s。

2. 配合比设计指标

配合比提供的标准立方体试件抗压强度能满足结构设计强度等级(或标号)具有80%强度保证率的配制强度,需要提供设计龄期和强度等级(或标号)。

3. 提供选用的原材料特性

(1)水、水泥、掺合料的密度和砂、石骨料的饱和面干表观密度。

（2）砂料细度模数、石料振实表观密度（级配为大石：中石：小石 = 30：40：30）。

（三）服务对象

（1）为水利水电碾压混凝土工程初期设计阶段服务，提供相应设计强度等级（标号）的配合比和各组分材料用量。

（2）为碾压混凝土配合比规范性设计提供初始配合比设计参数，以减少试验工作量。

二、统计经验法配合比优化设计程序和试配调整

（一）配合比优化设计程序

1. 确定设计龄期配制强度和 28 d 龄期相应抗压强度

1）确定设计龄期配制强度（$f_{cu,0}$）

设计龄期抗压强度标准值（$f_{cu,k}$）和强度保证率（P），代入式（6-1）得配制强度（$f_{cu,0}$）。

$$f_{cu,0} = f'_{cu,k} + t\sigma \tag{6-9}$$

式中　t——强度保证率系数；

　　　σ——强度标准差，假定 $\sigma = 4.5$ MPa。

当强度保证率为 80% 时，$t = 0.84$，则配制强度为：

$$f_{cu,0} = f'_{cu,k} + 3.78$$

2）确定 28 d 龄期相应抗压强度（f_{28}）

笔者统计了 42.5 中热硅酸盐水泥和普通硅酸盐水泥，掺加Ⅰ级、Ⅱ级粉煤灰，掺量 50% ~ 60%，人工砂石骨料的碾压混凝土，抗压强度随龄期增长而增加的关系式见式（6-10）。

$$f_t = [1 + 0.341\ln(t_1/28)]f_{28} \tag{6-10}$$

式中　f_t——t_1 龄期碾压混凝土抗压强度，MPa；

　　　f_{28}——28 d 龄期碾压混凝土抗压强度，MPa；

　　　t_1——龄期，d。

当设计龄期 $t_1 = 90$ d 时，则 28 d 龄期抗压强度为：

$$f_{28} = \frac{f_{cu,0}}{1 + 0.341\ln(90/28)} = \frac{f_{cu,0}}{1.398}$$

当设计龄期 $t_1 = 180$ d 时，则 28 d 龄期抗压强度为：

$$f_{28} = \frac{f_{cu,0}}{1 + 0.341\ln(180/28)} = \frac{f_{cu,0}}{1.635}$$

2. 由 28 d 龄期相应抗压强度推算配合比设计灰水比（C/W）

笔者分析了 100 组 42.5 中热硅酸盐水泥和普通硅酸盐水泥，掺加Ⅰ级、Ⅱ级粉煤灰，掺量 50% ~ 60%，人工砂石骨料的碾压混凝土，28 d 龄期抗压强度与灰水比的相差关系，见式（6-11）。

$$f_{28} = 30.022(C/W) - 6.62 \tag{6-11}$$

所以

$$C/W = \frac{f_{28} + 6.62}{30.022}$$

3. 用水量初选

根据人工骨料所选原岩的性质，初定用水量（W_0），见表 6-6。以初定用水量（W_0）为基

准,考虑工作度、砂细度模数和掺合料品质不同而加以修正。W_0 含外加剂,采用厂家推荐掺量,当有抗冻性要求时应掺加引气剂,掺量为厂家推荐掺量,所以不考虑外加剂对用水量的影响。

$$W = W_0 + (a + b + c) \tag{6-12}$$

式中 W——实际用水量;

  a——工作度(VC 值)修正量;

  b——砂细度模数修正量;

  c——掺合料品质修正量。

表 6-6　初定用水量

原岩类别	初定用水量(W_0)（kg/m³）	工作度(VC 值)基准值(s)	砂细度模数基准值	掺合料品质基准值
石灰岩	76			
玄武岩	79	5～7	$FM = 2.70$	Ⅰ级粉煤灰
花岗岩	82			

1）工作度(VC 值)修正量选取

按提出的要求工作度与设定工作度 5～7 s 对比,选取修正量,见表 6-7。

表 6-7　工作度(VC 值)修正量

分级的工作度(VC 值)(s)	修正量(a)
3～5	
5～7	以设定工作度(VC 值)5～7 s 为基准,工作度(VC 值)每增减一级,用水量减增 3 kg/m³(减少用水量时以负号代入公式)
7～9	

2）砂细度模数(FM)修正量选取

按提出的砂细度模数(FM)与设定砂细度模数($FM = 2.70$)对比,选取修正量,见表 6-8。

表 6-8　砂细度模数(FM)修正量

细度模数分级	修正量(b)
2.40	
2.60	以案例实际细度模数 $FM = 2.70$ 为基准,每增减细度模数一级,用水量减增 3 kg/m³(减少用水量时以负号代入公式)
2.80	
3.00	

3）掺合料品质修正量选取

以Ⅰ级粉煤灰为基准,按输入的掺合料品质进行修正,见表 6-9。

表 6-9 掺合料品质修正量

掺合料品质	修正量(c)
Ⅰ级粉煤灰	基准
Ⅱ级粉煤灰	用水量增加 3 kg/m^3
火山灰质材料	用水量增加 7 kg/m^3

实际用水量的限值为 $W = 80 \times (1 \pm 0.125) \, \text{kg/m}^3$，当修正后的实际用水量超过限值时，应选用限值的最大值（90 kg/m^3）或最小值（70 kg/m^3）。

4. 计算水泥用量(C)

由式(6-11)得灰水比(C/W)和式(6-12)得用水量(W)，代入式(6-13)得水泥用量(C)：

$$C = \left(\frac{C}{W}\right)W \tag{6-13}$$

5. 计算掺合料用量(F)和校验水胶比$\left(\dfrac{W}{C+F}\right)$

水泥用量多少决定了碾压混凝土强度，而掺合料用量(F)主要用于改善碾压混凝土的可碾性和密实性。根据试验统计分析，胶材用量($C+F$)与碾压混凝土设计龄期、强度等级和密实度密切相关。

1）计算掺合料用量(F)

按要求的设计标号或强度等级，从表 6-10 选取胶材用量 $P = (C+F)$，并按式(6-14)计算掺合料用量(F)和式(6-15)计算掺合料掺量 K。

$$F = P - C \tag{6-14}$$

$$K = \frac{F}{P} \tag{6-15}$$

表 6-10 胶材用量选取

设计强度等级	胶材用量 $P = (C+F)$ （kg/m^3）	设计强度等级	胶材用量 $P = (C+F)$ （kg/m^3）
R_{90-180}大于 300	190	R_{90-180}150～200	160
R_{90-180}250～300	180	R_{90-180}小于 150	150
R_{90-180}200～250	170		

2）从抗冻性要求校验水胶比$\left(\dfrac{W}{P}\right)$

按要求的抗冻性等级，校验水胶比是否满足规范要求，见表 6-11。

表 6-11 抗冻等级要求最大水胶比

抗冻等级	F300	F200	F150	F100	F50
要求水胶比$\left(\dfrac{W}{P}\right)$	＜0.45	＜0.50	＜0.52	＜0.55	＜0.60

水胶比 $\left(\dfrac{W}{P}\right)$ 按公式(6-16)计算：

$$\frac{W}{P} = \frac{W}{C + F} \tag{6-16}$$

如果水胶比大于表6-11的规定值，则应按规定水胶比、用水量(W)和水泥用量不变，由式(6-16)重新计算胶材用量(P)、掺合料用量(F)和掺合料掺量(K)。

6. 石料用量初选

根据试验统计分析，单方碾压混凝土石料体积率或石料用料(G)主要受骨料最大粒径(D)和砂料细度模数(FM)影响。笔者统计分析了数据库配合比资料得出：当砂料细度模数已定时，单方碾压混凝土石料体积率(V_g)与最大骨料粒径(D)的关系式为：

$$V_g = a + b\lg D \tag{6-17}$$

当最大骨料(D)已定时，单方碾压混凝土石料体积率 V_g 与砂料细度模数(FM)的关系式为：

$$V_g = R - S(FM) \tag{6-18}$$

式中　V_g——单方碾压混凝土石料体积率(%)；

　　　D——骨料最大粒径，mm；

　　　a、b、R 和 S——试验待定常数。

三级配碾压混凝土最大骨料粒径为 80 mm，$R = 109$，$S = 10$，则式(6-18)可变为：

$$V_g = 109 - 10(FM) \tag{6-19}$$

三级配碾压混凝土骨料用量(G)按式(6-20)计算：

$$G = V_g r_g = [109 - 10(FM)]r_g \tag{6-20}$$

式中　r_g——石料振实表观密度，kg/m^3；

　　　其余符号意义同前。

按式(6-20)计算的石料用量(G)低于 1 500 kg/m^3 时，则按 1 500 kg/m^3 取值，并应关注石料的品质和级配。

7. 计算砂料用量(S)和校验最优砂率

1)计算砂料用量(S)

砂料用量按式(6-21)计算：

$$S = \rho_s\left[1 - \left(\frac{C}{\rho_c} + \frac{F}{\rho_f} + \frac{G}{\rho_g} + W\right) - \alpha\right] \tag{6-21}$$

式中　ρ_c、ρ_f、ρ_s、ρ_g——水泥密度、掺合料密度、砂料表观密度、石料表观密度，kg/m^3；

　　　α——含气量；

　　　S——砂料用量，kg/m^3。

2)校验最优砂率

按式(6-22)计算砂率(SR)：

$$SR = \frac{S}{S + G} \tag{6-22}$$

式中　SR——质量砂率。

按表6-12检验砂率(SR)是否在最优砂率范围内。

表 6-12　最优砂率检验

最大骨料粒径 D_{max}（mm）		80
骨料品种	人工骨料	0.30 ~ 0.34

如果计算的砂率（SR）低于表 6-12 的最优砂率区间，则应适量减少石料用量（G），代入式（6-21）重新校验最优砂率；如果计算的砂率（SR）高于最优砂率区间，则应适量减少砂料用量，仍然采用公式（6-21）反算石料用量（G），然后代入公式（6-22）重新校验最优砂率，直至满足表 6-12 的最优砂率限值。

8. 初选碾压混凝土配合比

（1）碾压混凝土配合比设计要求和初选配合比设计参数列入表 6-13。

表 6-13　配合比参数

碾压混凝土设计要求		配合比参数					
强度等级（标号）	工作度（s）	水灰比 $\dfrac{W}{C}$	水胶比 $\dfrac{W}{C+F}$	砂率 $\dfrac{S}{S+G}$	粉煤灰掺量 $\dfrac{F}{C+F}$	减水剂品种及掺量	引气剂品种及掺量
						品种：掺量：	品种：掺量：

（2）初选碾压混凝土每立方米材料用量列入表 6-14。

表 6-14　材料用量表　　　　　　　　　　　　　　（单位:kg）

水 W	水泥 C	掺合料 F	砂料 S	石料 G	减水剂	引气剂

注：1. 粗骨料级配为（40 ~ 80）:（20 ~ 40）:（5 ~ 20）= 30:40:30。

2. 砂、石料质量以饱和面干质量为准。

（二）试配调整

试配调整是碾压混凝土配合比优化设计不可缺少的组成部分。只有经过试配调整的配合比，才能取得用于现场施工的资格。不论是有条件还是无条件进行碾压混凝土试配调整的机构（单位），在将配合比用于现场施工前都应进行试配调整。

初选配合比进行试配调整，主要解决三个问题：碾压混凝土拌和物的可碾压性，碾压混凝土实有抗压强度，碾压混凝土的密实度。

1. 碾压混凝土拌和物的可碾压性

由测定碾压混凝土拌和物工作度（VC 值）和外观形态来评定。

（1）检验工作度是否满足要求。若实测工作度与要求值不符，则应调整用水量。

（2）由工作度试验，根据碾压混凝土表面泛浆外观评定碾压混凝土可碾压性，评定标准与规范性碾压混凝土配合比优化设计相同。

（3）按调整后的用水量（W_1），重新返回进行材料用量修正。

·将 W_1 代入式（6-13）调整水泥用量（C_1）；

·将 C_1 代入式（6-14）调整掺合料用量（F_1）；

·将 W_1、C_1 和 F_1 代入式（6-16）调整水胶比 $\left(\dfrac{W_1}{C_1+F_1}\right)$，并校验水胶比 $\left(\dfrac{W_1}{C_1+F_1}\right)$ 是否满足抗冻性要求，见表6-4。

·将 W_1、C_1 和 F_1 代入式（6-21）调整砂料用量 S_1，按公式（6-21）校验最优砂率，见表6-12。

2. 碾压混凝土的密实度和含气量检测

碾压混凝土的密实度和含气量检测与第三节（二）试配与调整相同。

3. 成型早期抗压强度试件，校验碾压混凝土设计强度等级

大体积混凝土结构物设计采用后期强度（龄期90 d 或180 d），成型部分早期强度（龄期7 d 和28 d），以校验设计强度等级是否满足要求。龄期7 d 抗压强度按式（6-23）推算：

$$R_{C7} = 0.62\left[30.022\left(\frac{C}{W}\right) - 6.62\right] \tag{6-23}$$

实测7 d 试件抗压强度（R_7）大于或等于公式推算的 R_{C7}，即 $R_7 \geq R_{C7}$；实测28 d 抗压强度 R_{28} 大于或等于 f_{28}，即 $R_{28} \geq f_{28}$，则认可混凝土抗压强度达到设计强度等级。

4. 向用户提交试配调整后优化配合比

完成以上调整后，提出试配调整后优化配合比。

正常条件下，在用于混凝土搅拌楼投产前，为慎重起见，仍应采用搅拌楼料仓的料再次进行试配试验。试配调整方法同上，并提出试配调整后优化配合比。

5. 国内已建碾压混凝土坝配合比汇总

国内已建部分坝高在100 m 以上的碾压混凝土坝所用的配合比参数及单方材料用量列入表6-15，以供调整配合比参数时比对参考。

三、统计经验法使用提示

（1）碾压混凝土配合比设计既要满足结构强度要求，又要满足结构所处环境耐久性要求，本节介绍的方法只涉及结构强度方面。

（2）对水工结构设计初设阶段，采用本方法可以快捷地得到碾压混凝土配合比，以满足结构强度计算和材料用量与工程造价估算。

（3）大中型水利水电工程碾压混凝土配合比选择必须采用常规规范法进行配合比优化设计。采用本方法可以直接取得配合比设计初始参数，减少试验工作量，加快配合比设计进程。

（4）小型工程可以采用本方法选择碾压混凝土配合比，但是初选配合比后应采用工程使用的原材料进行试配与调整。用于工程前必须在搅拌站采用工程实际使用的原材料进行工艺性试拌、调整，各项性能指标满足要求后，方能用于施工拌制碾压混凝土。

表 6-15 碾压混凝土坝体内部三级配碾压混凝土配合比

坝名	建成年份	强度等级	水胶比	用水量(kg/m³)	水泥用量(kg/m³)	粉煤灰用量(kg/m³)	粉煤灰掺量(%)	砂率(%)	石子组合比(大:中:小)	减水剂(%)	引气剂(%)	VC值(s)	说明
天生桥二级	1984	C$_{90}$15W4	0.55	77	56	84	60	34	30:40:30	0.40	—	15±5	525普通硅酸盐水泥
普定	1993	C$_{90}$15	0.55	84	54	99	65	34	30:40:30	0.85	—	10±5	
江垭	1999	C$_{90}$15W8F50	0.58	93	64	96	60	33	30:30:40	0.40	—	7±4	木钙
棉花滩	2001	C$_{180}$15W2F50	0.60	88	59	88	60	34	30:40:30	0.60	—	5~8	
甘肃龙首	2001	C$_{90}$15W6F100	0.48	82	60	111	65	30	35:35:30	0.90	0.045	5~7	天然骨料
新疆石门子	2001	C$_{90}$15W6F100	0.55	88	56	104	65	31	35:35:40	0.95	0.010	6	天然骨料
大朝山	2002	C$_{90}$15W4F25	0.48	80	67	100	60	34	30:40:30	0.75	—	3~10	凝灰岩+磷矿渣
索风营	2005	C$_{90}$15W6F50	0.55	88	64	96	60	32	35:35:30	0.80	0.012	3~8	石灰岩
百色	2006	C$_{180}$15W2F50	0.60	96	59	101	63	34	30:40:30	0.80	0.015	3~8	
大花水	2006	C$_{90}$15W6F50	0.55	87	71	87	55	33	40:30:30	0.70	0.020	3~5	
光照	建设中	C$_{90}$20W6F100	0.48	76	71	87	55	32	35:35:30	0.70	0.20	4	
龙滩 RI ▽250 m以下	2007	C$_{90}$20W6F100	0.42	84	90	110	55	33	30:40:30	0.60	0.020	5~7	石灰岩
龙滩 RII ▽250~342 m		C$_{90}$15W6F100	0.46	83	75	105	58	33	30:40:30	0.60	0.020	5~7	
思林	建设中	C$_{90}$15W6F50	0.50	83	66	100	60	33	35:35:30	0.70	0.015	3~5	

第七章 水工砂浆

水利水电工程所用砂浆有硅酸盐水泥砂浆、聚合物水泥砂浆、树脂砂浆和沥青砂浆四类,本章只论及前两类水泥基的砂浆性能和检验方法。

第一节 硅酸盐水泥砂浆

水利水电工程使用的硅酸盐水泥砂浆按用途分为三种:层面垫层砂浆、砌筑水泥砂浆和灌注用水泥砂浆三种。

一、层面垫层砂浆

(一)层面(施工)缝及其层面处理

大体积混凝土不需用模板的层面(施工)缝多是水平的或是接近水平的。施工经验表明,凡是要求胶结紧密和不透水的层面缝,其老混凝土面应全部用风水枪冲毛,并用水冲洗干净,待表面完全干燥后再浇新混凝土,为使层面接触紧密,增加其抗渗性和抗剪切强度,在层面上应摊铺 10 ~ 15 mm 厚度的垫层水泥砂浆。

优质的层面处理是只将表面砂浆的浮浆乳皮除净即可,称为绿色冲毛(Green Cutting)。试验表明,冲毛层面时,冲露出粗骨料的表面是无益的,事实上表面冲得过深会减弱缝面的结合,甚至会破坏较粗骨料颗粒的牢固胶结。

水平层面的浮浆冲毛是用风水枪喷冲出新鲜混凝土表面。这种操作必须在混凝土开始硬化以后,但在混凝土变得很硬以前冲毛才能奏效。可以根据温度和使用的高压水枪设备能力等因素确定喷冲时间。冲毛过早容易使骨料松动并冲掉很多好料;同时,冲下来的浆水会生成乳皮。做好早期浮浆冲毛以后,宜覆盖保护,将层面保持好。

(二)垫层砂浆的性能

统计国内已建碾压混凝土坝垫层水泥砂浆的资料,可以得出以下要求。

1. 原材料

(1)水泥:42.5 普通硅酸盐水泥。

(2)掺合料:粉煤灰Ⅰ、Ⅱ级,或其他矿物掺合料。

(3)外加剂:高效减水剂,若有抗冻性要求,应掺加引气剂(掺量均按厂家推荐掺量),砂浆含气量宜控制在 7% ~ 9% 。

(4)砂:工程用砂(天然河砂或人工砂),细度模数为 2.40 ~ 2.80。

2. 垫层砂浆稠度

采用坍落度控制砂浆流动性,坍落度为 20 ~ 25 cm。

3. 砂浆配合比设计参数参考值

为方便砂浆配合比设计参数选取,下列砂浆各组分材料比例可供参考。

$$(C + F) : S : W = 1 : 2.5 : 0.35$$

式中 C——水泥用量，kg/m^3；

    F——掺合料用量，kg/m^3；

    S——砂用量，kg/m^3；

    W——用水量，kg/m^3。

(三)碾压混凝土层间允许间隔时间

1.常规混凝土与碾压混凝土施工的差异

常规混凝土浇筑大坝时，坝体采用柱状法施工，被分成许多块体，块体浇筑高度(3~6 m)是一定的。只有块体底部层面需要处理和摊铺垫层砂浆，此后一直上升到预定浇筑高度，在此期间不存在层面问题。

碾压混凝土浇筑的特点是通仓、薄层、连续浇筑，每层厚0.3 m，从上游面到下游面铺筑和碾压，形成一个水平层面。然后接着铺筑上一层，所以存在一个连续浇筑层面间隔允许时间。

2.碾压混凝土层面间隔允许时间及其规定

1)振动液化与层面

振动碾施振于碾压层，随着碾压遍数的增加，混凝土逐渐液化，水泥浆上浮，形成层面，浆层厚度为3~5 mm。浆层凝结前在其上铺筑碾压混凝土，再次被碾压时，由于液化作用，上层碾压混凝土的骨料下沉，与层面接触，有较好的胶结、嵌固和啮合作用，所以本体与层面有较好的连续性。层面凝固后，在垂直振动力作用下，不可能使骨料沉入浆层中并发生胶结、嵌固和啮合作用，因此本体与层面连续性较差。

2)层面连续铺筑允许间隔时间的确定

从层面浆体胶结作用开始，研究碾压混凝土层面胶砂贯入阻力与层面力学特性的关系。从多个工程试验得出，层面胶砂贯入阻力与层面特性密切相关，当胶砂贯入阻力低于5 MPa时，层面轴拉强度和黏聚力下降不超过15%。由此提出以贯入阻力为5 MPa对应的时间作为层面直接铺筑允许间隔时间。

3)层面铺筑间隔时间及层面处理规定

(1)直接铺筑允许间隔时间。

实测层面胶砂贯入阻力为5 MPa所对应的时间，在此时间内层面不需处理，直接铺筑上层碾压混凝土。

(2)层面铺垫层水泥砂浆处理后才允许浇筑。

当层面间隔时间超出直接铺筑允许间隔时间时，层面应铺垫层水泥砂浆，厚度为10~15 mm，然后在其上铺筑上层碾压混凝土。

(3)冷缝。

当层面间隔时间超过24 h时，层面应按冷缝处理。层面采用高压水冲毛(绿色冲毛)，将浮浆清洗干净，待表面晾干后铺10~15 mm厚垫层水泥砂浆，再铺筑上层碾压混凝土。

4)现场仓面检测层面质量的方法

现场仓面检测层面胶砂贯入阻力的方法见《水工混凝土试验方法》(SL 352—2006)中7.10"碾压混凝土拌和物仓面贯入阻力检测"。当实测层面胶砂贯入阻力大于控制值(按经验统计法选用贯入阻力为5 MPa)，即超出直接铺筑允许间隔时间时，应通知施工单位中止直接连续铺筑，进行层面处理。

二、砌筑水泥砂浆

砌体工程所用砌筑砂浆应满足以下规定。

(1)砌体工程所用砂浆的强度等级应符合设计要求。砂浆设计龄期立方体抗压强度标准值是指按照标准方法制作养护的边长为 70.7 mm 的立方体试件,在设计龄期用标准试验方法测得的具有设计保证率的抗压强度,以 MPa 计。

(2)砂浆中所用水泥、掺合料、外加剂、水和细骨料均应符合规定,见第二章的有关标准规定。

(3)砂浆的配合比应通过试验确定。

(4)砂浆应具有适当的流动性和良好的和易性。砂浆的稠度应以砂浆稠度仪的下沉度表示,宜为 10 ~50 mm。

(5)砂浆应随拌随用。当在运输或贮存过程中发生离析、泌水现象时,砌浆前应重新拌和。已凝结的砂浆不得使用。

三、灌注用水泥砂浆

灌注用水泥砂浆是指用来封堵预制输水管接头、嵌填机器底座与基础连接以及填塞层面缺陷的特种水泥砂浆。灌注用水泥砂浆必须易于完全填满所灌注的空间,并保持原体积不变。普通塑性和流态砂浆具有固体颗粒成分沉淀的趋势,顶部表面泌水,砂浆硬化干燥时产生收缩。影响砂浆沉降的因素有:①砂浆的稠度,稠度取决于单位用水量;②砂料级配;③水泥细度;④从砂浆连续不断搅拌或间断搅拌到灌注前,为维持其塑性状态所需时间长短。

(一)灌注砂浆选用原材料

(1)水泥:选用特种膨胀水泥,或普通硅酸盐水泥掺加膨胀剂。

(2)砂料中最好含有 25% 通过 0.3 mm 筛孔的颗粒。

(二)配合比设计参数选择

选择砂浆配合比时,不要使用过多的水,用水量以满足灌注所需砂浆要求稠度为限。低水灰比有利于减少收缩,也有利于增加强度,水灰比不宜大于 0.50。灌注砂浆稠度以坍落度表示。对于承荷载较轻的机器,应采用 1 份水泥、2 份砂配合比,坍落度不超过 10 ~ 12 cm;对于承荷载较重的机器,应采用灰砂比为 1:1.5 的配合比,坍落度不超过 7 cm。

四、水泥砂浆配合比设计

(一)砂浆配合比设计的基本原则

(1)砂浆的技术指标要求应与其接触的混凝土的设计指标相适应。

(2)砂浆应与其接触的混凝土所使用的掺合料和外加剂品种相同。

当掺引气剂时,其掺量应通过试验确定,以含气量达到 7% ~9% 时的掺量为宜。

(3)采用体积法计算每立方米砂浆各项材料用量。

(二)砂浆配制强度的确定

(1)砂浆的强度等级应按砂浆设计龄期立方体抗压强度标准值划分。水工砂浆的强度等级采用符号 M 后加设计龄期下角标再加立方体抗压强度标准值表示,若设计龄期为 28 d,则省略下角标,如 M15。砂浆强度等级可分为 M20、M15、M10、M7、M5 等。主体工程不得小于 M10，一般工程不得小于 M5。

(2)砂浆配制抗压强度按下式计算：

$$f_{m,0} = f_{m,k} + t\sigma \tag{7-1}$$

式中 $f_{m,0}$——砂浆配制抗压强度，MPa；

$f_{m,k}$——砂浆设计龄期的立方体抗压强度标准值，MPa；

t——概率度系数，由给定的保证率 P 选定，其值按第六章表 6-1 选用；

σ——砂浆立方体抗压强度标准差，MPa。

(3)抗压强度标准差 σ，宜按同品种砂浆抗压强度统计资料确定。

①统计时，砂浆抗压强度试件总数应不少于 25 组；

②根据近期相同抗压强度、生产工艺和配合比基本相同的砂浆抗压强度资料，砂浆抗压强度标准差按式(7-2)计算：

$$\sigma = \sqrt{\frac{\sum_{i=1}^{n} f_{m,i}^2 - n m_{f_m}^2}{n-1}} \tag{7-2}$$

式中 $f_{m,i}$——第 i 组试件抗压强度，MPa；

m_{f_m}——n 组试件的抗压强度平均值，MPa；

n——试件组数。

③当无近期同品种砂浆抗压强度统计资料时，σ 值可按表 7-1 取用。施工中应根据现场施工时段抗压强度的统计结果调整 σ 值。

表 7-1 标准差 σ 选用值　　　　　　　　　　　　　　（单位：MPa）

设计龄期砂浆抗压强度标准值	≤10	15	≥20
砂浆抗压强度标准差	3.5	4.0	4.5

(三)砂浆配合比设计程序

1.选定用水量

(1)层面垫层砂浆和灌注用水泥砂浆的稠度为坍落度，用其确定用水量。

建立水泥砂浆坍落度和用水量关系曲线。用水量中应包括选用的外加剂，按厂家推荐的掺量加入拌和水中。试拌时先以用水量(200±20)kg/m³ 为初始用水量，由初拌测试结果绘制坍落度与用水量关系曲线。其他设计参数按上述不同砂浆种类的推荐值选取。根据施工要求的砂浆坍落度大小决定增加还是减少用量。最后，由坍落度与用水量关系曲线上确定满足坍落度要求的用水量。

(2)砌筑砂浆的稠度以砂浆稠度仪测定的下沉度表示，用其确定用水量，砌筑砂浆用水量可按表 7-2 估算。

表 7-2 砂浆用水量参考表(下沉度 40~60 mm)

水泥品种	砂子细度	用水量(kg/m³)
普通硅酸盐水泥	粗砂	270
	中砂	280
	细砂	310
下沉度变动 ±10 mm	用水量 ±(8~10)kg/m³	

由表7-2初选用水量后,参考上述砂浆坍落度确定用水量的类同方法,最终选定满足砂浆施工下沉度要求的用水量。

2.确定水灰比(W/C)和掺合料掺量(K)

水泥砂浆强度同混凝土一样,与灰水比(C/W)呈线性关系。建立不同掺合料掺量(K)的砂浆抗压强度与灰水比(C/W)的关系线。由砂浆配制强度($f_{m.0}$)在关系线上确定砂浆灰水比和掺合料掺量。

3.计算水胶比(B)

$$B = \frac{W}{C}(1 - K) \tag{7-3}$$

4.胶凝材料用量计算

由水胶比得胶凝材料用量($C + F$)为:

$$C + F = \frac{W}{B} \tag{7-4}$$

5.掺合料用量计算

由$C + F$得掺合料用量(F)

$$F = K(C + F) \tag{7-5}$$

由F得水泥用量(C)

$$C = (C + F) - F \tag{7-6}$$

6.计算砂用量(S)

根据体积法计算,砂料体积V_s为

$$V_s = 1 - \left(\frac{W}{\rho_w} + \frac{C}{\rho_c} + \frac{F}{\rho_f} + \alpha \right) \tag{7-7}$$

所以砂用量(S)为

$$S = \rho_s \times V_s$$

式中　V_s——砂的绝对体积,m³;

　　　W——每立方米砂浆水用量,kg;

　　　C——每立方米砂浆水泥用量,kg;

　　　F——每立方米砂浆掺合料用量,kg;

　　　α——含气量;

　　　ρ_w——水的密度,kg/m³;

　　　ρ_c——水泥的密度,kg/m³;

　　　ρ_f——掺合料的密度,kg/m³;

　　　ρ_s——砂子饱和面干表观密度,kg/m³;

　　　S——每立方米砂浆砂料用量,kg。

(四)试配与调整

按上述砂浆配合比程序计算,得出砂浆各组分材料用量及各组分的比例,即$(C + F):S:W$的比值。按砂浆性能试验方法拌制砂浆和成型试件,对性能进行检测。

(1)砂浆拌和物的稠度(坍落度、下沉度)是否满足施工要求的规定。调整方法是增加或减少用水量。

（2）砂浆配合比计算表观密度(V_0)与实测表观密度(V)比。

$$V_0 = W + C + F + S + G$$

$$Q = \frac{V}{V_0} \tag{7-8}$$

各组分配合比计算用量乘以 Q，即为砂浆各组分实际用量。

（3）抗压强度检验。

成型设计龄期砂浆抗压强度试件（70.7 mm 立方体），测定抗压强度，其平均值必须大于或等于砂浆配制抗压强度（$f_{m,0}$）。调整方法是：当实测平均抗压强度（R）<$f_{m,0}$时，则适量减小水灰比（W/C），重新试验直至满足要求，$R \geqslant f_{m,0}$。

五、水泥砂浆性能检测

（一）水泥砂浆拌和、成型和养护

（1）室内温度保持为（2 ± 5）℃，用以拌和砂浆的材料与室温相同。对所拌制的拌和物应避免阳光照射及对着风吹。

（2）主要仪器设备有砂浆搅拌机和振动台，以及拌和钢板、铁铲、台秤、磅秤、天平、量筒等机具。

（3）水泥砂浆拌和有人工拌和与机械拌和两种方法，详见《水工混凝土试验规程》（SL 352—2006）8.1"水泥砂浆拌和方法"。

（4）标准养护室温度应控制在（20 ± 2）℃，相对湿度 95% 以上且为雾室。没有标准养护室时，试件可在（20 ± 2）℃的饱和石灰水中养护，但应在报告中注明。

（二）水泥砂浆拌和物性能试验

水泥砂浆拌和物性能试验包括稠度、泌水率、表观密度及含气量。

1. 水泥砂浆稠度试验

水泥砂浆稠度可用砂浆稠度仪测定锥体下沉深度，以下沉度表示；也可用坍落度筒测定砂浆坍落度，以坍落度表示。

砂浆锥体下沉度稠度试验方法见《水工混凝土试验规程》（SL 352—2006）8.2"水泥砂浆稠度试验"，砂浆坍落度稠度试验方法与混凝土坍落度试验方法相同。

2. 水泥砂浆泌水率试验

砂浆泌水率作为衡量水泥砂浆和易性的指标之一。砂浆泌水率试验方法见《水工混凝土试验规程》（SL 352—2006）8.3"水泥砂浆泌水率试验"。

3. 水泥砂浆表观密度试验及含气量计算

水泥砂浆表观密度用于核算单位体积砂浆的材料用量。砂浆含气量是通过实测砂浆表观密度与不计含气量时砂浆的理论表观密度之差，推算出砂浆含气量。

水泥砂浆表观密度试验及含气量推算见《水工混凝土试验规程》（SL 352—2006）8.4"水泥砂浆表观密度试验及含气量计算"。

（三）水泥砂浆强度试验

1. 水泥砂浆抗压强度试验

抗压强度试验标准试件规格为边长为 70.7 mm 的立方体。试验按《水工混凝土试验规程》（SL 352—2006）8.5"水泥砂浆抗压强度试验"进行。

2. 水泥砂浆劈裂抗拉强度试验

劈裂抗拉强度试验标准试件规格为边长为 70.7 mm 的立方体。试验按《水工混凝土试验规程》(SL 352—2006)8.6"水泥砂浆劈裂抗拉强度试验"进行。

3. 水泥砂浆黏结强度试验

黏结强度试验标准试件为"8"字形,颈部断面为 25 mm × 25 mm。该试件结构尺寸合理,试件在颈部拉断,应力分布均匀。同时配有一对拉伸夹具,试验操作简单,且对中准确。试验按《水工混凝土试验规程》(SL 352—2006)8.7"水泥砂浆黏结强度试验"进行。

4. 水泥砂浆轴向抗拉拉伸试验

标准试件规格为哑铃形,直线段长度为 100 mm,断面为 25 mm × 25 mm。哑铃两端头尺寸与黏结强度标准试件的半"8"字形相同,试件渐变段结构合理,应力集中小,试件在等直段断裂的概率高。

砂浆轴向抗拉拉伸试验按《水工混凝土试验规程》(SL 352—2006)8.8"水泥砂浆轴向抗拉拉伸试验"进行。

(四)水泥砂浆干缩(湿胀)试验

水泥砂浆标准试件规格为 40 mm × 40 mm × 160 mm。水泥砂浆干缩(湿胀)试验按《水工混凝土试验规程》(SL 352—2006)8.9"水泥砂浆干缩(湿胀)试验"进行。

(五)水泥砂浆耐久性试验

1. 水泥砂浆抗渗性试验

水泥砂浆抗渗性试验与混凝土抗渗性试验虽然都采用传统的渗水压法,但试验仪器、试件规格、施加水压制度和抗渗性评定指标不同。其差异是:①试验仪器采用砂浆渗透试验仪;②标准试件为截圆锥,上口直径为 70 mm、下口直径为 80 mm,高度为 30 mm;③施加水压制度,每隔 1 h 增加 0.1 MPa 水压力;④抗渗指标采用水渗透性系数。

砂浆渗透试验可以在混凝土渗透仪上加装一套与砂浆标准试件尺寸相配合的套模,并与混凝土渗透仪的进水压管相连接,即可进行砂浆抗渗性试验。

2. 水泥砂浆抗冻性试验

试验方法原则上与《水工混凝土试验规程》(SL 352—2006)4.23"混凝土抗冻性试验"相同。

水泥砂浆抗冻性试验分小试件试验法和大试件试验法两种。小试件试验法试件规格为 40 mm × 40 mm × 160 mm,大试件试验法试件规格为 100 mm × 100 mm × 400 mm。

水泥砂浆抗冻性试验按《水工混凝土试验规程》(SL 352—2006)4.10"水泥砂浆抗冻性试验"进行。

第二节　聚合物水泥砂浆

一、概述

众所周知,水泥砂浆的缺点是脆性大、抗拉强度低、变形性能与黏结性能均较差,为了改善水泥砂浆的变形性能、黏结性能和耐久性能,采用有机高分子材料(聚合物)与无机材料复合,即配制成聚合物改性水泥砂浆,可发挥有机、无机材料各自优点,能明显提高砂浆的极限拉伸、抗拉强度、黏结强度,降低弹模、减小干缩率,提高其密实性、抗渗性及抗冻性。

1971 年美国混凝土学会(ACI)成立 548 委员会(聚合物混凝土)。

从 1979 年开始,每隔 3 年左右即召开一次聚合物混凝土国际学术讨论会,1990 年第六届聚合物混凝土国际学术讨论会在上海同济大学召开。

美国和日本都制定了聚合物水泥砂浆与混凝土的应用标准。

我国 20 世纪 60 年代开始聚合物乳液对水泥砂浆及混凝土的改性研究,主要研究天然橡胶乳、丁苯胶乳(SBR)、氯丁胶乳(CR)、氯偏胶乳(PVAC)、丙烯酸酯共聚乳液(丙乳,PAE)等聚合物水泥砂浆的性能及应用,广泛应用于防渗、防腐、防冻部位及工程修补。

2001 年颁布了电力行业标准《聚合物改性水泥砂浆试验规程》(DL/T 5126—2001)。

二、聚合物水泥砂浆所用聚合物乳液的性能

常用聚合物乳液有丙乳、氯丁胶乳、丁苯胶乳、氯偏胶乳,其性能列于表7-3。

表 7-3 聚合物乳液性能

聚合物乳液种类	PAE	CR	SBR	PVAC
固形物含量(%)	46	42	48	50
稳定剂种类	非离子	非离子	非离子	非离子
比重(26 ℃)	1.09	1.10	1.01	1.09
pH 值	9.5	9.0	10.0	2.5
黏度(20 ℃)(MPa·s)	250	10	24	17
表面张力(26 ℃)(Pa)	4.0	4.0	3.2	—

三、聚合物水泥砂浆配合比特点

(1)聚合物水泥砂浆配合比设计时多一个参数就是聚灰比,即掺入聚合物乳液中固形物质量与水泥的质量比,聚灰比一般为 5% ~15%。

(2)聚合物水泥砂浆的用水量低,这是由于聚合物乳液在生产过程中都要加入表面活性剂,使聚合物乳液的减水率高达 37% ~45%,达到相同流动度的情况下,聚合物水泥砂浆的水灰比大大降低。

四、聚合物水泥砂浆的特性

(1)聚合物水泥砂浆的凝结时间比不掺的有所延长,这是由于聚合物乳液对水泥水化有延缓作用。

聚合物水泥砂浆拌和物保水性优于水泥砂浆。

(2)聚合物水泥砂浆具有优良的黏结性能,且是一种常温水硬性黏结材料,无论被黏结体潮湿或在潮湿空气中,均可呈现优良的黏结性能,丙乳水泥砂浆与普通水泥砂浆抗拉黏结强度对比试验结果见表7-4。

(3)聚合物水泥砂浆具有很高的抗冻性与耐老化性能。南京水利科学研究院曾研究过丙乳水泥砂浆的抗冻性,快速冻融 300 次后,丙乳砂浆的相对动弹性模量仍在 95% 以上,质

量损失率几乎为0,说明其有优异的抗冻性。

表7-4 丙乳水泥砂浆与普通水泥砂浆抗拉黏结强度对比试验结果

砂浆种类	养护条件	与钢材黏结强度（MPa）	与普通水泥砂浆黏结强度（MPa）	
			基面用砂纸打毛	基面用丙酮去油
普通	7 d 湿 21 d 干	0	1.39	0
丙乳		0.38	7.83	2.33
普通	7 d 湿 21 d 干	0.17	1.73	1.97
丙乳		0.33	7.90	4.32

(4)聚合物水泥砂浆具有一定耐盐、耐碱、耐油脂矿物油和低浓度酸的能力,例如,丙乳砂浆、氯丁砂浆的耐腐蚀性能如下:

丙乳砂浆:

耐≤2%浓度硫酸、耐≤20%浓度氢氧化钠;

耐≤5%浓度的盐酸、硝酸、醋酸、铬酸、氢氟酸;

耐碳酸钠、氨水、尿素、乙醇、苯;

氯丁砂浆:

耐≤2%浓度的盐酸、硝酸、醋酸、铬酸、氢氟酸;

耐≤20%浓度氢氧化钠;

耐碳酸钠、氨水、尿素、丙酮、乙醇、汽油、苯。

(5)聚合物水泥砂浆养护特点是必须先进行潮湿养护7 d,使水泥水化,然后进行自然干燥养护21 d,使聚合物分散体失水而凝胶化,并进一步干燥形成网状膜。

五、聚合物水泥砂浆的用途

(1)水工混凝土建筑物冻融破坏修补,如北京西斋堂与崇青水库溢洪道、潘家口与岳城水库溢洪道等冻融破坏采用丙乳水泥砂浆进行修补。

(2)水工钢筋混凝土建筑物渗漏处理,如渡槽、倒虹吸管等水工钢筋混凝土建筑物渗漏采用丙乳水泥砂浆或氯丁水泥砂浆进行防渗处理。

(3)防钢筋混凝土碳化处理,如对湖南省的韶山灌区、铁山灌区、岳阳水库、白马水库、马迹塘水电站,浙江永康水电站,江苏沭阳闸等工程都采用丙乳水泥砂浆进行防碳化处理。

(4)工业建筑防腐材料、防氯盐腐蚀、防弱酸、耐碱等工业厂房地面、墙面、槽池护面等。

六、聚合物改性水泥砂浆性能试验

(一)聚合物改性水泥砂浆原材料试验

原材料试验见《聚合物改性水泥砂浆试验规程》(DL/T 5126—2001)4.1"聚合物乳液试验",4.2"水泥试验",4.3"骨料试验"。

(二)聚合物改性水泥砂浆拌和物性能试验

聚合物改性水泥砂浆是以水泥为基体,掺入占水泥质量5%～20%聚合物溶液(按含固量计)拌制而成的砂浆,其拌和方法与水泥砂浆相同,但其养护条件与水泥砂浆有所不同,即先在湿养护箱养护 2 d,再放入(20±3)℃水中养护 5 d,最后放入干养护箱中养护 21~28 d 龄期。

聚合物改性水泥砂浆拌和方法按《聚合物改性水泥砂浆试验规程》(DL/T 5126—2001)5.1"砂浆的拌和方法"进行,聚合物改性水泥砂浆流动性试验按 5.2"砂浆流动性试验"进行,砂浆凝结时间试验按 5.3"砂浆凝结时间试验"进行,砂浆表观密度及含气量计算按 5.4"砂浆密度试验及含气量计算"进行。聚合物改性水泥砂浆泌水率试验按《水工混凝土试验规程》(SL 352—2006)8.3"水泥砂浆泌水率试验进行"。

(三)聚合物改性水泥砂浆力学性能试验

聚合物改性水泥砂浆成型及养护方法见《聚合物改性水泥砂浆试验规程》(DL/T 5126—2001)6.1"砂浆试件的成型和养护方法",聚合物改性水泥砂浆抗拉强度和抗压强度试验按 6.2"砂浆抗折强度和抗压强度试验"进行。

聚合物改性水泥砂浆劈裂抗拉强度按《水工混凝土试验规程》(SL 352—2006)8.6"水泥砂浆劈裂抗拉强度试验"进行,砂浆黏结强度试验按 8.7"水泥砂浆黏结强度试验"进行,砂浆轴向抗拉拉伸试验按 8.8"水泥砂浆轴向抗拉拉伸试验"进行。

(四)聚合物改性水泥砂浆吸水率和干缩试验

聚合物改性水泥砂浆吸水率试验按《聚合物改性水泥砂浆试验规程》(DL/T 5126—2001)6.6"砂浆吸水率试验"进行,砂浆干缩率试验按 6.7"砂浆干缩率试验"进行。

(五)聚合物改性水泥砂浆耐久性试验

聚合物改性水泥砂浆抗渗性试验按《水工混凝土试验规程》(SL 352—2006)8.11"水泥砂浆抗渗性试验"进行,砂浆抗冻性试验按 8.10"水泥砂浆抗渗性试验"进行。

(六)聚合物改性水泥砂浆配合比设计

砂浆配合比设计见《聚合物改性水泥砂浆试验规程》(DL/T 5126—2001)附录 B"聚合物改性水泥砂浆配合比"。

第八章 水工混凝土质量检控导则

第一节 目标、范围及体系

一、分类

（1）水工混凝土按施工工艺主要分为以下三类：

①常规混凝土（Conventional Concrete）：按常规施工方法进行浇筑的普通混凝土和水工钢筋混凝土结构物的普通混凝土。

②碾压混凝土（Rolled Compacted Concrete）：在施工现场通过机械碾压进行浇筑的混凝土。

③变态混凝土（GEV‐RCC）：在碾压混凝土摊铺层内注入灰浆浆液而振动捣实的混凝土。

（2）混凝土闸、坝又称大体积混凝土（Mass Concrete）：混凝土结构物实体最小尺寸等于或大于 1 m，或预计会因水泥水化热引起混凝土内外温差过大而导致裂缝的混凝土。

二、抗压强度等级、标号及龄期

（一）强度等级与标号

基于大坝混凝土结构设计理念不同而提出强度等级和标号两个不同的设计强度标准值指标。强度等级是可靠度设计理论应用于坝工设计而提出的设计强度标准值的指标；而强度标号是比较古典的设计方法，是以设计安全系数表征的设计理念。因此，水电行业坝工设计规范采用强度等级，如 C20，表示 28 d 龄期、保证率 95% 的抗压强度设计标准值为 20 MPa，$C_{90}20$ 表示 90 d 龄期、保证率 80% 的抗压强度设计标准值为 20 MPa。水利行业坝工规范采用强度标号，R200 表示 28 d 龄期、保证率 95% 的抗压强度设计标准值为 20 MPa，$R_{180}200$ 表示 180 d 龄期、保证率 80% 的抗压强度设计标准值为 20 MPa。

（二）龄期

1. 设计龄期

混凝土坝建坝周期较长，从建坝到运行最快也需两年以上，所以混凝土设计龄期采用 90 d 或 180 d，美国坝工设计龄期为 360 d。除抗压强度外，混凝土耐久性指标检验标准也定为 90 d 龄期，如抗冻等级和抗渗等级检验标准。

2. 28 d 龄期

（1）某些特种混凝土设计龄期为 28 d，如水电站厂房混凝土、抗冲磨过水表面混凝土。

（2）大坝混凝土现场检控均采用 28 d 龄期，搅拌楼（站）混凝土抗压强度抽样数量是设计龄期数量的一倍，用于评定搅拌楼（站）混凝土生产控制水平和预报设计龄期抗压强度。对混凝土质量进行动态检控，随时纠正混凝土生产失控原因。

三、混凝土质量检控体系

混凝土的原材料、配合比、生产、施工、养护和试验等因素都会影响到混凝土质量。因此,混凝土质量检控体系是对各影响质量因子进行全方位检测和控制。

第二节　原材料质量检验

一、水泥

(1)水泥品种和强度等级应根据设计、施工要求以及工程所处环境确定。水工混凝土常用的水泥是硅酸盐水泥,包括通用硅酸盐水泥和中热、低热硅酸盐水泥。通用硅酸盐水泥中使用最多的是普通硅酸盐水泥;中热、低热硅酸盐水泥中使用最多的是中热硅酸盐水泥。有预防混凝土碱－骨料反应要求的混凝土宜采用碱含量低于 0.6% 的水泥。对环境水有侵蚀的部位,根据侵蚀类型及程度可采用高抗硫酸盐水泥或中抗硫酸盐水泥。

水泥应符合现行国家标准《通用硅酸盐水泥》(GB 175—2007),《中热硅酸盐水泥、低热硅酸盐水泥、低热矿渣硅酸盐水泥》(GB 200—2003)和其他的相关现行国家标准的规定。

(2)水泥质量主要检控项目应包括凝结时间、安定性、胶砂强度、氧化镁和氯离子含量,碱含量低于 0.6% 的水泥主要检控项目还应包括碱含量,中热、低热硅酸盐水泥或低热矿渣硅酸盐水泥主要检控项目还应包括水化热。

水泥品质指标的检验方法见第二章第一节中"水泥品质指标检验方法"。

(3)水泥在应用方面尚应符合以下规定:

①宜采用新型干法窑生产的水泥。

②水泥中的混合材料品种和掺量应得到明示。

③用于生产混凝土的水泥温度不宜高于 60 ℃。

二、矿物掺合料

(1)用于混凝土中的主矿物掺合料包括粉煤灰、粒化高炉矿渣粉、钢渣粉、磷渣粉、硅灰,也可采用两种矿物掺合料按一定比例混合使用。粉煤灰应符合现行国家标准《用于水泥和混凝土中的粉煤灰》(GB/T 1596—2005)的规定,粒化高炉矿渣粉应符合现行国家标准《用于水泥和混凝土中的粒化高炉矿渣粉》(GB/T 18046—2008)的规定,钢渣粉应符合现行国家标准《用于水泥和混凝土中的钢渣粉》(GB/T 20491—2006),其他矿物掺合料应符合相关现行国家标准的规定并满足混凝土性能要求。矿物掺合料的放射性应符合现行国家标准《建筑材料放射性核素限量》(GB 6566—2001)的规定。

(2)粉煤灰的主要检控项目应包括细度、需水量比、烧失量和三氧化硫含量,C 类粉煤灰的主要检控项目还应包括游离氧化钙含量和安定性;粒化高炉矿渣粉主要检控项目应包括比表面积、活性指数和流动度比;钢渣粉的主要检控项目应包括比表面积、活性指数、流动度比、游离氧化钙含量、三氧化硫含量、氧化镁含量和安定性;磷渣粉的主要检控项目应包括细度、活性指数、流动度比、五氧化二磷含量和安定性;硅灰的主要检控项目应包括比表面积和二氧化硅含量。矿物掺合料还应进行放射性检验。

矿物掺合料的检验方法见第二章第二节。

（3）矿物掺合料在应用方面尚应符合以下规定：

①掺用矿物掺合料的混凝土，宜采用硅酸盐水泥、普通硅酸盐水泥和中热硅酸盐水泥。

②在混凝土中掺用矿物掺合料时，矿物掺合料的种类和掺量应经试验确定，其混凝土的性能应满足设计要求。

③矿物掺合料宜与高效减水剂同时使用。

④水工混凝土宜采用不低于Ⅱ级的粉煤灰。

⑤对于高强混凝土和抗冲耐磨混凝土，当需要采用硅灰时，宜采用二氧化硅含量不小于90%的硅灰，硅灰宜采用吨包供货。

⑥非活性矿物掺合料，如磨细石英砂、石灰石等副掺合料可与主掺合料（活性矿物掺合料）复合使用，见第二章第二节中"复合矿物掺合料"。当用水胶比指标评定混凝土的最大水胶比和胶凝材料用量时，副掺合料用量不应计入胶凝材料用量内。

三、外加剂

（1）外加剂应符合国家现行标准《混凝土外加剂》（GB 8076—2008）的规定。

（2）外加剂质量主要检控项目应包括掺外加剂混凝土性能和外加剂匀质性两方面。混凝土性能方面的主要检控项目应包括减水率、凝结时间差和抗压强度比，外加剂匀质性方面的主要检控项目应包括 pH 值、氯离子含量和碱含量，引气剂和引气减水剂主要检控项目还应包括含气量。混凝土性能方面检控试验方法按国家现行标准《混凝土外加剂》（GB 8076—2008）的规定进行。外加剂匀质性方面检控试验方法按《混凝土外加剂匀质性试验方法》（GB/T 8077—2008）的规定进行。

（3）外加剂在应用方面应符合以下规定：

①在混凝土掺用外加剂时，外加剂应与水泥具有良好的适用性，其种类及掺量应经试验确定，混凝土性能应满足设计要求。

②水工混凝土宜采用高效减水剂，有抗冻要求的混凝土宜采用引气剂或引气减水剂。

③外加剂中的氯离子含量和碱含量应满足混凝土设计要求。

四、骨料

（一）细骨料

（1）细骨料应符合《水工混凝土施工规范》（DL/T 5144—2001）的规定，各项技术要求见第二章第四节中表2-34。

（2）细骨料质量的检控项目应包括颗粒级配、细度模数、含泥量、泥块含量、表观密度和坚固性。人工砂主要检控项目还应包括石粉含量（公称粒径 <0.16 mm）。细骨料检测方法按《水工混凝土试验规程》（SL 352—2006）中的方法进行，见第二章第四节中表2-35。

（3）细骨料在应用方面尚应符合以下规定：

①细骨料颗粒分级试验筛可采用表8-1 的任一系列试验筛，所得筛分颗粒级配和细度模数均有效。

表 8-1　方孔试验筛筛孔宽度　　　　　　　　　（单位：mm）

| DL/T 5144—2001 | 10.0 | 5.0 | 2.5 | 1.25 | 0.630 | 0.315 | 0.160 |
| GB/T 14684—2001 | 9.5 | 4.75 | 2.36 | 1.18 | 0.600 | 0.300 | 0.150 |

②对天然砂应进行碱-硅酸活性检验,对人工砂应进行碱-硅酸盐活性检验和碱-碳酸盐活性检验。

③碾压混凝土用人工砂石粉含量允许放宽到 10%~20%;有抗冻要求的碾压混凝土,砂中云母含量不得大于 1%。

(二)粗骨料

(1)粗骨料应符合《水工混凝土施工规范》(DL/T 5144—2001)的规定,各项技术要求见第二章第四节中表 2-36。

(2)粗骨料质量主要检控项目应包括颗粒级配、针片状含量、含泥量、泥块含量、压碎指标和坚固性。粗骨料检测方法按《水工混凝土试验规程》(SL 352—2006)中的方法进行,见第二章第四节中表 2-36。

(3)粗骨料在应用方面尚应符合以下规定:

①粗骨料颗粒分级试验筛可采用表 8-2 的任一系列试验筛。

表 8-2　方孔试验筛筛孔宽度　　　　　　　　　（单位：mm）

| DL/T 5144—2001 | 150 | 120 | 80 | 40 | 20 | 10 | 5 |
| GB/T 4685—2001 ISO 6274 | 150 * | 112 | 75 | 37.5 | 19.0 | 9.5 | 4.75 |

注:* 为推荐值。

②工程采用的粗骨料级配必须经过振实,表观密度试验选出的振实密度接近最大者(或空隙率最小者);碾压混凝土为减少施工摊铺大骨料分离,可采用大石:中石:小石 = 30:40:30。

③混凝土粗骨料宜采用连续级配。

④对粗骨料或用于制作粗骨料的岩石,应进行碱活性检验,包括碱-硅酸盐活性检验和碱-碳酸盐活性检验。

五、养护和拌和用水

(1)混凝土养护和拌和用水应符合《水工混凝土施工规范》(DL/T 5144—2001)的规定,见第二章第五节。

(2)混凝土养护和拌和用水主要检控项目应包括 pH 值、不溶物含量、可溶物含量、硫酸根离子含量、氯离子含量、水泥凝结时间差和水泥胶砂强度比;当混凝土骨料为碱活性时,主要检控项目还应包括碱含量。各项检测方法见《水工混凝土试验规程》(SL 352—2006)。

第三节　混凝土性能要求

一、拌和物性能

（1）混凝土拌和物性能应满足设计和施工要求。混凝土拌和物性能试验方法应符合《水工混凝土试验规程》（SL 352—2006）的规定。

（2）水工混凝土拌和物的流动性可用坍落度或工作度（VC 值）表示，坍落度检测适用于坍落度为 10～210 mm 的常规混凝土拌和物；工作度（VC 值）适用于工作度为 5～15 s 的碾压混凝土。坍落度和工作度（VC 值）的划分见表 8-3。

表 8-3　混凝土拌和物坍落度和工作度（VC 值）划分

混凝土类别	坍落度（mm）	工作度（VC 值）（s）
常规混凝土	40 50～90 100～210	—
碾压混凝土	—	5～7 12～15

（3）混凝土拌和物应具有良好的和易性，并不得离析或泌水。

（4）掺用引气剂或引气型外加剂混凝土拌和物的含气量宜符合表 8-4 的规定，并满足混凝土性能对含气量的要求。

表 8-4　混凝土的含气量

粗骨料最大粒径（mm）	混凝土含气量（%）
20	≥5.5
40	4.5～5.5
80 mm、150 mm 混凝土湿筛后	3.5～4.5

（5）混凝土拌和物的凝结时间应满足施工要求和混凝土性能要求。

（6）混凝土拌和物应在满足施工要求的条件下，尽可能采用较小的坍落度；泵送混凝土拌和物坍落度不宜大于 180 mm。

二、力学性能

（1）水工混凝土设计龄期抗压强度标准值，由于设计理念不同采用的表达形式也不相同。水电行业采用强度等级 C，水利行业采用强度标号 R。经计算，C 和 R 可以等值换算，C=0.1R，见表 8-5。

表 8-5　强度等级和强度标号等值

强度等级	C10	C15	C20	C25	C30	C35	C40	C45	C50	C55	C60
强度标号	R100	R150	R200	R250	R300	R350	R400	R450	R500	R550	R600

不同设计龄期的表示规则：

①当设计龄期为 28 d 时，C 没有龄期注脚，设计龄期强度标准值的保证率为 95%，强度保证率系数 $t = 1.645$；R 没有龄期注脚，设计龄期强度标准值的保证率为 95%，强度保证率系数 $t = 1.645$。

②当设计龄期为 90 d 或 180 d 时，大坝混凝土设计龄期强度标准值的保证率为 80%，强度保证率系数 $t = 0.842$，如 $C_{90}20$ 或 $R_{90}200$ 表示：设计龄期为 90 d，设计强度标准值为 20 MPa，强度保证率为 80%；水闸工程混凝土设计龄期强度标准的保证率为 90%，强度保证率系数 $t = 1.280$，如 $C_{180}25$ 或 $R_{180}250$ 表示：设计龄期为 180 d，设计强度标准值为 25 MPa，强度保证率为 90%。

所以，混凝土设计龄期立方体抗压强度标准值是指按照标准方法制作的边长为 150 mm 的立方体试件，在设计龄期用标准试验方法测得的具有设计保证率的抗压强度，以 MPa 计。

标准立方体试件制作和抗压强度试验方法应符合《水工混凝土试验规程》（SL 352—2006）的规定。

（2）大体积混凝土会因水泥水化热引起混凝土内外温差过大而导致混凝土裂缝，设计对混凝土轴向抗拉强度和极限拉伸值提出要求。轴向抗拉强度和极限拉伸试验方法应符合《水工混凝土试验规程》（SL 352—2006）的规定。

三、耐久性能

（1）混凝土耐久性能应满足设计要求。试验方法应符合《水工混凝土试验规程》（SL 352—2006）的规定。

（2）混凝土结构根据所承受的水头、水力梯度以及下游排水条件等对混凝土所需要的抗渗等级分为 W2、W4、W6、W8、W10 和 W12 六级；根据气候分区、冻融循环次数、表面局部小气候、水分饱和程度、构件重要性和检修条件，混凝土抗冻等级分为 F50、F100、F150、F200、F300 和 F400 六级；当混凝土处于水中硫酸根离子（SO_4^{2-}）大于 200 mg/L 或土中硫酸根离子（SO_4^{2-}）大于 300 mg/kg 时，混凝土就会发生硫酸盐侵蚀破坏，混凝土抗硫酸盐性能划分为 KS30、KS60、KS90、KS120、KS150 和 >KS150 六级。

混凝土抗渗透性能、抗冻性能和抗硫酸盐性能的等级划分应符合表 8-6 的规定。

表 8-6　混凝土抗渗性能、抗冻性能和抗硫酸盐性能的等级划分

抗渗等级	抗冻等级	抗硫酸盐等级
W2	F50	KS30
W4	F100	KS60
W6	F150	KS90
W8	F200	KS120
W10	F300	KS150
W12	F400	>KS150

（3）对钢筋混凝土水工结构还应规定导致钢筋锈蚀相关的混凝土抗氯离子渗透性能和

抗碳化性能的等级划分。

第四节　混凝土配合比检控

混凝土配合比应满足混凝土施工性能、配制抗压强度、其他力学性能和耐久性能的设计要求。检控方法如下：

（1）水灰比定则。

混凝土抗压强度与水灰比和掺合料掺量的关系为：

$$f_{cu,0} = f\left(\frac{C}{W}, \frac{1}{K}\right) \tag{8-1}$$

式中　$f_{cu,0}$——混凝土配制强度，MPa；

C/W——灰水比；

K——掺合料掺量。

当 K 为常数时，混凝土抗压强度与灰水比（C/W）呈线性关系，即

$$f_{cu,0} = A\left(\frac{C}{W}\right) + B \tag{8-2}$$

式中　A、B——试验常数；

其余符号意义同前。

采用式（8-2）检验混凝土的配制抗压强度。

（2）水胶比检验混凝土的耐久性能。

水胶比（B），$B = \dfrac{W}{C}(1 - K)$，水胶比直接影响混凝土的孔隙率和孔结构，进而影响混凝土的密实性、强度和耐久性。混凝土水胶比的最大值应符合《水工混凝土施工规范》（DL/T 5144—2001）的规定。

对首次使用或原材料发生变化的配合比，应进行开盘鉴定，开盘鉴定应包括以下内容：

（1）生产使用的原材料应与配合比设计一致；

（2）混凝土拌和物性能应满足施工要求；

（3）混凝土强度满足评定要求；

（4）混凝土耐久性满足设计要求。

在混凝土配合比使用过程中，应根据混凝土质量指标的动态检测结果及时调整配合比。搅拌楼（站）的配料单进行调整的目的是保持使用的开盘配合比不变。

（1）当搅拌楼（站）检验粗骨料超逊径超过规定时，应调整骨料级配，使各级骨料的级配比例不变。

（2）砂的细度模数连续 10 次检测平均值变动超出规定值的 ±0.2，则应调整配合比的砂率，细度模数超出每增减 0.1，砂率相应增减 0.01。

（3）拌和物的流动性（坍落度、VC 值）超出允许范围，首先检测砂、石骨料表面含水率和外加剂的加入量，分析原因、研究处理方法，不允许随意变动配料单的用水量。

第五节　混凝土生产质量检控

为了使混凝土具有稳定的质量,满足结构可靠度(安全度)的要求,应对混凝土的原材料、混凝土配合比及混凝土生产各道工序进行控制,并根据在生产过程中所测得的各项质量参数分析其变化原因。对显著影响质量的因素,应及时采取措施予以控制,并预防在以后的生产过程中再发生类似情况。

混凝土生产之前,应制定完整的技术方案,并做好各项准备工作。

混凝土拌和物在运输和浇筑过程中严禁加水。

一、原材料进场

(一)堆放与存储

(1)水泥应按不同厂家、不同品种和强度等级分批存储,并应采取防潮措施;出现结块的水泥不得用于混凝土工程;水泥出厂超过 3 个月应进行复验,合格者方可使用。

(2)粗、细骨料堆场应有防尘和遮雨设施;粗、细骨料按品种、规格分别堆放,不得混杂和混入杂物。粗骨料按颗粒公称粒径分为 D20、D40、D80 和 D150(D120)四种规格。

(3)矿物掺合料存储时,应有明显标记,不同矿物掺合料以及水泥不得混杂堆放,并应防潮防雨和符合有关环境保护的规定;矿物掺合料存储超过 3 个月,应进行复验,合格者方可使用。

(4)外加剂的送检样品应与工程大批量进货一致,并应按不同的供货单位、品种和牌号进行标识,单独存放;粉状外加剂应防止受潮结块,若有结块,应进行检验,合格者应经粉碎至全部通过 600 μm 筛孔后方可使用;液态外加剂应贮存在密封容器内,并应防晒和防冻,若有沉淀现象,应经检验合格后方可使用。

(二)原材料质量检验

原材料进场时,按规定批次验收,应有形式检验报告、出厂检验报告或合格证等质量证明文件,外加剂产品还应具有使用说明书。

检验样品应随机抽取。检验批量应符合以下规定:

(1)散装水泥应按每 500 t(袋装水泥每 200 t)为一个检验批;粉煤灰或粒化高炉矿渣粉、钢渣粉、磷渣粉等应按每 200 t 为一检验批;硅灰应按每 20 t 为一检验批;轻烧氧化镁应按每 60 t 为一检验批;砂料按同料源每 1 000 t 为一检验批;粗骨料按同料源碎石每 2 000 t 为一检验批,卵石按每 1 000 t 为一检验批;外加剂应按每 50 t 一个检验批;水应按同一水源不少于一个检验批。

(2)不同批次或非连续供应的不足一个检验批的混凝土原材料应作为一个检验批。

取样数量和方法应符合以下规定:

(1)水泥。

可连续取,也可从 20 个以上不同部位取等量样品,总量至少 12 kg。取样方法按《水泥取样方法》(GB 12573—2008)进行。

(2)掺合料。

取样应有代表性,可连续取,也可从 10 个以上不同部位取等量样品,总量至少 3 kg。取样方法按《水泥取样方法》(GB 12573—2008)进行。

(3)外加剂。

每一检验批取样量不少于0.2 t水泥所需要的外加剂量。取样应充分混匀,分为两等份,其中一份按要求的项目进行检验,另一份密封保存,以备复验。

(4)骨料。

①取样。

从料堆上取样时,取样部位应均匀分布。取样前先将取样部位表面铲除,然后在各部位取样,砂料大致取相等量的8份;石料各粒径级大致也取相等量的8份,组成各自的样品。

从火车、汽车、货船上取样时,从不同部位和深度抽取大约相等的8份,组成各自的样品。

每组样品应妥善包装,避免细料落失,防止污染并附样品卡片,标明样品编号、取样时间、代表数量、产地、检测项目等。

②样品缩分。

采用四分法人工缩分:

砂样缩分时,将样品置于平板上,在潮湿状态下拌和均匀,并堆成厚度为50~100 mm的圆饼状,然后沿互相垂直的两条直线把堆成的圆饼分成大致相等的4份,取其对角线的两份重新拌匀,再堆成圆饼状,重复上述过程,样品缩分后的材料量略多于试验所需量。

碎石或卵石缩分时,将样品置于平板上,在自然状态下拌均匀,并堆成锥体,然后沿互相垂直的两条直线把锥体分成大致相等的4份,取其对角线两份重拌均匀,再堆成锥体。重复上述过程,样品缩分量略多于试验所需量。

砂或石的含水率试验所用试样不需要缩分,拌匀后直接进行试验。

二、计量

(1)原材料计量宜采用电子计量设备。计量设备的准确度应满足《混凝土搅拌站(楼)》(GB 10171—2005)的有关规定,应具有法定计量部门签发的有效检定证书,并应定期校验。混凝土生产单位每月应自检一次,每一工作班开之前,应对计量设备进行零点校准。

(2)每盘混凝土原材料的允许偏差应符合表8-7的规定,原材料计算偏差应每班检查一次。

表8-7　混凝土材料称量允许偏差

材料名称	称量允许偏差(%)
水泥、掺合料、水、冰、外加剂溶液	±1
骨料	±2

(3)对于原材料计量,应根据粗、细骨料含水率的变化,及时调整粗、细骨料和拌和用水的称量。

三、混凝土拌和

(一)搅拌机拌和性能

(1)混凝土搅拌机应符合《混凝土搅拌机》(GB/T 9142—2000)的规定。水工混凝土拌和采用强制式搅拌机和自落式搅拌机皆可。

（2）在混凝土拌和生产中，应定期对混凝土拌和物的均匀性、拌和时间进行检验，若发现问题，应立即处理。混凝土拌和物均匀性检验方法按《混凝土搅拌机》（GB/T 9142—2000）和《水工混凝土试验规程》（SL 352—2006）进行，由混凝土拌和物均匀性试验，确定混凝土最佳拌和时间，不宜低于表8-8所列最少拌和时间。

表8-8　混凝土最少拌和时间

搅拌机容量 Q（m^3）	最大骨料粒径（mm）	最少拌和时间（s）	
		自落式搅拌机	强制式搅拌机
$0.8 \leqslant Q \leqslant 1$	80	90	60
$1 < Q \leqslant 3$	150	120	75
$Q > 3$	150	150	90

（二）搅拌楼（站）料仓原材料进搅拌机前动态抽检

为了解混凝土原材料进搅拌机前敏感参数变化，应进行动态检测，及时调整混凝土配合比。检测项目和频率见表8-9。

表8-9　混凝土原材料搅拌楼（站）料仓抽检项目

原材料	检测项目	检测频率	检测地点
水泥	安定性、强度	每周2次	搅拌楼（站）料仓
掺合料	需水量比	每天1~2次	搅拌楼（站）料仓
	细度、烧失量	每周1次	
砂	细度模数、人工砂石粉含量	每天2次	搅拌楼（站）料仓
	含水率	每班2次	
石	超、逊径含量	每天1~2次	有二次筛分装置应在搅拌楼（站）二次筛分后抽样
	含水率（中、小石）	每班2次	
外加剂	配制溶液浓度	每班1次	在配制车间抽样
	使用溶液浓度	每班1~2次	在搅拌楼（站）

（三）出机口拌和物性能检测

混凝土拌和与混凝土拌和物质量检验项目和抽检频率见表8-10。

表8-10　混凝土拌和与混凝土拌和物质量检验项目和抽检频率

检验项目	检验频率
原材料称量	每8h2~3次
拌和时间	每8h2次
稠度（坍落度、工作度 VC 值）	每4h1~2次
含气量	每4h1次
出机口温度（有要求时）	每4h1次

混凝土稠度以设计要求值为基准,变化范围允许偏差见表8-11。含气量以设计要求的中值为基准,允许偏差范围为±1.0%。

表8-11 混凝土稠度允许偏差

混凝土类别	检测项目		允许偏差
普通混凝土	坍落度(mm)	≤40	±10
		40~100	±20
		>100	±30
碾压混凝土	工作度(VC值)(s)	5~7	±2
		12~15	±3

混凝土拌和物取样应符合以下规定:

(1)同一组混凝土拌和物的取样应从同一盘混凝土或同一车混凝土中取样。取样量应多于试验所需量的1.5倍,不宜少于20 L。

(2)混凝土拌和物的取样应具有代表性,宜采用多次采样的方法。一般在同一盘或同一车混凝土中的约1/4处、1/2处和3/4处之间分别取样,从第一次取样到最后一次取样不宜超过15 min,然后人工拌和均匀。

(3)从取样完毕到开始做各项性能试验不宜超过5 min。

对碾压混凝土拌和物,当设计提出层间直接铺筑允许间隔时间规定时,则应进行此项性能试验,见第九章第六节。

第六节　碾压混凝土浇筑

一、碾压混凝土浇筑的现场试验

现场试验是碾压混凝土质量控制程序中一个必不可少的组成部分。现场试验除测试碾压混凝土拌和与浇筑设备外,还需根据初始的试验数据判断碾压混凝土质量,并为大坝正式浇筑收集试验资料。建议:

(1)在大坝碾压混凝土正式浇筑前进行现场试验;

(2)试验块面积为6 m×12 m,高为3 m,并有出入口坡道。

现场试验的主要目的是:

(1)确定碾压施工工艺参数,包括平仓方式、碾压厚度、碾压遍数和振动碾行进速度等;

(2)检验碾压混凝土配合比和稠度与振动碾的适应性,骨料分离和控制措施,层面直接铺筑允许间隔时间和层面处理技术等;

(3)现场试验块施工应模拟实际浇筑条件,主要施工机械和原材料应与开工时一样;

(4)对大中型水利水电工程,试验块顶部1~2层应安排进行层面抗剪断现场试验,以取得不同层面工况下的实测黏聚力c'和摩擦系数f',为设计提供抗剪强度设计参数;

(5)由试验块钻取芯样,验证碾压施工工艺和检验压实度、强度和其他性能是否满足结构设计要求;

(6)通过现场试验可以取得施工组织设计技术资料和经验,同时培训了技术队伍。

二、碾压混凝土铺筑现场质量检控

碾压混凝土仓内质量控制直接关系到大坝质量的好坏,它控制的主要内容包括:工作度(VC 值)检控,卸料、平仓、碾压控制,压实度控制,浇筑温度控制。碾压混凝土铺筑现场检测项目及标准见表 8-12。

表 8-12　碾压混凝土铺筑现场检测项目及标准

检测项目	检测频率	控制标准
仓面实测 VC 值及外观评判	每 2 h 一次	现场 VC 值允许偏差 ±2 s
碾压遍数	全过程控制	按碾压规定:无振遍数→有振遍数→无振遍数
相对压实度	每铺筑 100 ~ 200 m^2 碾压混凝土至少应有一个检测点,每一铺筑层仓面内应有三个以上检测点	外部碾压混凝土相对压实度不得小于 98%;内部碾压混凝土相对压实度不得小于 97%
骨料分离情况	全过程控制	不允许出现骨料集中现象
碾压层间隔时间	全过程控制	由试验确定层间直接铺筑允许间隔时间,并按其判定:允许或终止
碾压混凝土自加水拌和至碾压完毕时间	全过程控制	不超过 2 h
入仓温度	2 ~ 4 h 一次	满足温控设计要求

第七节　混凝土性能检验

混凝土坝根据结构应力计算、坝体承受的水压力和所处环境温度,对坝体不同部位提出不同性能要求,即坝体分区是由不同标号或强度等级的混凝土构成的。另外,对特殊部位混凝土还有特殊的性能要求。因此,混凝土性能检验可分为常规性能质量检验和特殊性能检验两大类。

一、常规性能质量检验

(一)常规性能质量检验项目

1.抗压强度

坝体混凝土抗压强度是由设计抗压强度标准值和其强度保证率决定的。混凝土生产和浇筑,从原材料质量验收开始,经过混凝土拌和物质量控制,出机后混凝土运输和浇筑等一系列工序的严格质量控制,其目的就是保证浇筑出来的混凝土满足混凝土设计抗压强度要求。

现场混凝土质量检验以抗压强度为主,并以边长为 150 mm 立方体试件的抗压强度为标准。混凝土试件以机口随机取样为主,每组混凝土的三个试件应在同一储料斗或运输车箱内的混凝土中取样制作。浇筑地点(仓面)试件取样宜为机口取样数量的 10%。每组三个试件的算术平均值为该组试件的强度代表值,即子样强度值。

大坝混凝土设计龄期为 90 d 或 180 d,除要成型设计龄期的抗压强度试件外,还要成型大量 28 d 龄期试件。工程开工初期还要成型部分早龄期(3 d 或 7 d)试件,以验证混凝土配制强度选用是否准确,及时修正,以免造成质量事故。

28 d 龄期抗压强度用以评定混凝土拌和质量控制水平和预示混凝土强度验收通过与否,设计龄期抗压强度用于强度验收。

2. 抗渗等级

根据大坝承受水头大小,设计对不同部位混凝土提出抗渗等级(W)要求。施工中适当取样检验,标准试件为上口直径 175 mm、下口直径 185 mm、高 150 mm 的截头圆锥体,试验龄期 90 d。

3. 抗冻等级

根据大坝所处环境温度,设计对不同部位混凝土提出抗冻等级(F)要求。施工中适当取样检验,标准试件为 100 mm × 100 mm × 400 mm 的棱柱体,试验龄期 90 d。

4. 轴拉强度和极限拉伸

除抗压强度、抗渗等级和抗冻等级三大常规性能检验外,根据大坝温控和防裂需要,设计还提出不同龄期混凝土轴拉强度和极限拉伸抗裂性能指标要求。标准试件尺寸为 100 mm × 100 mm × 550 mm 方八字形。

以上四种常规性能检验的试验方法均按《水工混凝土试验规程》(SL 352—2006)的规定进行。

（二）常规性检验的质量标准和抽检频率

混凝土常规性检验的质量标准和抽样频率见表 8-13。

表 8-13　混凝土常规性检验的质量标准和抽检频率

检验项	龄期	质量指标	抽检频率
抗压强度	28 d	由强度标准差评定混凝土生产管理水平,见表 8-17	大体积混凝土:每 500 m³ 一组;非大体积混凝土:每 100 m³ 一组
	设计	按式(8-1)、式(8-8)判断混凝土强度验收通过与否	大体积混凝土:每 1 000 m³ 一组;非大体积混凝土:每 200 m³ 一组
轴拉强度极限拉伸	28 d	≥设计指标	每 2 000 m³ 一组
	设计		每 3 000 m³ 一组
抗渗等级	设计	100% ≥设计抗渗等级指标	同一标号的抗渗等级混凝土:每 3 月 1 ~ 2 组
抗冻等级	设计	80% ≥设计抗冻等级指标	同一标号的抗冻等级混凝土:每 3 月 1 ~ 2 组,对严寒地区抗冻性为主控指标的混凝土,按《水工建筑物抗冻设计规范》(DL/T 5082—1998)规定进行

二、混凝土特殊性能检验

混凝土特殊性能检验质量指标有两类:一类是有质量标准和试验方法,如碱骨料反应试验,抗侵蚀性(抗氯离子侵蚀和硫酸盐侵蚀)试验;另一类是只有试验方法没有质量标准,如抗冲磨试验,但是每项性能检验都有自命名的性能指标,是用相对比较法来确定性能优劣。现场成型试件是对实验室研究成果(混凝土配合比)的进一步深化复验,以检验室内与现场混凝土性能的差异。

(一)碱骨料反应试验

现场成型适当数量的试件,进行深入研究,判断现场混凝土所用骨料是否具有潜在危害性反应的活性骨料,或验证采取的骨料碱活性抑制措施是否有效。

(二)抗侵蚀性试验

现场成型适当数量的试件,进行深入验证混凝土抵抗环境水(氯离子、硫酸根离子)侵蚀破坏的能力和使用寿命,并与室内成型试件成果进行对比。

(三)抗冲磨试验

现场成型适当数量的试件,用于比较室内和现场成型试件混凝土抗冲蚀性能的差异,研究和评价混凝土抗高速水流冲蚀作用的能力。

混凝土特殊性能检验不是法定检验项目,根据工程设计、运行需要,由设计、监理或业主提出,施工方安排实施。

第八节　混凝土强度验收与评定

水利水电枢纽工程由大坝、水闸、泄水道和电站厂房等结构物组成。各种结构物因工作条件、结构应力不同,所以各结构物对混凝土要求的强度保证率也不相同。大坝混凝土要求抗压强度保证率为80%,水闸混凝土为90%,电站厂房为95%。不同建筑物执行的规范也不相同,水闸建筑物执行《水闸施工规范》(SL 27—91);厂房工程执行工业民用建筑规范《混凝土强度检验评定标准》(GB 50107—2010)和《混凝土质量控制标准》(GB 50164—2011);大坝混凝土执行 SDJ 207—82 和《水工混凝土施工规范》(DL/T 5144—2001)。SDJ 207—82 的制定时间较早,与当今混凝土强度验收规范相比,显得比较陈旧;DL/T 5144—2001 对强度验收不够严格,混凝土强度验收会发生错判,达不到设计对混凝土的强度要求。

一、大体积混凝土强度验收

(一)设计强度标准值和验收函数

混凝土设计强度标准值是由大坝结构设计所得最大主压应力乘以安全系数确定的。设计规范规定:设计强度标准值应按照标准方法制作养护的边长为150 mm 的立方体试件,在设计龄期用标准试验方法测得的具有80%保证率的强度来确定;混凝土设计强度标准值确定原则是强度总体分布的平均值减去0.842 倍标准差。施工时,对混凝土进行严格检测与控制,其目的就是保证混凝土强度达到要求,必须有80%以上的抽样强度超过设计强度标准值,这是混凝土强度验收的首要标准。

混凝土强度验收是采用"抽样检验法",抽样取得验收批内一系列强度值,再按数理统计理论作出统计推断,判断混凝土强度是否合格。

数理统计学证明,混凝土抗压强度测值总体呈正态分布。基于此,总体平均值和标准差的期望值可由样本容量 $n \geq 30$ 组随机连续抽取单组强度值估计。当强度平均值和标准差取得后,混凝土强度正态分布曲线就确定了。混凝土强度保证率由保证率保证系数(t)决定,保证率为80%时$t=0.842$。

混凝土抗压强度平均值、强度标准差、设计强度标准值(设计标号)和保证率系数组成的验收函数,见式(8-3)。

$$m_{fcu} = f_{cu,k} + t\sigma \tag{8-3}$$

式中　m_{fcu}——混凝土强度平均值,又称为混凝土配制强度,MPa;

　　　$f_{cu,k}$——混凝土设计龄期强度标准值,MPa;

　　　σ——混凝土强度标准差,MPa,按式(8-5)计算;

　　　t——强度保证率系数,保证率为80%时$t=0.842$。

大中型水利水电工程混凝土采用搅拌楼(站)集中生产,可以做到控制相同的生产条件、原材料、工艺及人员配备的稳定性。混凝土生产在相对较长的时间内保持稳定,且同一品种混凝土的强度变异性也保持稳定,达到了方差已知统计推断条件。

混凝土强度算术平均值与强度标准差按式(8-4)和式(8-5)计算:

$$m_{fcu} = \frac{\sum_{i=1}^{n} f_{cu,i}}{n} \tag{8-4}$$

$$\sigma = \sqrt{\frac{\sum_{i=1}^{n} f_{cu,i}^2 - nm_{fcu}^2}{n-1}} \tag{8-5}$$

式中　$f_{cu,i}$——统计时段内第i组混凝土单组强度值,MPa;

　　　m_{fcu}——统计时段内n组混凝土强度算术平均值,MPa;

　　　n——统计时段内同一品种的混凝土强度组数;

　　　σ——统计时段内混凝土强度标准差,MPa,式(8-5)中$n \geqslant 30$。

(二)验收批内强度最小值

混凝土生产管理失控,强度标准差增加,施工单位可以采用提高抗压强度的方法,使总体抗压强度保证率达到80%要求。但是,混凝土总体中低强部分增多,这对建筑物安全运行是不利的,所以需要设置强度最小值限制来检控生产管理出现失控。

当强度最小值低于2.5%概率时,可认为是小概率事件,即认为该验收批不属于同一总体,而判定为不合格。

混凝土强度正态分布曲线见图8-1。由图8-1得

$$m_{fcu} = f_{cu,min} + t_1\sigma \tag{8-6}$$

假设$f_{cu,min} = kf_{cu,k}$,则

$$c_v = \frac{\sigma}{m_{fcu}} \tag{8-7}$$

式中　$f_{cu,min}$——强度最小值,MPa;

　　　k——强度最小限值系数;

　　　c_v——强度变异系数。

将式(8-7)代入式(8-3)和式(8-6)得

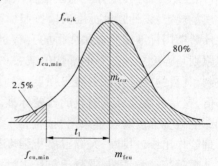

图8-1　混凝土强度正态分布曲线

$$m_{fcu} = \frac{f_{cu,k}}{1 - tc_v}$$

$$m_{fcu} = \frac{f_{cu,min}}{1 - t_1 c_v} = \frac{kf_{cu,k}}{1 - t_1 c_v}$$

$$\frac{f_{cu,k}}{1 - tc_v} = \frac{kf_{cu,k}}{1 - t_1 c_v}$$

所以
$$k = \frac{1 - t_1 c_v}{1 - tc_v} \qquad (8\text{-}8)$$

当设计强度标准值保证率为 80% 时,$t = 0.842$,低于强度最小值的概率为 2.5% 时,$t_1 = 1.96$,代入式(8-8)得

$$k = \frac{1 - 1.96c_v}{1 - 0.842c_v} \qquad (8\text{-}9)$$

由式(8-9)计算不同 c_v 值的 k 值选用表,列于表 8-14。

表 8-14 强度最小值系数选用表

c_v	0.16 ± 0.02	0.12 ± 0.02
k	0.80	0.85

变异系数(c_v)的大小是由混凝土标准差(σ)和配制强度(m_{fcu})决定的,在混凝土配合比设计时已选定。由式(8-5)计算得 c_v 值,查表 8-14 选用系数 k,因此强度最小值($f_{cu,min}$)也已确定。

式(8-9)表明,强度最小值系数(k)只与变异系数(c_v)有关,与混凝土设计强度标准值无关。《水工混凝土施工规范》(DL/T 5144—2001)规定:$C_{90} < 20$ MPa 系数采用 0.85;$C_{90} > 20$ MPa 系数采用 0.90,判定强度最小值界限是偏高的。对大坝混凝土 $k = 0.90$,要求 $c_v = 0.08$ 方能达到,混凝土生产管理需要较高水平。

混凝土生产管理中可能出现:①由于控制不严格出现强度波动过大;②由于骨料含水率失控或水泥用量计量不准等使混凝土强度降低,两者均会引起强度变异系数(c_v)增大。增大的结果是导致低强试件出现频率增加,原先设定的强度最小限值被突破,从而使验收批混凝土被拒收。

强度最小值的限值按式(8-10)判定。

$$f_{cu,min} \geqslant kf_{cu,k} \qquad (8\text{-}10)$$

式中　k——强度最小值系数,按表 8-14 由 c_v 值选取 $k = 0.80$ 或 0.85。

混凝土强度验收公式有两个:其一,由式(8-4)计算验收批强度算术平均值是否大于(等于)式(8-3)的 m_{fcu};其二,检验验收批内强度最小值是否大于(等于)式(8-10)设定的强度最小限值 $f_{cu,min}$。强度验收两个指标同等重要,其中任一项达不到要求,验收批混凝土则被拒收。

(三)小子样强度验收

从实用角度,要抽取容量 $n \geqslant 30$ 组子样需要时间较长,尤其是对单元工程和混凝土方量较少的工程,混凝土强度验收能取得的样本容量只有少量子样,就能判断总体是否达到设计强度要求,因此提出了小子样混凝土强度验收问题。

数理统计学证明:设母体为正态分布,则不论子样大小如何,子样平均值的分布恒为正态分布,且其期望等于母体的期望,其方差等于母体的方差除以子样大小。这个定理的简单写法是:设 ξ 为 $N(\bar{u};\sigma_\xi)$,且 $\bar{\xi}$ 为 $N\left(\bar{u};\dfrac{\sigma_\xi}{\sqrt{n}}\right)$。

根据上述定理,母体分布和子样平均数分布函数可用下式表示:

$$\bar{u} = f_{cu,k} + t\sigma_\xi \tag{8-11}$$

$$\bar{u} = f_{cu,k} + \frac{t_1\sigma_\xi}{\sqrt{n}} \tag{8-12}$$

式中　$\bar{u}$——母体期望值;

　　　σ_ξ——母体标准差;

　　　n——子样容量;

　　　t、t_1——概率系数。

由式(8-11)和式(8-12)得

$$f_{cu,k} + t\sigma_\xi = f_{cu,k} + \frac{t_1\sigma_\xi}{\sqrt{n}}$$

所以

$$t = \frac{t_1}{\sqrt{n}} \tag{8-13}$$

对大坝混凝土,设计强度保证率为 80%,$t = 0.842$。式(8-13)是在母体强度保证率 80% 得到保证条件下,子样容量(n)与子样平均值低于设计强度标准值($f_{cu,k}$)概率系数 t_1 的关系。

当子样平均值低于设计强度标准值概率为 2.5%,$t = 1.96$ 时,$n = 5$。由此可以确定小子样强度验收函数式如下:

$$m_{fcu} = f_{cu,k} + \frac{t_1}{\sqrt{n}}\sigma = f_{cu,k} + \frac{1.96}{\sqrt{5}}\sigma \tag{8-14}$$

关于强度标准差(σ)取用说明:强度验收函数公式(8-3)是基于混凝土总体强度呈正态分布的,总体平均值和标准差是由样本容量 $n \geqslant 30$ 组随机抽取单组强度计算出来的。而小子样强度验收只有 5 个单组强度,由此确定的标准差是不可靠的。因此,推荐采用混凝土搅拌厂近期生产同一品种混凝土强度数据,按方差已知统计推断条件,由足够数量的强度组($n \geqslant 30$)计算出强度标准差,用于式(8-14)计算 m_{fcu}。

小子样强度验收公式同样有两个:其一,由式(8-4)计算小子样强度算术平均值是否大于(等于)式(8-14)的 m_{fcu};其二,检验 5 个单组强度中最小值是否大于(等于)式(8-10)设定的强度最小限值 $f_{cu,min}$。强度验收两个指标同等重要,其中任一项达不到要求,验收批混凝土则被拒收。

验收式(8-14)与验收式(8-3)具有同等判断效果,在建立小子样验收函数时就考虑到两个公式的协调性,见式(8-13)。各批小子样($n = 5$)验收通过后,由小子样各个单组强度连续、随机抽样,累积到容量 $n \geqslant 30$ 时,再按式(8-3)推断其强度平均值和保证率必然达到设计验收要求,也就是说被检混凝土总体达到设计要求。

二、混凝土生产管理水平评定及预报设计龄期抗压强度

按照《水工混凝土施工规范》(DL/T 5144—2001)规定,混凝土机口取样,成型 28 d 龄期抗压强度试件数量要比设计龄期验收试件多一倍。28 d 龄期抗压强度主要用于评定混凝土生产管理水平和质量保证体系。

(一)评定混凝土生产管理水平

混凝土生产管理水平的评定指标大多数国家采用强度标准差,而与混凝土强度高低无关,见表 8-15。

表 8-15　国外混凝土生产管理水平评定标准　　　　　　　　（单位:MPa）

混凝土生产管理水平	美国 ACI 214 – 77	英国 FIRC 建议值	日本建筑学会标准
优秀	小于 2.8	2.4	
良好	2.8 ~ 3.5	3.0	2.5
一般	3.5 ~ 4.2	3.6	3.5
不良	4.2 ~ 4.9	4.8	5.0(人工搅拌)
低劣	大于 4.9	6.0	

大多数研究者认为,混凝土强度平均值达到一定数值后,强度标准差趋于常数,而强度平均值较低时,强度与标准差呈正比关系,但强度分界线的拐点是多少看法不同。标准差趋于常数时分界线拐点强度值统计结果见表 8-16。

表 8-16　现场混凝土强度统计分析拐点强度值

资料来源	英国水泥和混凝土协会	英国混凝土协会第 10 号研究报告	德国《材料试验》1964 年 11 期	美国 ACI 214 委员会	中国水利水电科学研究院
样本数量	300 个现场	—	—	265 个现场	30 个水电工程
分界线拐点强度（MPa）	35.0	34.0	30.0	30.0	30.0

表 8-16 现场统计资料表明,强度平均值超过 30 ~ 35 MPa,强度标准差接近于常数,所以英国、美国、日本等国现场混凝土生产管理水平采用强度标准差作为评定指标。

对大坝混凝土,龄期 28 d 强度标号超过 35 MPa 的混凝土,除特高拱坝外已少见。所以,大体积混凝土生产管理水平评定不仅要按管理水平分等级,而且应按强度标号分级。对于不同标号的混凝土,应给予不同的标准差,这样既可以保证工程质量,又能取得较好的经济效益。

评定混凝土生产控制水平和强度均匀性,按式(8-5)计算 28 d 龄期强度标准差 δ 值,按表 8-17 评定。

表 8-17　混凝土生产质量管理水平

质量等级		优秀	良好	一般	差
强度标准差 （MPa）	< R300	<3.0	3.0 ~ 3.5	3.5 ~ 4.5	>4.5
	≥ R300	<3.5	3.5 ~ 4.0	4.0 ~ 5.0	>5.0

　　混凝土生产控制水平提高后,相应混凝土强度标准差比初始值降低,进行动态调整。当强度标准差相对稳定后可调整混凝土配制强度,见图8-2,以减少胶材用量,降低混凝土单价。

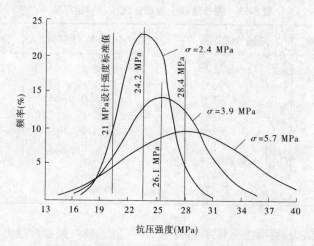

图8-2　混凝土强度标准差与配制强度关系

　　图8-2表明了同一设计强度标准值($f_{cu,k} = 21$ MPa)、不同强度标准差与混凝土配制强度的关系。当 $\sigma = 5.7$ MPa 时,配制强度需28.4 MPa,方能满足强度保证率要求;而当管理水平提高,σ 降至2.4 MPa,配制强度只需24.2 MPa 就可满足设计强度保证率要求。由此看出,严格控制,提高生产管理水平,不仅可提高混凝土质量和均匀性,同时可降低水泥用量,减少大坝混凝土开裂。

（二）预报混凝土设计龄期抗压强度

　　进行足够组数抗压强度试验,确定28 d 龄期抗压强度与设计龄期(90 d 或 180 d)抗压强度的关系,确定的强度增长系数必须可靠。将28 d 龄期抗压强度换算成设计龄期抗压强度,按混凝土强度验收公式(8-3)、公式(8-10)或公式(8-14)进行验收计算,然后预报混凝土强度验收结果。

　　试验统计结果表明,混凝土强度标准差是随龄期增长而减小的,设计龄期强度变异性只会降低不会增加,所以预报结果是可信的。如果发现预报达不到验收要求,应及时查找失控原因和调整混凝土配合比,以防届时被拒收。

　　目前,水利水电工程大坝混凝土强度验收表明,混凝土强度超强过多,究其原因之一是没有动态调整混凝土配制强度。超强的结果是:①多用水泥,增加温控费用;②放松混凝土生产检控。

第九章　现场结构混凝土质量检测

第一节　概　述

一、结构混凝土的无损检测

《水工混凝土施工规范》(DL/T 5144—2001)规定,已建成的混凝土建筑物,应适量地进行钻孔取芯和压水试验;钢筋混凝土结构应以无损检测为主,在必要时采取钻孔法检测混凝土。就是指直接在结构混凝土通过测定适当的物理量,并通过该物理量与混凝土强度的相关性,进而推定混凝土的强度、均匀性、连续性和耐久性等混凝土性能。

20世纪30年代,开始探索和研究混凝土无损检测方法。比较成功而被认可的方法有:回弹仪(1948年施米特 E. Schmid)、超声脉冲法(1949年琼斯 R. Jones)、放射性同位素法测混凝土密实度和强度、回弹 - 超声综合法;此时,钻芯法、拔出法、射击法也得到发展。20世纪80年代以来,涌现出一批新的测试方法,包括微波吸收、雷达扫描、红外热谱、脉冲回波等技术,从而形成一套极为完整的无损检测方法体系。

随着混凝土无损检测方法日臻成熟,我国开始了检测方法的标准工作,目前已颁布的标准有:《回弹法检测混凝土抗压强度技术规程》(JGJ/T 23—2011),《超声同弹综合法检测混凝土强度技术规程》(CECS 02:2005),《钻芯法检测混凝土强度技术规程》(CECS 03:2007),《超声法检测混凝土缺陷技术规程》(CECS 21:2000),《后装拔出法检测混凝土强度技术规程》(CECS 69:94)。

二、无损检测技术的工程应用

结构混凝土无损检测技术工程应用的主要内容如下:

(1)结构混凝土的强度检测。直接在结构物上运用无损检测方法推定混凝土实有强度,其目的是:①了解混凝土强度发展情况以便决定拆模、预应力筋张拉时间;②结构混凝土外部缺陷处理的依据;③结构混凝土使用安全度评估。

(2)结构混凝土内部缺陷的检测。包括:①蜂窝、狗洞检测;②裂缝深度检测;③结构混凝土受环境侵蚀损伤厚度和范围检测。

(3)结构混凝土中钢筋锈蚀检测。包括:①钢筋位置和保护层厚度;②钢筋锈蚀程度。

三、掌握混凝土无损检测方法的关注点

(1)明确检测的质量指标,如混凝土抗压强度。

(2)检测的物理量及其理论依据,如回弹值、声波速度等。

(3)检测的物理量与质量指标的相关性,如混凝土强度与回弹值的相关关系、混凝土强度与声波速度的相关关系。这种相关关系是:①经验性的;②规范性的;③工程自建的。

(4)掌握检测仪器设备的工作原理和技术性能。

（5）检测方法的规定。

①检测面混凝土的状况及要求。

②测点布局：

测面：单面，一对对应面，两对对应面，测孔。

测区：数量，面积。

测点：单面点数，双面点数。

③测值取得方法。

④测值的修正。

⑤数据处理及提交结果

⑥质量指标推定值及检验结论。

第二节　结构混凝土强度检测

混凝土建筑物的混凝土强度质量对于结构的安全性与耐久性非常重要，混凝土强度质量的控制主要通过预留试块检验和现场检测来实现。现场检测是混凝土质量控制中的一个重要环节，它通过在实体上得到的混凝土强度值更具有代表性，同时它也提供了对缺乏试块检验条件（如老建筑物）进行质量检测的一种手段。目前，用于混凝土强度现场检测常用的方法有回弹法、超声波法、超声回弹综合法、钻芯法等。

一、回弹法

（一）原理及适用范围

回弹法是通过混凝土表面硬度与抗压强度之间的关系来测定混凝土抗压强度值的一种方法。

回弹法主要用于已建和新建结构的混凝土强度检测。该方法因其技术成熟、操作简便、测试快速、对结构无损伤、检测费用低等优点，在结构混凝土强度无损检测中广泛使用。

回弹法为表面硬度方法，因此测量受结构表面状况影响，如混凝土不同浇筑面、潮湿面、老建筑物表面风化及碳化较深等，都会影响到测试结果。

（二）回弹仪的技术要求

（1）测定回弹值的仪器宜采用示值系统为指针直读式的混凝土回弹仪。

（2）回弹仪必须有制造厂的产品合格证及检定单位的检定合格证。

（3）回弹仪应符合下列标准状态的要求：

①水平弹击时，弹击锤脱钩的瞬间，回弹仪的标准能量应为 2.207 J；

②弹击锤与弹击杆碰撞的瞬间，弹击拉簧应处于自由状态，此时弹击锤起跳点应相应于指针指示刻度尺上"0"处；

③在洛氏硬度 HRC 为 60 ± 2 的钢砧上，回弹仪的率定值为 80 ± 2。

回弹仪在工程检测前后，应在钢砧上做率定试验，并应符合要求。

（4）回弹仪使用时的环境温度应为 $-4 \sim 40$ ℃。

（三）检测方法

1. 一般规定

（1）结构或构件混凝土强度检测宜具有下列资料：

①工程名称及设计、施工、监理和建设单位名称。

②结构或构件名称、外形尺寸、数量及混凝土强度等级。

③水泥品种、强度等级、安定性、厂名,砂、石料种类、粒径,外加剂或掺合料品种、掺量,混凝土配合比等。

④施工时材料计量情况,模板、浇筑、养护情况及浇筑日期等。

⑤必要的设计图纸和施工记录。

⑥检测原因。

(2)结构或构件混凝土强度检测可采用下列两种方式,其适用范围及结构或构件数量应符合下列规定。

①单个检测:适用于单个结构或构件的检测。

②批量检测:适用于在相同的生产工艺条件下,混凝土强度等级相同,原材料、配合比、成型工艺、养护条件基本一致且龄期相近的同类结构或构件。按批进行检测的构件,抽检数量不得少于同批构件总数的30%且构件数量不得少于10件。抽检构件时,应随机抽样并使所选的构件具有代表性。

(3)每一结构或构件的测区应符合下列规定:

①每一结构或构件测区数不应少于10个,对某一方向尺寸小于4.5 m且另一方向尺寸小于0.3 m的构件,其测区可适当减少,但不应少于5个。

②相邻两测区的间距应控制在2 m以内,测区离构件端部或施工缝边缘的距离不宜大于0.5 m,且不宜小于0.2 m。

③测区应选在使回弹仪处于水平方向检测混凝土浇筑侧面。当不能满足这一要求时,可使回弹仪处于非水平方向检测混凝土浇筑侧面、表面或底面。

④测区宜选在构件的两个对称可测面上,也可选在一个可测面上,且应均匀分布。在构件的重要部位及薄弱部位必须布置测区,并应避开预埋件。

⑤测区的面积不宜大于0.04 m²(20 cm×20 cm)。

⑥检测面应为混凝土表面,并应清洁、平整,不应有疏松层、浮浆、油垢、涂层以及蜂窝、麻面,必要时可用砂轮清除疏松层和杂物,且不应有残留的粉末或碎屑。

⑦结构或构件应有清晰的编号,必要时应在记录纸上描述测区布置示意图和外观质量情况。

2.回弹值测量

(1)检测时,回弹仪的轴线应始终垂直于结构或构件的混凝土检测面,缓慢施压,准确读数,快速复位。

(2)测点宜在测区范围内均匀分布,相邻两测点的净距不宜小于20 mm;测点距外露钢筋、预埋件的距离不宜小于30 mm。测点不应有气孔或在外露石子上,同一测点只应弹击一次。每一测区应测取16个回弹值测点,每一测点的回弹值读数估读至1。每个测区测点布置见图9-1。

3.碳化深度值测量

(1)回弹值测量完毕后,应在有代表性的位置上测量碳化深度值,测点不应少于构件测区数的30%,取其平均值为该构件每测区的碳化深度值。当碳化深度值极差大于2.0 mm时,应在每测区测量碳化深度值。

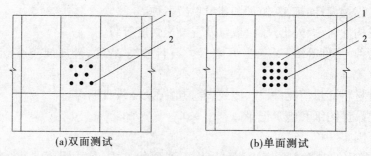

(a)双面测试   (b)单面测试

1—测区;2—回弹值测点

图9-1　回弹值测点布置示意图

(2)碳化深度值测量。

①当测试完毕后,一般可用电动冲击钻在回弹值的测区内,钻一个直径为 20 mm、深为 70 mm 的孔洞,测量混凝土碳化深度。

②测量混凝土碳化深度时,应将孔洞内的混凝土粉末清除干净,用 1.0% 酚酞乙醇溶液(含 20% 的蒸馏水)滴在孔洞内壁的边缘处,再用钢尺测量混凝土碳化深度值 L(不变色区的深度),读数精度为 0.5 mm。

③当测量的碳化深度小于 0.4 mm 时,则按无碳化处理。

（四）回弹值计算

(1)从测区的 16 个回弹值中,舍弃三个最大值和三个最小值,将余下的 10 个回弹值按式(9-1)计算测区平均回弹值 m_N(准确至 0.1):

$$m_N = \frac{1}{10} \sum_{i=1}^{10} N_i \tag{9-1}$$

式中　m_N——测区平均回弹值;

N_i——第 $i(i = 1,2,3,\cdots,10)$ 个测点回弹值;

n——测点数,取 10。

(2)当回弹仪在非水平方向测试时,如图9-2 所示。

将测得的数据按式(9-1),求出测区平均回弹值 $m_{N\alpha}$。再按式(9-2)换算成水平方向测试的测区平均回弹值 m_N(准确至 0.1):

$$m_N = m_{N\alpha} + \Delta N_\alpha \tag{9-2}$$

式中　$m_{N\alpha}$——回弹仪与水平方向成 α 角测试时测区的平均回弹值;

ΔN_α——按表 9-1 查出的不同测试角度 α 的回弹修正值。

表9-1　回弹修正值 ΔN_α

$m_{N\alpha}$	测试角度 α							
	$+90°$	$+60°$	$+45°$	$+30°$	$-30°$	$-45°$	$-60°$	$-90°$
20	-6.0	-5.0	-4.0	-3.0	$+2.5$	$+3.0$	$+3.5$	$+4.0$
30	-5.0	-4.0	-3.5	-2.5	$+2.0$	$+2.5$	$+3.0$	$+3.5$
40	-4.0	-3.5	-3.0	-2.0	$+1.5$	$+2.0$	$+2.5$	$+3.0$
50	-3.5	-3.0	-2.5	-1.5	$+1.0$	$+1.5$	$+2.0$	$+2.5$

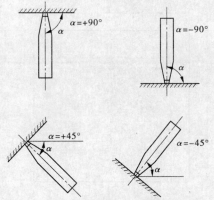

图 9-2 回弹仪在非水平方向测试示意图

（3）推定混凝土强度的回弹值应是水平方向测试的回弹值 m_N。

（五）测强曲线

1. 一般规定

（1）混凝土强度换算值可采用以下三类测强曲线计算：

①统一测强曲线：由全国有代表性的材料、成型、养护和配制的混凝土试件，通过试验所建立的曲线。

②地区测强曲线：由本地区常用的材料、成型、养护和配制的混凝土试件，通过试验所建立的曲线。

③专用测强曲线：由与结构或构件混凝土相同的材料、成型、养护和配制的混凝土，通过试验所建立的曲线。

（2）各检测单位应按专用测强曲线、地区测强曲线、统一测强曲线的次序选用测强曲线。

2. 专用测强曲线

（1）在推定混凝土强度时，宜优先采用专用混凝土强度公式。采用 150 mm × 150 mm × 150 mm 立方体试件，建立强度—回弹值的关系。在试件上选取两个相对的测试面，每个测试面取 8 个测点，测点布置如图 9-3 所示。测试时，将试件用 2.0 MPa 压力固定在压力机中。用回弹仪分别水平对准各测点，测定回弹值。然后按《水工混凝土试验规程》（SL 352—2006）中"混凝土立方体抗压强度试验"测定试件的抗压强度。

（2）每个试件回弹值按公式（9-1）计算，每一组三个试件回弹值和抗压强度的平均值为一个数组，以抗压强度为纵坐标、回弹值为横坐标，绘制抗压强度—回弹值关系曲线。

（3）根据实测的抗压强度、回弹值，以最小二乘法计算出曲线的方程式。回归方程式宜采用式（9-3）、式（9-4）两种模式。

$$f_{ccNO} = Am_N^B \tag{9-3}$$

$$f_{ccNO} = Ae^{m_N} \tag{9-4}$$

式中　f_{ccNO}——混凝土抗压强度，MPa；

　　　m_N——测区平均回弹值；

　　　A、B——试验常数。

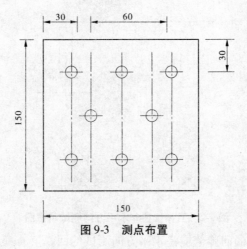

图 9-3 测点布置

3. 地区和统一测强曲线

1）地区测强曲线

在待检结构所在地区,寻取临近工程与待检混凝土相近的测强曲线,不得超出该类测强曲线的适用范围。当发现有显著性差异时,应查找原因,并不得继续使用。

2）统一测强曲线

使用统一测强曲线有严格规定:①原材料的规定;②混凝土成型和养护的规定;③龄期规定为 14 ~ 1 000 d;④抗压强度规定为 10 ~ 60 MPa。

以上规定及使用条件说明详见《回弹法检测混凝土抗压强度技术规程》(JGJ/T 23—2001)附录 A。

(六) 混凝土强度的计算

1. 碳化深度修正

结构混凝土上每个测区 16 个测点的回弹值由公式(9-1)求得平均回弹值。然后,由选定的测强曲线得每个测区的抗压强度换算值(R_m)。由碳化深度测量,求得平均碳化深度(d_m),当平均碳化深度(d_m)大于 0.5 mm 时,需要对抗压强度换算值进行修正,即

$$R = R_m C \tag{9-5}$$

式中　R——每个测区修正后的抗压强度换算值,MPa;

　　　C——碳化修正系数,见表 9-2。

表 9-2　碳化深度修正系数

测区强度 (MPa)	碳化深度(mm)						
	0	1.0	2.0	3.0	4.0	5.0	≥6.0
10.0 ~ 19.5	1.0	0.95	0.90	0.85	0.80	0.75	0.70
20.0 ~ 29.5	1.0	0.94	0.88	0.82	0.75	0.73	0.65
30.0 ~ 39.5	1.0	0.93	0.86	0.80	0.73	0.68	0.60
40.0 ~ 50.0	1.0	0.92	0.84	0.78	0.71	0.65	0.58

2. 测区数量(容量)与统计检验

结构混凝土抗压强度推定值统计推断与选定的测区数量(容量)有关。在结构或构件检验时,对测区的布置应考虑到最后的强度验收。如大坝闸墩检验,可考虑一个闸墩是一个验收对象,也可考虑数个闸墩为一个验收对象;又如对构件强度验收宜采用批量检验,测区分布均匀,取得强度数据多,验收信度增加。

(1)当验收容量 $N \geqslant 30$ 时,抗压强度平均值和标准差按下式计算:

$$m_{cu} = \frac{\sum_{i=1}^{N} f_{cu,i}}{N} \tag{9-6}$$

$$\sigma = \sqrt{\frac{\sum_{i=1}^{N} (f_{cu,i})^2 - N(m_{cu})^2}{N-1}} \tag{9-7}$$

式中 m_{cu}——结构或构件测区混凝土强度换算值的平均值,MPa;

$f_{cu,i}$——单个测区的混凝土强度换算值,MPa;

N——验收容量;

σ——强度标准差的期望估计值。

(2)当验收容量 $15 \leqslant N < 30$ 时,强度标准差按下式计算:

$$S = D\sigma \tag{9-8}$$

式中 S——强度标准差,MPa;

D——N 小于 30 时的修正系数,见表 9-3。

表 9-3 试验次数小于 30 时的标准差修正系数

试验次数	15	20	25	$\geqslant 30$
标准差的修正系数	1.16	1.08	1.03	1.00

注:介于其间的试验次数用插入法求得。

3. 结构或构件验收抗压强度推定值($f_{cu,k}$)

抗压强度推定值 $f_{cu,k}$ 等于混凝土强度等级(或等于强度标号),其计算方法有三种:

(1)当 $N \geqslant 30$ 时,

$$f_{cu,k} = m_{cu} - t\sigma \tag{9-9}$$

$$f_{cu,min} = kf_{cu,k} \tag{9-10}$$

(2)当 $15 \leqslant N < 30$ 时,

$$f_{cu,k} = m_{cu} - ts \tag{9-11}$$

$$f_{cu,min} = kf_{cu,k} \tag{9-12}$$

式中 $f_{cu,k}$——验收抗压强度推定值,MPa;

$f_{cu,min}$——验收批内最小强度值,MPa;

t——强度保证率系数;

k——最小强度系数。

t 和 k 与结构混凝土类型有关系,按表 9-4 选取。

表 9-4　不同结构混凝土类型选用的 P、t、k

结构混凝土类型	强度保证率 P	强度保证率系数 t	最小强度系数 k
大坝混凝土	80%	0.842	0.80
水闸混凝土	90%	1.20	0.85
厂房钢筋混凝土	95%	1.645	0.90

(3)当 $N<10$ 时,采用非统计法计算:

$$f_{cu,k} = \frac{m_{cu}}{1.15} \tag{9-13}$$

$$f_{cu,min} = k f_{cu,k} \tag{9-14}$$

二、超声波法

(一)原理及适用范围

现场实测超声波在混凝土中的传播速度,因为超声波波速与混凝土材料弹性模量有关,所以波速与混凝土强度有良好的相关关系,由实测波速推求抗压强度关系。检测前,首先要建立波速与混凝土抗压强度的关系式。根据各测点强度的离散性还可以评价建筑物混凝土的均匀性。

本方法不适用于抗压强度在 45 MPa 以上或在超声波传播方向上钢筋布置太密的混凝土。

(二)仪器设备

(1)非金属超声检测仪:仪器最小分度为 0.1 μs。当传播路径在 100 mm 以上时,传播时间(简称声时)的测量误差不应超过 1%。

(2)换能器:对于路径较短的测量(如试件),宜用频率较高(50~100 kHz)的换能器;对于路径较长的测量,宜用 50 kHz 以下的换能器。

(3)耦合介质:可用黄油、浓机油。

(三)检测步骤

1.超声波检测仪零读数的校正

仪器零读数指的是当发、收换能器之间仅有耦合介质的薄膜时仪器的时间读数,以 t_0 表示。对于具有零校正回路的仪器,应按照仪器使用说明书,用仪器所附的标准棒在测量前校正好零读数,然后测量(此时仪器的读数已扣除零读数)。对于无零校正回路的仪器,应事先求得零读数值 t_0,从每次仪器读数中扣除 t_0。

零读数按下述方法求得:均质材料(如有机玻璃)棱柱体(或截成长度不等的两段),棱柱体的最小边长应大于换能器的直径。准确地测量纵方向尺寸 d_1 和横方向尺寸 d_2,并用超声仪测读声波通过纵向和横向的时间 t_1 和 t_2,t_0 按式(9-15)计算:

$$t_0 = \frac{d_1 t_2 - d_2 t_1}{d_1 - d_2} \quad (\mu s) \tag{9-15}$$

求 t_0 时,测量棱柱体的尺寸和测读声波通过的时间应在同一室温下进行,所用的耦合介质应与在建筑物上测量时所用者相同。

若仪器附有经过标定传播时间 t_1 的标准棒,测读通过标准棒的时间 t_2,则 $t_0 = t_2 - t_1$。当仪器性能允许时,也可将发、收换能器辐射面隔着耦合介质薄膜相对地直接接触,读取这时的时间读数即得 t_0。

更换换能器时应另求 t_0 值。

2. 建立强度—波速关系

1)试件制作

试件数量:3 个为一组,不少于 10 组。

试件尺寸:一般为 150 mm × 150 mm × 150 mm。当骨料最大粒径超过 40 mm 时,试件尺寸不小于 200 mm × 200 mm × 200 mm。

试件的原材料、配合比、振捣方法、养护条件应与被测建筑物混凝土一致。

为了使同一批试件的强度、波速在较大范围内变化,可采用以下两种方法:如旨在检验建筑物混凝土强度,可采用固定水泥、砂、石比例,使水灰比在一定范围内上下波动,在同一龄期测试;如旨在了解混凝土硬化过程中强度的变化,可采用固定混凝土的配合比和水灰比,在不同龄期进行测试。

2)试件的测试

超声波测试:每个试件的测试位置如图 9-4 所示。在测点处涂上耦合剂,将换能器压紧在测点上,调整增益,使所有被测试件接收信号第一个半波的幅度降至相同的某一幅度,读取时间读数。每个试件以五点测值的算术平均值作为试件混凝土中超声传播时间 t 的测量结果。尺寸测量:以不大于 1 mm 的误差,沿超声传播方向测量试件各边长,取平均值作为传播距离 L。

按式(9-16)计算波速:

$$v = \frac{L}{t} \times 1\,000 \qquad (9\text{-}16)$$

式中　v——超声波波速,km/s;

　　　L——超声波在试件上的平均传播距离,m;

　　　t——超声波在试件上的传播时间,μs。

抗压强度测试:按《水工混凝土试验规程》(SL 352—2006)"混凝土立方体抗压强度试验"规定执行。

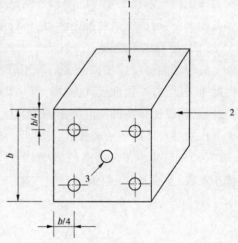

1—浇筑方向;2—抗压测试方向;3—超声测试方向

图 9-4　试件的测试位置

3)结果整理

波速或强度均取一组三个试件测值的平均值作为一个数据,以强度为纵坐标、波速为横坐标,绘制强度—波速关系曲线。较精确的方法是根据实测数据,以最小二乘法计算出曲线的回归方程式。对于方程式的函数形式,推荐二次函数公式(9-17)、指数函数公式(9-18)和幂函数公式(9-19)三种,可根据回归线的相关性和精度来选用。

$$f_{cc} = a + bv + cv^2 \qquad (9\text{-}17)$$

$$f_{cc} = ae^{bv} \tag{9-18}$$

$$f_{cc} = av^b \tag{9-19}$$

式中 f_{cc}——混凝土强度,MPa;

v——超声波波速,km/s;

a、b、c——方程式的系数,用最小二乘法统计算得。

3. 现场测试

在建筑物相对的两面均匀地划出网格,网格的交点即为测点。相对两测点的距离即为超声波的传播路径长度 L。此长度的测量误差应不超过 1%。网格的大小,即测点疏密,视建筑物尺寸、质量优劣和要求的测量精度而定。网格边长一般为 20~100 cm。

在测点处涂上耦合剂,将换能器压紧在相对的测点上。调整仪器增益,使接收信号第一个半波的幅度至某一幅度(与测试试件时同样大小),读取传播时间 t,按式(9-16)计算该点的波速。

注意:(1)被测体与换能器接触处应平整光滑,若混凝土表面粗糙不平而又无法避开,应将表面铲磨平整,或用适当材料(熟石膏或水泥浆等)填平、抹光。

(2)在测量过程中应注意波形的变化和波速的大小,若发现异常波形和过低的波速,应反复测量并检查测点的平整程度和耦合是否良好。

按比例绘制被测物体的图形及网格分布,将测得的波速标于图中的各测点处。在数值偏低的部位,可根据情况加密测点,再行测试。

(四)检测结果处理

将现场测得波速加以必要的修正后,按强度—波速关系式(或曲线)换算出各测点处的混凝土强度,并按数理统计方法计算平均强度(m_{fcc})、标准差(σ)和变异系数(c_v)三个统计特征值,用以比较各部位混凝土的均匀性。

1. 钢筋对波速影响的修正

(1)钢筋垂直于传播路径(见图9-5)且钢筋排列较密的情况下,将测得的传播速度乘以修正系数(见表9-5),得混凝土的波速。

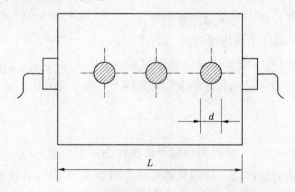

L—传播路径长度;d—钢筋直径

图9-5 钢筋垂直于传播路径的测量

表9-5　钢筋垂直于传播路径时的波速修正系数

L_s/L	$v_c = 3.00$ km/s	$v_c = 4.00$ km/s	$v_c = 5.00$ km/s
1/12	0.96	0.97	0.99
1/10	0.95	0.97	0.99
1/8	0.94	0.96	0.99
1/6	0.92	0.95	0.98

注:v_c 为混凝土的波速,取附近无钢筋处实测得的波速平均值。

　　L_s/L 为传播路径中通过钢筋断面的长度 L_s 与总路径 L 之比。若探头正对钢筋,$L_s = \sum d$,d 为钢筋直径。

　　(2)钢筋平行于传播路径(见图9-6)情况下,由测得的传播时间 t,按式(9-20)粗略计算混凝土中波速:

$$v_c = \frac{2Dv_s}{\sqrt{4D^2 + (v_s t - L)^2}} \tag{9-20}$$

式中　v_c——混凝土中波速,km/s;

　　　　v_s——钢筋中波速,km/s,随钢筋直径变化,通过试验求得或参考图9-7查得;

　　　　D——换能器边缘至钢筋的距离,km;

　　　　L——传播路径长度,km,即两换能器底面之间的直线距离。

　　测量时,换能器宜离钢筋轴线远一些,以避免钢筋影响。避开钢筋影响的最短距离 D_{min} 按式(9-21)计算:

$$D_{min} \geqslant \frac{1}{2}\sqrt{\frac{v_s - v_c}{v_s + v_c}} \tag{9-21}$$

式中符号意义同前。

　　一般可粗略估计,也可取 $D_{min} = (1/8 \sim 1/6)L$。

　　2.含水率和养护方法对波速影响的修正

　　(1)当率定试件与被测建筑物混凝土养护条件不一致时,应对波速进行修正。修正值通过试验确定,也可参考表9-6。

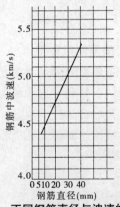

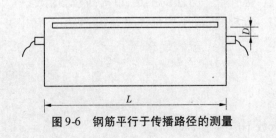

图9-6　钢筋平行于传播路径的测量　　　　图9-7　不同钢筋直径与波速的关系

表 9-6　不同养护条件下波速修正值　　　　　　　　（单位:km/s）

混凝土强度(MPa)	养护条件	
	水中养护	潮湿养护
35 ~ 45	0.20	0
25 ~ 35	0.25	0.05
15 ~ 25	0.30	0.10
10 ~ 15	0.33	0.15

注:本表是以自然养护为标准,当采用水中或潮湿养护时,应将测得的波速减去表中相应值。

自然养护是指 24 h 后脱模,洒水覆盖 7 d,然后在湿度为 70% 左右的空气中养护。

潮湿养护是指 24 h 后脱模,然后在湿度为 95% 以上的空气中养护。

水中养护是指 24 h 后脱模,然后在水中养护。

(2)当率定试件与建筑物混凝土含水率不一致时,应对波速进行修正。一般当混凝土含水率增大 1% 时,可近似认为波速也相应增大 1%。为进行这项修正,可从建筑物上取样,实测混凝土的含水率。

3. 测距对波速影响的修正

测距修正系数宜通过对比试验确定。若难以确定,可参考表 9-7,将测得的波速乘以修正系数。

表 9-7　测距修正系数

测距 (cm)	15	50	100	200	300	400	500
修正系数	1.000	1.003	1.015	1.023	1.027	1.030	1.031

注:表中未列数值可用内插法求得。

结构混凝土上每个测点的波速修正后,按已建立的混凝土抗压强度—波速相关关系式(或曲线),求得各测点抗压强度换算值;再按验收容量(测区数量) N 大小,参照回弹法评定结构混凝土强度推定值的方法计算被检验混凝土的抗压强度推定值,评定被检混凝土质量是否满足结构设计要求。

三、超声回弹综合法

(一)原理及使用范围

回弹法主要反映的是混凝土表面质量情况,而超声波可以探测到混凝土的内部质量,超声回弹综合法正是利用这两种方法的各自优点,弥补单一方法的不足,以提高检测精度。

超声回弹综合法技术成熟、对结构无损伤,可反映混凝土内部质量情况,适用于有相对两个测试面结构的混凝土强度检测。

(二)现场测试

1. 抽样

(1)单个构件检测。

当按单个构件检测时,每个构件上的测区数不应少于 10 个。

(2)按批抽样检测。对同批构件按批抽样检测时,构件抽样数不少于同批构件的 30%,

且不少于 10 件,每个构件测区数不应少于 10 个。

作为按批检测的构件,其混凝土强度等级、原材料与配合比、成型工艺、养护条件及龄期、构件种类、运行环境等需基本相同。

(3)小构件。对长度小于或等于 2 m 的构件,其测区数量可适当减少,但不少于 3 个。

2. 测区要求

测区应布置在构件混凝土浇筑方向的侧面;测区应均匀分布,相邻两测区的间距不宜大于 2 m;测区应避开钢筋密集区和预埋件;测区尺寸为 200 mm × 200 mm;测试面应清洁、平整、干燥,不应有接缝、饰面层、浮浆和油垢,并应避开蜂窝、麻面部位,必要时可用砂轮片清除杂物和磨平不平整处,并擦净残留粉尘。

3. 测试顺序

结构或构件的每一测区,先进行回弹测试,后进行超声测试(如先进行超声波测量,则在测试面上涂抹的黄油会影响到回弹测试)。

非同一测区内的回弹值及超声声速值,在计算混凝土强度换算值时不能混用。

4. 回弹值测量

回弹测试、计算及角度与测试面的修正方法同回弹法。值得注意的是,该方法的同一回弹测区在结构的两相对测试面对称布置,每一面的测区内布置 8 个回弹测点,两面共 16 个测点。另外,超声回弹综合法的强度曲线是以声速、回弹作为主要参数,不考虑碳化深度的影响。

5. 声速值测量

声速测试和声速值的修正方法同超声法。每个测区安排 3 个测点,按下式计算声速值:

$$v = \frac{l}{t_m} \tag{9-22}$$

$$t_m = (t_1 + t_2 + t_3)/3 \tag{9-23}$$

式中　　v——测区声速值,km/s;

　　　　l——超声测距,mm;

　　　　t_m——测区平均声时值,μs;

　　　　t_1、t_2、t_3——测区中 3 个测点的声时值。

(三)强度计算及修正

1. 建立专用测强曲线

结构或构件测区混凝土强度换算值 $f_{cu,i}$,根据修正后的测区回弹值 R_{ai} 及修正后的测区声速值 v_{ai},优先采用专用测强曲线推算。

专用测强曲线按《超声回弹综合法检测混凝土强度技术规程》(CECS 02:2005)附录一规定进行。

将各试件测试所得的声速值 v_a、回弹值 R_a 及试件抗压强度 f_{cu} 汇总,进行多元回归分析。回归分析时,可采用式(9-24):

$$f_{cu} = A(v_a)^b (R_a)^c \tag{9-24}$$

式中　　f_{cu}——混凝土强度换算值,MPa;

　　　　A——常数项系数;

　　　　b、c——回归系数。

当无专用测强回归方程式可用时,可采用:

(1)查询《超声回弹综合法检测混凝土强度技术规程》(CECS 02:2005)附录二,该附录备有测区混凝土强度换算表,由各测区的声速值 v_a 和回弹值 R_a,从换算表上可查到相应的抗压强度换算值 $f_{cu,i}$,但是被检测结构或构件混凝土的原材料、成型和养护必须与换算表的原始条件类同。

(2)先采用统计经验式换算每个测区的抗压强度换算值 $f_{cu,i}$,再钻取芯样测取抗压强度对其修正。

当粗骨料为卵石时

$$f_{cu,i} = 0.005\ 6v_{ai}^{1.439}R_{ai}^{1.769} \tag{9-25}$$

当粗骨料为碎石时

$$f_{cu,i} = 0.016\ 2v_{ai}^{1.656}R_{ai}^{1.410} \tag{9-26}$$

经过计算得到的测区混凝土强度值还需要根据钻芯试验对其进行修正,钻芯数量不少于 3 个,钻芯位置应在回弹、超声测区上。

2.结构或构件混凝土强度推定值的计算

各测点混凝土抗压强度换算值 $f_{cu,i}$ 求得后,按验收容量(测区数量)N 的大小,参照回弹法评定结构或构件混凝土抗压强度推定值的方法,计算被检验混凝土的抗压强度推定值,评定被检混凝土质量是否满足结构设计要求。

四、钻芯法

(一)原理及适用范围

钻芯法是一种半破损的混凝土强度检测方法,它通过在结构物上钻取芯样并在压力试验机上测得被测结构的混凝土强度值。该方法结果准确、直观,但对结构有局部损坏。

水利水电行业所涉及的工程是闸、坝大体积混凝土,其最大骨料粒径达 80 ~ 150 mm,所以取芯宜尽量钻取较大直径的芯样。目前,对闸坝大体积混凝土规定芯样最小直径为 150 mm;对最大骨料粒径 40 mm 以下的混凝土可采用直径为 100 mm 的芯样。

(二)仪器设备及取样方法

钻取 ϕ200 mm 及其以上直径的芯样需采用专用钻机取样,由专业施工机构完成。以下介绍的仪器设备和取样方法是指钻取 ϕ100 mm ~ ϕ150 mm 直径芯样所采用的仪器设备和方法。

1.仪器设备

目前国内外生产的取芯机有多种型号,取芯的设备一般采用体积小、质量轻、电动机功率在 1.7 kW 以上、有电器安全保护装置的钻芯机。芯样加工设备包括岩石切割机、磨平机、补平器等。钻取芯样的钻头采用人造金刚石薄壁钻头。

其他辅助设备有:冲击电锤、膨胀螺栓,水冷却管、水桶,用于取出芯样榔头、扁凿、芯样夹(或细铅丝)等。

2.芯样的钻取

(1)钻头直径选择。钻取芯样的钻头直径不得小于粗骨料最大直径的 2 倍。

(2)确定取样点。芯样取样点应选择结构的非主要受力部位,混凝土强度质量具有代表性的部位,便于钻芯机安放与操作的部位,避开钢筋、预埋件、管线等。

用钢筋保护层测定仪探测钢筋,避开钢筋位置布置钻芯孔。

(3)钻芯机安装。根据钻芯孔位置确定固定钻芯机的膨胀螺栓孔位置,用冲击电锤钻与膨胀螺栓胀头直径相应的孔,孔深比膨胀管深约 20 mm。插入膨胀螺栓并将取芯机上的固定孔与之相对套入,旋上并拧紧膨胀螺栓的固定螺母。

钻芯机安装过程中应注意尽量使钻芯钻头与结构的表面垂直,钻芯机底座与结构表面的支撑点不得有松动。

接通水源、电源即可开始钻芯。

(4)芯样钻取。调整钻芯机的钻速:大直径钻头采用低速,小直径钻头采用高速。开机后钻头慢慢接触混凝土表面,待钻头刃部入槽稳定后方可加压。进钻过程中的加压力量以电机的转速无明显降低为宜。

进钻深度一般大于芯样直径约 70 mm(对于直径小于 100 mm 的芯样,钻入深度可适当减小),以保证取出的芯样有效长度大于芯样的直径。

进钻到预定深度后,反向转动操作手柄,将钻头提升到接近混凝土表面,然后停电停水、卸下钻机。

将扁凿插入芯样槽中用榔头敲打致使芯样与混凝土断开,再用芯样夹或铅丝套住芯样将其取出。对于水平钻取的芯样,用扁螺丝刀插入槽中将芯样向外拨动,使芯样露出混凝土后用手将芯样取出。

从钻孔中取出的芯样稍微晾干后,标上清晰的标记。若所取芯样的高度及质量不能满足要求,则重新钻取芯样。

结构或构件钻芯后所留下的孔洞应及时进行修补。

钻芯操作应遵守国家有关安全生产和劳动保护的规定,并应遵守钻芯现场安全生产的有关规定。

(三)芯样加工及要求

1.芯样试件加工

芯样试件的高度和直径之比在 1 ~ 2 的范围内。

采用锯切机加工芯样试件时,将芯样固定,使锯片平面垂直于芯样轴线。锯切过程中用水冷却人造金刚石圆锯片和芯样。

芯样试件内不应含有钢筋,若不能满足,则每个试件内最多只允许含有 2 根直径小于10 mm 的钢筋,且钢筋应与芯样轴线基本垂直并不得露出端面。

锯切后的芯样,当不能满足平整度及垂直度要求时,可采用以下方法进行端面加工:①在磨平机上磨平;②用水泥砂浆(或水泥净浆)或硫磺胶泥(或硫磺)等材料在专用补平装置上补平,水泥砂浆(或水泥净浆)补平厚度不宜大于 5 mm,硫磺胶泥(或硫磺)补平厚度不宜大于 1. 5 mm。

补平层应与芯样结合牢固,以使受压时补平层与芯样的结合面不提前破坏。

对轴向抗拉强度试验的芯样只能采取端面磨平的方法。

2.芯样试件尺寸要求

(1)芯样试件几何尺寸测量:

①平均直径:用游标卡尺测量芯样中部,在相互垂直的两个位置上,取其二次测量的算术平均值,精确至 0. 5 mm。

②芯样高度:用钢卷尺或钢板尺进行测量,精确至 1 mm。

③垂直度:用游标量角器测量两个端面与母线的夹角,精确至 0.1°。

④平整度:用钢板(玻璃)或角尺紧靠在芯样端面上,一面转动板尺,一面用塞尺测量与芯样端面之间的缝隙。

(2)芯样尺寸偏差及外观质量有以下情况之一者,不能做强度试验:

①端面补平后的芯样高度小于 1.0D(D 为芯样试件平均直径)或大于 2.0D。

②沿芯样高度任一直径与平均直径相差达 2 mm 以上。

③端面的不平整度在 100 mm 长度内超过 0.1 mm。

④端面与轴线的不垂直度超过 2°。

⑤芯样有裂缝或有其他较大缺陷。

(3)国内各标准对芯样尺寸和形位误差的规定见表 9-8。

表 9-8　GB/T 19496—2004 与 CECS 03:88 或 CECS 03:2007 的主要不同点

项 目	GB/T 19496—2004	CECS 03:88	CECS 03:2007
芯样平整度	≤0.06 mm	≤0.1 mm	≤0.1 mm
芯样垂直度	≤2°	≤2°	≤1°
圆柱度	≤1.5 mm	—	—
芯样平行度	≤1.0 mm	—	—
芯样垂直方向任一直径与平均直径相差	—	≤2 mm	≤2 mm
外观质量	不得有可见裂缝、孔洞	不得有可见裂缝或较大缺陷	不得有可见裂缝或较大缺陷

(四)强度试验

芯样试件强度试验包括抗压强度、轴向抗拉强度和劈裂抗拉强度。各项强度试验芯样试件的规格见表 9-9。

表 9-9　不同强度试验的芯样规格　　　　　　　　　　(单位:mm)

强度试验项目	最大骨料粒径 40 mm 以上	最大骨料粒径 40 mm 以下
	最小芯样尺寸	芯样尺寸
抗压强度	φ150×150	φ100×100
轴向抗拉强度	φ150×300	φ100×200
劈裂抗拉强度	φ150×150	φ100×100

1.不同强度试验的芯样试件加荷方式

(1)抗压强度试验。试件上、下端面处理应满足芯样试件加工的规定。抗压强度试验按《水工混凝土试验规程》(SL 352—2006)进行。

(2)轴向抗拉强度试验。

试件上、下端面采用磨平机磨平,达到要求后用环氧树脂黏结钢拉板,拉杆轴线与芯样试件轴线不同轴度偏差不大于1.0 mm。拉板黏结和轴向拉伸试验按《水工混凝土试验规程》(SL 352—2006)进行。

(3)劈裂抗拉强度试验。

试件上、下端面处理应满足芯样试件加工的规定。劈裂抗拉强度按《水工混凝土试验规程》(SL 352—2006)进行。

2. 强度计算

(1)抗压强度按式(9-27)计算(准确至0.1 MPa):

$$f_c = \frac{4P}{\pi D^2} = 1.273\frac{P}{D^2} \tag{9-27}$$

式中　f_c——抗压强度,MPa;

　　　P——破坏荷载,N;

　　　D——试件直径,mm。

《水工混凝土试验规程》(SL 352—2006)中规定:高径比为1.0的芯样试件抗压强度换算为相应于测试龄期的、边长为150 mm的立方体试件的抗压强度值$f_{cu,e}$,按下式计算:

$$f_{cu,e} = K \times f_{cor} \tag{9-28}$$

式中　$f_{cu,e}$——边长为150 mm的立方体试件的抗压强度,MPa;

　　　f_{cor}——高径比等于1.0的圆柱体芯样抗压强度,MPa;

　　　K——换算系数,按表9-10选用。

表9-10　换算系数 K

芯样直径(mm)	$\phi100\times100$	$\phi150\times150$	$\phi200\times200$
换算系数 K	1.00	1.04	1.12

(2)轴向抗拉强度按式(9-29)计算(准确至0.01 MPa):

$$f_t = \frac{4P_t}{\pi D^2} \tag{9-29}$$

式中　f_t——轴向抗拉强度,MPa;

　　　P_t——轴向拉伸破坏荷载,N;

　　　其余符号意义同前。

(3)劈裂抗拉强度按式(9-30)计算(准确至0.01 MPa):

$$f_{ts} = \frac{2P}{\pi DL} = 0.637\frac{P}{DL} \tag{9-30}$$

式中　f_{ts}——劈裂抗拉强度,MPa;

　　　L——试件长度,mm;

　　　其余符号意义同前。

(五)结构或构件混凝土强度推定值的计算

(1)钻芯法可用于确定检测批或单个构件的混凝土强度推定值,也可用于修正间接强度检测方法得到的混凝土抗压强度换算值。

(2)钻芯法确定检验批的混凝土强度推定值时,取样应遵守下列规定:

①芯样应从检验批的结构中随机抽取。

②芯样试件的数量应根据检验批的容量确定,标准芯样试件的最小样本量不宜少于 15 个。

③参照回弹法评定结构或构件混凝土抗压强度推定值的方法,计算被检验混凝土的抗压强度推定值,评定被检混凝土质量是否满足结构设计要求。

(3)钻芯确定单个构件的混凝土强度推定值时,有效芯样试件的数量不得少于 3 个,按其中最小值确定。

第三节　结构混凝土裂缝深度检测

超声波检测混凝土裂缝深度,一般根据被测裂缝所处部位的具体情况,采用单面平测法、双面斜测法与钻孔对测法。

一、单面平测法

当混凝土结构被测部位只有一个表面可供超声检测,且估计裂缝深度又不大于 500 mm 时,可采用单面平测法检测裂缝深度,如混凝土大坝、混凝土路面、飞机跑道、隧洞等建筑物裂缝检测及其他大体积混凝土裂缝检测。

(一)基本原理

单面平测法检测裂缝深度的基本原理见图 9-8。该法检测裂缝深度基于以下假设:①裂缝附近混凝土质量基本一致;②跨缝与不跨缝检测时声速相同;③跨缝测读的首波信号绕裂缝末端至接收换能器。

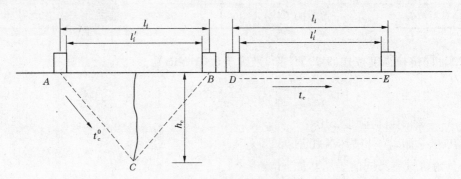

图 9-8　单面平测法原理

由图 9-8 可知: $h_c^2 = AC^2 - (l_i/2)^2$,而 $v = l_i/t_c$,则 $AC = vt_c^0/2 = l_it_c^0/(2t_c)$,故

$$h_c = \sqrt{l_i^2(t_c^0/t_c)^2/4 - l_i^2/4} = l_i/2\sqrt{(t_c^0/t_c)^2 - 1} = l_i/2\sqrt{(t_c^0v/l_i)^2 - 1} \quad (9\text{-}31)$$

式中　h_c ——裂缝深度,mm;

　　　l_i ——超声测距,mm;

　　　t_c ——不跨缝测量的声时,μs;

　　　t_c^0 ——跨缝测量的声时,μs;

　　　v ——不跨缝测量的混凝土声速,km/s。

公式(9-31)是《超声法检测混凝土缺陷技术规程》(CECS 21:2000)提出的裂缝深度计

算公式。采用公式(9-31)计算裂缝深度时,需要计算超声波实际传播距离 l_i 及混凝土声速 v。

图 9-8 标出了 l'_i 和 l_i 两个距离,l'_i 是换能器内边缘距离,是进行裂缝深度测量时不同测点的间距,l_i 是超声波在不同测距下的实际传播距离,它既不等于 l'_i,也不等于换能器中心距离,而是由 l'_i 修正得到,$l_i = l'_i + |d|$,d 是 t_0 和声传播距离的综合修正值。d、v 可由不跨缝测量数据求得,方法有两种:

(1)用回归分析方法:$l_i = d + bt_i$,d、b 为回归系数。混凝土声速 $v = b$。

(2)绘制"时—距"坐标图法。如图 9-9 所示,截距为 d,$v = (l'_n - l'_1)/(t_n - t_1)$。

式中　　l'_n、t_n——第 n 点的测距(mm)和声时值(μs);

　　　　l'_1、t_1——第 1 点的测距(mm)和声时值(μs);

　　　　b、d——回归系数。

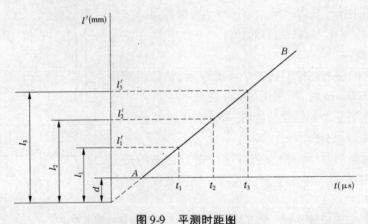

图 9-9　平测时距图

(二)检测步骤

(1)选择裂缝较宽、表面较平整的部位,打磨并清理混凝土测试表面。

(2)不跨缝的声时测量:将 T(发射)换能器和 R(接收)换能器置于裂缝附近同一侧,T 换能器保持不动,R 换能器向远离 T 换能器的方向移动,两个换能器内边缘间距 l'_i 依次等于 100 mm、150 mm、200 mm…分别读取声时值 t_i。

(3)跨缝的声时测量:将 T、R 换能器分别置于以裂缝为对称的两侧,两个换能器同步向外侧移动,l'_i 依次等于 100 mm、150 mm、200 mm…分别读取声时值 t_i^0。

(4)记录首波反转时的测距。当换能器置于裂缝两侧并逐渐增大间距,首波的振幅相位先后发生 180° 的反转变化,即存在着一个使首波相位发生反转变化的临界点。如图 9-10 所示,当换能器与裂缝间距 a 分别大于、等于、小于裂缝深度 h_c 时,超声波接收波形如图 9-10 的(a)、(b)、(c)所示。

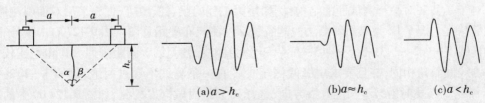

图 9-10　单面平测法首波相位反转现象

图 9-10(b)表示,当 $a \approx h_c$ 时,回折角 $\alpha + \beta$ 约为 90°。在该临界点左右,波形变化特别敏感。

(三)裂缝深度确定方法

(1)三点平均值法:跨缝测量,当在某测距发现首波反相时采用。

三点平均值法是基于单面平测法检测裂缝深度时存在首波反转现象。跨缝测试在某测距发现首波反相时,用该测距及其两个相邻测距的声时测量值分别计算 h_{ci},取此三点 h_{ci} 的平均值作为该裂缝的深度 h_c。

(2)平均值加剔除法:跨缝测量中如难以发现首波反向时采用。

首先求出各测距计算深度 h_{ci} 的平均值 m_{hc},再将各测距 l'_i 与 m_{hc} 相比较,凡 $l'_i < m_{hc}$ 和 $l'_i > 3m_{hc}$,剔除其 h_{ci},取余下 h_{ci} 的平均值作为该裂缝深度 h_c。

(四)适用条件

(1)当结构的裂缝部位只有一个可测表面,估计裂缝深度又不大于 500 mm 时,可采用单面平测法。

(2)当裂缝深度大于裂缝长度的一半时,不能采用单面平测法。

(3)采用单面平测法检测裂缝深度应避开钢筋的最短距离(a),见图 9-11。单面平测法对测试位置及钢筋间距的要求见表 9-11。

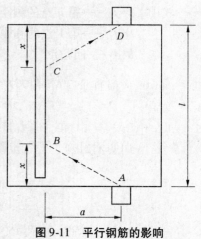

图 9-11　平行钢筋的影响

表 9-11　单面平测法对测试位置及钢筋间距的要求　　　　　(单位:mm)

裂缝深度 h_c	最短距离 $a \geqslant 1.5h_c$	最小钢筋间距 $S \geqslant 2a + \phi$(钢筋直径)
50	75	$150 + \phi$
100	150	$300 + \phi$
200	300	$600 + \phi$
300	450	$900 + \phi$
400	600	$1\ 200 + \phi$
500	750	$1\ 500 + \phi$

二、双面斜测法

对于具备一对平行测试面的结构,例如桥梁工程的梁、柱、墩等,优先采用双面斜测法检测裂缝深度。图 9-12 为双面斜测法检测裂缝深度测点布置示意图。图 9-12(a)中编号相同点的连线 1—1、2—2、3—3、4—4、5—5、6—6 称为测线,各测线等间距排列。为相互比较,要求各测线倾斜角相同,并且要求裂缝两侧至少各有一条测线不穿过裂缝,例如 1—1、2—2、6—6 测线。必要时沿裂缝长度开展方向,选择几个断面做深度检测,如图 9-12(b)中的①、②、③、④断面,从而可以全面掌握裂缝开展情况。

超声波发射、接收换能器分别置于编号相同的测点上,沿 1—1 ~ 6—6 测线逐点扫描。

当测线穿过裂缝时,由于混凝土失去了连续性,在裂缝界面上超声波信号衰减,接收到的首波波幅和不过缝的测点相比较,存在显著差异。因此,双面斜测法一般依据这种变化判断有无裂缝存在。如图9-12 的3—3 测线和5—5 测线异常,而4—4 测线正常,则上侧面裂缝深度可取3—3 测线和4—4 测线之间,下侧面裂缝深度可取4—4 测线和5—5 测线之间。

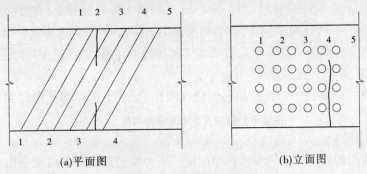

(a)平面图   (b)立面图

图9-12　双面斜测法原理

三、钻孔对测法

(一)检测原理

图9-13 为超声波钻孔对测法检测裂缝深度的原理图。在裂缝的两侧各钻1 个孔(A、B 孔,连线与裂缝垂直),另在裂缝某一侧再钻1 个孔(C 孔)作比较测量用,A、B 孔与B、C 孔的距离相等,见图9-13(a)。如图9-13(b)所示,两个换能器同时从孔口往孔底以一定间距移动,根据测得的波幅A 值,绘出A~h 变化曲线,见图9-13(c)。从图9-13(c)可见,随着孔深增加,裂缝逐渐闭合,A 也逐渐增大。当换能器到达某一深度h_c时,A 达到最大并基本稳定,意味着换能器已深入到混凝土的无缝部位。

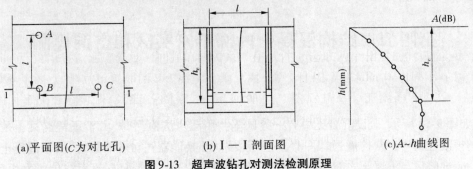

(a)平面图(C为对比孔)   (b)Ⅰ—Ⅰ剖面图   (c)A~h曲线图

图9-13　超声波钻孔对测法检测原理

(二)钻孔要求

A、B、C 3 个钻孔应满足下列要求:

(1)为保证径向换能器在钻孔中能够移动顺畅,钻孔直径应比换能器直径大5 ~ 10 mm。

(2)孔深应至少比裂缝预计深度深700 mm。因为钻孔对测法判断裂缝深度的依据是随着深度增加,波幅A 逐渐增大并趋于稳定,只有换能器进入到无缝混凝土一定深度,才能做到这一点。实际测量时,至少有3 个测点深入到无缝混凝土中。当然,事先并不知道裂缝的深度,如果换能器放到孔底时波幅A 仍然无明显增大,则裂缝深度有可能超过孔深,应进一步加深钻孔。

（3）对应的两个钻孔 A、B，必须始终位于裂缝两侧，其轴线应保持平行。如果两个测试孔的轴线不平行，各测点的测试距离不一致，读取的声时和波幅值缺乏可比性，将给测试数据的分析判断带来困难。

（4）两个对应测试孔的间距宜为 2 000 mm。对于大体积混凝土，有时会出现较深的裂缝，并且裂缝倾斜，如果孔间距偏小，则裂缝可能偏出钻孔，判断裂缝深度时会出错。

（5）孔中粉末碎屑应清理干净。如果孔中存在粉末碎屑，注水后便形成悬浮液，超声波会大量散射衰减，影响到测试数据。

（6）在裂缝一侧多钻一个孔距相同但较浅的孔 C，通过 B、C 两孔测试无裂缝混凝土的声学参数。

（三）测试及分析

（1）采用扶正器以确保换能器在孔中居中。因为换能器在孔中可能会出现偏斜甚至紧贴孔壁，影响测试数据。

（2）选用频率为 20 ~ 60 kHz 的一对径向换能器，为增加信号的可读性，接收换能器应带有前置放大器。先将两个换能器分别放在不过缝的 B、C 孔中，然后放到过裂缝的 A、B 孔中，以相同高程等间距 100 ~ 400 mm 从上至下同步移动，逐点读取声时、波幅和换能器所处的深度。

（3）一般来说，由于混凝土中的裂缝并非将两侧混凝土完全分开，因此声时变化不明显，但由于裂缝中空气对超声波的反射，只有少量超声波能穿过裂缝到达接收换能器，接收波形中的首波波幅 A 较小，而当两个换能器间无裂缝时，A 较大，因此裂缝闭合处 A 变化明显，A ~ h 的变化情况见图 9-13（c），但由于混凝土质量存在波动，实测的 A ~ h 曲线不如图 9-13（c）那么理想。

第四节　结构混凝土内部不密实区和空洞检测

一、检测原理

如图 9-14 所示，假设混凝土中有一处缺陷。用超声法检测时，由于正常混凝土是连续体，超声波在其中正常传播，如 1—1′、3—3′ 测线。当换能器正对着缺陷时，由于混凝土连续性中断，缺陷区与混凝土之间出现界面（空气与混凝土）。在界面上超声波传播发生反射、散射与绕射。当超声波经过缺陷时，用于混凝土缺陷评估的 4 个声学参数——声时（或波速）、振幅、频率和波形将发生变化。

（一）声时（波速）

当超声波在传播路径上遇到缺陷时，超声波的传播有两种可能：一是直接穿过缺陷介质，缺陷介质可能是空气、水或夹杂杂质的非正常混凝土，这些介质的共同特点是声速低；二是超声波绕过缺陷与正常混凝土的界面传播，如图 9-14 中的 2—A—2′ 或 2—B—2′。当超声波直接穿过缺陷时，由于缺陷速度较混凝土低，在同样测距下传播时间要长，而绕过缺陷的传播路径比直线传播的路径长，所以上述两种情况测得的声时都将比正常部位长。在计算

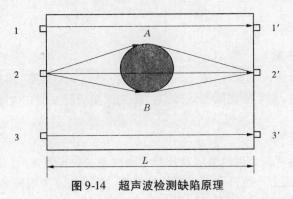

图 9-14　超声波检测缺陷原理

测点声速时,总是以换能器间的直线距离 L 作为传播距离,因此有缺陷处的计算声速就减小。

(二) 振幅

由于缺陷对声波的反射或吸收比正常混凝土大,所以当超声波通过缺陷后,衰减比正常混凝土大,即接收波的振幅将减小。根据接收波首波振幅的异常变化也可以发现缺陷的存在。

振幅值虽然与混凝土质量有相关性,但也取决于测试距离和换能器的声学性能(仪器和换能器灵敏度、自振频率、频谱特性等),因此难以定出一种统一的指标,只能在同一仪器设备和测距情况下作相对比较用。

(三) 频率

对接收波信号的频谱分析表明,不同质量的混凝土对超声波中高频分量的吸收、衰减不同。因此,当超声波通过不同质量的混凝土后,接收波的频谱(即各频率分量的幅度)也不同。有内部缺陷的混凝土,其接收波中高频分量相对减少而低频分量相对增多,接收波的主频率值下降。频率值也只能在同一仪器设备和测距情况下作相对比较用。

(四) 波形

当超声波通过混凝土内部缺陷时,由于混凝土的连续性已被破坏,使超声波的传播路径复杂化,直达波、绕射波等各类波相继到达接收换能器。它们各有不同的频率和相位。这些波的叠加有时会造成波形的畸变(见图 9-15)。目前,对波形的研究还不够,只能是半定性的参数,作为判断缺陷的参考。

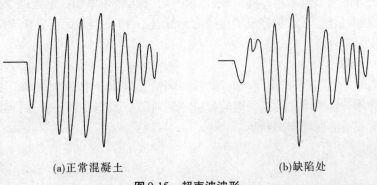

(a)正常混凝土　　　　　　　　　　　　　　(b)缺陷处

图 9-15　超声波波形

二、一般步骤

（一）制定测试方案

收集待测结构或构件的设计、施工资料，到现场进行实地观察，掌握被测结构或构件的外观情况和检测条件，制定周密的测试方案。视测试面情况及测距大小选择对测法、斜测法或者钻孔法。

（二）仪器设备

超声仪及换能器应满足规范要求及现场检测需要。根据测试面情况选择平面换能器或径向换能器，根据测距大小选合适频率的换能器，短距离应选用较高频率的换能器，长距离应选用较低频率的换能器，必要时配置前置放大器。

（三）对测试面或钻孔的要求

采用平面换能器在混凝土表面测试时，应保证混凝土表面平整、干净。对不平整或有杂质的表面，应采用砂轮打磨处理，以保证换能器辐射面与混凝土表面耦合良好。

当使用钻孔法检测不密实区、空洞或深裂缝，或者采用声波透射法检测灌注桩质量时，要求钻孔或声测管互相平行，孔（管）径比径向换能器直径略大。

（四）耦合条件

采用平面换能器在混凝土表面检测时，应涂耦合剂，以保证换能器辐射面与混凝土表面达到完全平面接触，使得超声波在此接触面上的衰减最小。耦合剂的厚度（不宜太厚）及对换能器施加的压力应基本相同，以保证各个测点的耦合条件一致。可使用的耦合剂有黄油、凡士林等。

钻孔或预埋管检测时，采用水做耦合剂，检测前向孔（管）中注满清水。检测时换能器应加装扶正器，使得换能器在孔（管）中不偏斜，以保证检测条件的一致性。

（五）测线布置

根据不同的测试目的布置测线，一般来说尺寸较大的构件测线可疏一些，小构件测线应密一些；普测时测线可以疏一些，仅需单方向对测，而对有怀疑的区域重点检测时测线应密一些，还要做进一步的斜测。平面检测时，在混凝土表面画线布置测点，应记录各测点编号及位置；钻孔检测时，利用测绳或电缆线上的刻度定位换能器位置，记录各测点的高程。

（六）信号采集

按照预定方案逐点采集超声波信号，记录声时、振幅、频率和波形这四个声学参数。一般来说，如果数据量较大，正常部位测点的波形可以不保存，但要保存异常部位的波形，以便室内作进一步分析处理。

（七）分析计算

现场检测时，一般应作初步分析处理，对缺陷情况做到心中有数，对缺陷的复测或详测工作才能有的放矢。利用缺陷或裂缝的分析方法对测试数据作进一步分析处理，对缺陷位置、尺寸、程度或裂缝深度作出判断。

三、不密实区和空洞检测

所谓不密实区，是指因振捣不够、漏浆或离析等造成的蜂窝状，或因缺少水泥而形成的松散状以及遭受意外损伤所产生的疏松状混凝土区域。所谓空洞，是指因为钢筋密集，混凝土无法振实,造成石子架空,或者在浇筑过程中混凝土中混入了声阻抗较低的杂物。

当检测构件不密实区或有空洞时,被测部位应具有一对(或两对)相互平行的测试面,这样就可以方便地采用平面换能器进行检测。当然,如果不具备一对平行测试面的要求或者平行测试面距离太大,也可以采用钻孔法检测。当检测构件不密实区或有空洞时,测试范围除应大于有怀疑的区域外,还应有同条件的正常混凝土进行对比。

根据被测构件实际情况,选下列方法之一布置测线。

(一)对测法

当构件具有两对相互平行的测试面时,采用对测法。如图 9-16 所示,在测试部位两对相互平行的测试面上,分别画出等间距的网格,网格间距视待测构件的尺寸,一般为 100 ~ 300 mm,大型结构物可适当加大,并编号确定对应的测点位置。

一般先将 T、R 换能器分别置于其中一对相互平行的测试面的对应测点上,逐点测量声学参数,如果发现异常测点,则利用另一对相互平行测试面上的测点作进一步检测,以便判断缺陷的具体位置和范围。图 9-16 平面图中的测线布置是为了了解缺陷在水平方向的分布情况,立面图中的测线布置是为了了解缺陷在垂直方向的分布情况。

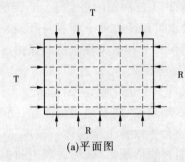

(a)平面图　　　　　　　　(b)立面图

图 9-16　对测法示意图

(二)斜测法

当构件只有一对相互平行的测试面时,可采用对测和斜测相结合的方法。如图 9-17 所示,在测点两个相互平行的测试面上分别画出网格线,在对测的基础上进行交叉斜测,从而判断缺陷具体位置和范围。

(三)钻孔法

当测距较大时,可采用钻孔或预埋管测法。声波透射法检测灌注桩质量采用的就是预埋管测法。如图 9-18 所示,在测试平面上预埋声测管或钻出竖向测孔,预埋管或钻孔间距宜为 2 ~ 3 m,距离太大往往难以测得有效信号,特别当测线穿过缺陷时。钻孔或预埋管深度可根据测试需要确定,要求比估计缺陷所在位置更深。检测时可用两个径向换能器分别置于两测孔中检测两孔之间的混凝土内部缺陷,或用一个径向换能器与一个平面换能器,分别置于测孔中和平行于

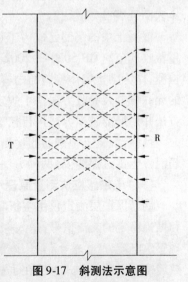

图 9-17　斜测法示意图

测孔的侧面检测钻孔与侧面之间的混凝土内部缺陷。钻孔法也经常需要将对测法和斜测法结合起来判断缺陷具体位置和范围。

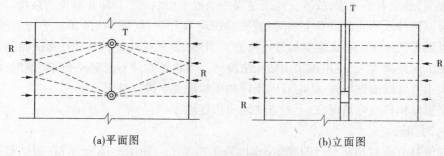

(a)平面图   (b)立面图

图9-18　钻孔法示意图

第五节　结构混凝土中钢筋位置和锈蚀检测

一、钢筋位置和保护层厚度检测

混凝土中钢筋的位置和保护层厚度是混凝土结构工程质量的重要部分。钢筋在混凝土结构中主要承受拉力并赋予结构以延性,补偿混凝土抗拉能力低下和容易开裂及脆断的缺陷。因此,混凝土中的钢筋直接关系到建筑物的结构安全和耐久性。钢筋保护层厚度太薄或太厚都会对结构构件受力性能产生影响。保护层厚度太薄,一方面,混凝土碳化的深度(或氯化物的侵入)会提前到达钢筋周围,破坏钢筋周围的钝化膜,容易造成受力钢筋腐蚀,继而发展到混凝土保护层因钢筋锈蚀膨胀而产生顺筋开裂、层裂或剥落露筋,同时,钢筋有效截面面积减小,致使结构不能安全使用,严重时还会导致整个结构体系破坏,降低结构的耐久性;另一方面,构件受力时表面混凝土会产生崩裂脱落现象,破坏混凝土和钢筋的黏结力,从而使混凝土的强度降低,保护层厚度太厚,会使构件有效截面尺寸减小,极易造成混凝土表面开裂,影响承载力。

混凝土中的钢筋已成为工程质量鉴定和验收所必检的项目,《混凝土结构工程施工质量验收规范》(GB 50204—2002)规定:抽取一定数量的梁、板类构件进行钢筋保护层厚度的检测,作为结构实体检验的内容。该规范对构件抽样比例、钢筋检测数量、钢筋保护层厚度的允许偏差及验收方法作了规定,并规定可采用非破损或局部破损的方法,也可采用非破损方法并用局部破损方法进行校准。

目前,混凝土中钢筋的检测方法主要有电磁感应法(钢筋保护层测定仪)和雷达法(钢筋混凝土雷达探测仪)两种方法。较普遍采用的检测方法是电磁感应法。

(一)电磁感应法测量原理

钢筋保护层测定仪由主机和探头组成。根据电磁感应原理,由主机的振荡器产生频率和振幅稳定的交流信号,送入探头的激磁线圈,在线圈周围产生交变磁场,引起测量线圈出现感生电流,产生输出信号,该信号被放大及补偿处理后,由电表直接指示检查结果,或经模数转换后以数字方式直接在主机的显示屏上给出测试结果。当没有铁磁性物质(如钢筋)进入磁场时,由于测量线圈的对称性,此时输出信号最小。而当探头逐渐靠近钢筋时,探头产生交变磁场在钢筋内激发出涡流,而变化的涡流反过来又激发变化的电磁场,引起输出信号值慢慢增大。探头位于钢筋正上方,且其轴线与被测钢筋平行时,输出信号值最大,由此定出钢筋的位置和走向,如图 9-19 所示。当不考虑信号的衰减时,测量线圈输出的信号值 E 是钢筋直径 D 和探头中心至钢筋的垂直距离(保护层厚度)y,以及探头中心至钢筋中心的水平距离 x 的函数,可表示为:

$$E = f(D,x,y) \tag{9-32}$$

当探头位于钢筋正上方时,$x=0$,此时可简单表示为:

$$E = f(D,y) \tag{9-33}$$

因此,当已知钢筋直径时,根据测出信号值 E 的大小,便可以计算出保护层厚度 y。

（二）仪器校准

检测前,为了保证检测所使用的仪器符合标准状态,需要对仪器采用校准试件进行校准,只有符合要求的钢筋探测仪才能用于检测,以保证检测结果的准确性和可比性。钢筋探测仪除定期进行校准外,在新仪器启用前、检测数据异常、无法进行调整及经过维修或更换主要零配件(如探头、天线等)时也应对仪器进行校准。

《混凝土结构工程施工质量验收规范》(GB 50204—2002)要求钢筋保护层厚度结构实体检测误差不应大于 1 mm,大部分仪器在混凝土保护层厚度为 10 ~ 50 mm 的范围内能够满足这一要求,当用校准试件(见图 9-20)来校准时,可以规定混凝土保护层厚度在 10 ~ 50 mm 范围内的检测误差不大于 1 mm。

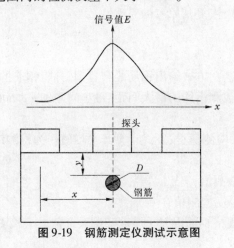

图 9-19　钢筋测定仪测试示意图　　　　图 9-20　校准试件参考尺寸　（单位:mm）

（三）检测步骤

1. 准备工作

检测前,应根据设计资料确定检测区域内钢筋可能分布的状况,选择适当的检测面。检测面应清洁、平整。对有饰面层的构件,将其清除后,在混凝土面上进行检测。

大部分钢筋探测仪在检测前都要进行预热和调零,调零时探头应远离金属物体。在检测过程中,要经常检查钢筋探测仪的零点状态。

2. 钢筋位置测定

将探头放在检测面上有规则的移动扫描,当探头靠近钢筋时,保护层厚度示值变小(或表针发生偏移),继续移动探头,直至保护层厚度示值最小(或表针偏移最大),这表明探头探测正前方有钢筋。然后在此位置旋转探头,使保护层厚度示值最小为止。这时被测钢筋的轴向抗拉与探头的轴向抗拉一致,记下此位置和方向,即为钢筋的位置。按上述步骤将相邻的其他钢筋位置逐一标出,就可逐个量测钢筋的间距。

3. 保护层厚度测定

钢筋位置确定后,按下列方法进行混凝土保护层厚度的检测:

(1)首先设定钢筋探测仪量程范围及钢筋公称直径,沿被测钢筋轴线选择相邻钢筋影响较小的位置,读取混凝土保护层厚度检测值 c_1',在每根钢筋的同一位置应重复检测 1 次,读取 c_2'。

(2)当同一处读取的两个混凝土保护层厚度检测值相差大于 1 mm 时,该组检测数据无效,查明原因后,在原位重新进行检测,若两个混凝土保护层厚度检测值相差仍大于 1 mm,则更换钢筋探测仪或采用钻孔、剔凿的方法验证。

(3)当实际混凝土保护层厚度小于钢筋探测仪最小示值时,可以用在探头下附加垫块的方法进行检测。垫块对钢筋探测仪检测结果不应产生干扰,表面应光滑平整,其各方向厚度值偏差不应大于 0.1 mm。所加垫块厚度 c_0 在计算时予以扣除。

4. 验证

在检测中,如果遇到相邻钢筋对检测结果的影响大,钢筋公称直径未知或有异议,检测所得的钢筋实际根数、位置与设计有较大偏差,钢筋以及混凝土材质与校准试件有显著差异等,应选取一定数量的钢筋采用钻孔、剔凿等方法将钢筋露出,用游标卡尺直接测量来验证钢筋的间距和保护层厚度。检测后应及时修补,恢复其原有的完整性。

(四)检测数据处理

1. 钢筋间距

对于检测得到的钢筋间距检测数据,采用绘图方式给出钢筋的布置图,并将钢筋的间距标注在图上。当检测钢筋数较多时,也可给出被测钢筋的最大间距、最小间距和平均间距。

2. 保护层厚度

对于某一测点所得的两个钢筋保护层厚度检测值,按下式计算其平均值作为检测结果:

$$c_{m,i}' = (c_1' + c_2' + 2c_c - 2c_0)/2 \tag{9-34}$$

式中　$c_{m,i}'$——第 i 测点钢筋保护层厚度平均检测值;

　　　c_1'、c_2'——第 1、2 次检测的钢筋保护层厚度检测值;

　　　c_c——钢筋保护层厚度修正值,为同一规格钢筋混凝土厚度实测验证值减去检测值;

　　　c_0——探头垫块厚度,不加垫块时,$c_0 = 0$。

(五)影响钢筋检测的因素

在进行钢筋间距和保护层厚度检测时,许多因素会对检测结果产生不利影响,这些影响因素主要有下列几种:

(1)钢筋的截面形状:当钢筋探测仪在校准时采用的钢筋截面尺寸与实际有差异时,容易给检测结果带来误差,尤其是带肋钢筋。例如,用月牙肋钢筋校准,检测钢筋是光圆钢筋、等高肋钢筋、钢筋机械接头以及冷轧扭钢筋等。

(2)钢筋在混凝土中的位置:为了准确检测钢筋的间距和保护层厚度,钢筋在混凝土中应该笔直并平行于检测面,钢筋弯曲或与检测面不平等都会导致检测误差。

(3)钢筋间距:当钢筋间距超过钢筋探测仪的分辨能力时,会对检测结果产生影响,当钢筋间距小到某个值时,钢筋探测仪将无法确定每根钢筋的位置,也得不到准确的保护层厚度值。如钢筋加密区、搭接接头和十字交叉部位等。试验表明,相邻钢筋的净距和钢筋保护层厚度比值为 1.3 ~ 1.5 以上时,相邻钢筋对保护层厚度检测的影响较小。

(4)绑扎铁丝:绑扎铁丝容易贴近混凝土表面,会导致钢筋的保护层厚度读数偏低。但是,一个有经验的检测人员应该有能力区分出叠加在主筋上的铁丝、铁钉等部位的相应信号。

(5)混凝土原材料:当混凝土原材料含有铁磁性物质(如钢纤维混凝土)时,会导致检测结果偏低甚至无法进行检测。

(6)检测面光洁度:当表面粗糙或波浪起伏时,将使检测精度下降。

(7)外界影响:检测周围有较大的铁磁性金属物体时,如窗框、脚手架、钢管或金属预埋件,往往会对检测产生干扰。

(8)钢筋的锈蚀:钢筋明显锈蚀的情况下,尤其是产生铁锈和剥落时,有可能导致检测误差。

二、混凝土中钢筋锈蚀的半电池电位法测定

混凝土中钢筋锈蚀的电化学检测方法主要有:半电池电位法、线性极化法和交流阻抗谱法。

半电池电位法是电化学测量中最简单有效的一种方法,通过在混凝土表面测量钢筋的半电池电位即可定性判断混凝土中钢筋的腐蚀状况。该方法首先由美国 J. R. Stratfull 等学者提出,并形成了半电池电位的判断标准,该技术自 20 世纪 80 年代得到普遍肯定。目前较为通用的是 ASTM C876 标准。该标准的缺点是:

(1)只能从热力学角度定性判断钢筋发生锈性的可能性,不能应用于定量测量;

(2)本方法不适用于混凝土已饱水或接近饱水的结构。已饱水或接近饱水的混凝土,其中钢筋由于缺氧,阴极极化很强,这时测得的钢筋半电池电位为负,但钢筋往往还未生锈,这样常规的钢筋腐蚀状况判别标准就不适用了。

(一)仪器设备

(1)外购"钢筋锈蚀仪(现场检测用)"或自制检测仪器。

(2)自制仪器包括:

①自制铜 - 硫酸铜参比电极。用一内径不小于 20 mm、长度不小于 100 mm 的玻璃管或刚性塑料管,下端塞一软木塞,上端用橡皮塞或火漆封闭。管内灌满饱和硫酸铜溶液(有一定量硫酸铜晶体积聚在溶液底部时,即认为此溶液已饱和)。通过橡皮塞在溶液中插入一根直径不小于 5 mm 的紫铜棒。紫铜棒预先经过擦锈、去脂。在电极下端软木塞外面用海绵包裹。测量前电极下端浸在硫酸铜溶液中备用。

②直流电压表,量程 2 000 mV,最小分刻度 10 mV,输入阻抗应不低于 10 MΩ。

③电瓶夹头一只;导线,总长不大于 100 m。

(二)检测步骤

(1)在构件表面以网格形式布置测点。一般测点纵、横向间距为 30 ~ 50 cm。当相邻两测点测值代数值之差超过 150 mV 时,应适当缩小测点间距。

(2)在构筑物表面,与里面钢筋网电连接的露头钢筋上,用电瓶夹头引出导线。钢筋与夹头电连接处,预先用砂布除锈、擦光。引出的导线接电压表的正极。若无可供电连接的露头钢筋,在构筑物表面某一处凿去混凝土保护层,使钢筋暴露,并引线。

(3)从铜-硫酸铜参比电极的紫铜棒上引出导线,接电压表的负极。

(4)将铜-硫酸铜参比电极下端依次放置在各测点处,同时电极纵轴线保持与构件表面垂直,读出并记录各测点的钢筋半电池电位,精确至 10 mV(见图 9-21)。测量时,半电池电位读数应不随时间变化或摆动,5 min 内电位读数变化应在 ±20 mV 以内,否则应用浸透硫酸铜溶液的海绵预先在各测点预湿。在混凝土较干的情况下,可用喷淋等方法预湿整个混凝土表面使读数稳定。若用以上预湿方法,未能使电位稳定在 ±20 mV 以内,则不能使用本法。在水平或垂直向上测量时,要确保参比电极中硫酸铜溶液始终与软木塞、紫铜棒接触。

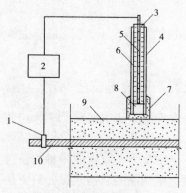

1—电瓶夹;2—电压表;3—橡皮塞;4—紫铜棒;5—刚性塑料管;
6—饱和硫酸铜溶液;7—海绵;8—软木塞;9—混凝土;10—钢筋

图 9-21 测定钢筋半电池电位

(三)检测结果处理

对测量结果可按以下两种方法处理:

(1)绘制构件表面钢筋半电池等电位图。它提供了构件中可能发生钢筋腐蚀活动性区域图。在一比例适当的构件表面图上,点绘出各测点的位置和测值。通过电位等值点和内插等值点,画等电位线。等电位线的最大间隔应为 100 mV。

(2)绘出累积频率图。它提供了构件中钢筋腐蚀活动区域的大小(占的百分比)。将所有的半电池电位,按其负值从小到大排列(电位相同的测点之间,可任意排列次序),并连续编号。按式(9-35)计算各测值的累积频率:

$$f_x = \frac{r}{\sum n + 1} \times 100\% \tag{9-35}$$

式中 f_x——所测值的累积频率(%);

r——各个半电池电位的排序;

$\sum n$——总测值个数。

累积频率图的纵坐标为半电池电位(mV)、横坐标为累积频率(%)。根据各测点的半电池电位和累积频率,在图上绘出累积频率曲线。

(3)评估标准。

①若半电池电位正向大于 -200 mV,则此区域发生钢筋腐蚀概率小于 10%;

②若半电池电位负向大于 -350 mV,则此区域发生钢筋腐蚀概率大于 90%;

③若半电池电位在 −350 ~ −200 mV 范围内,则此区域发生钢筋腐蚀性状不确定。

第六节 碾压混凝土现场质量检测

一、碾压混凝土层面允许间隔时间的测定

碾压混凝土从拌和到碾压完毕最长时间不宜超过 2 h。每个浇筑升层碾压后的表面为层面,再浇筑碾压混凝土就是含层面碾压混凝土。大量试验和现场观测表明,含层面碾压混凝土的性能均低于本体,不管层面环境条件如何和间隔时间长短,时间愈长,性能愈差。

(一)层面结构和浆体胶结

1. 层面断口分析

从不同层面间隔时间浇筑的碾压混凝土层面拉断和剪断破坏状态分析,间隔时间短的层面,破坏面凹凸不平,粗骨料间的空隙被砂浆填充,而间隔时间长的层面,破坏面沿层面断开,表面光滑,层面处粗骨料无啮合。由此说明,碾压后层面浮出部分砂浆,其塑性与层面特性、嵌固和胶结作用密切相关。因此,研究的着眼点集中到碾压混凝土中水泥胶砂的凝结和硬化上。

2. 层面浆体的胶结

振动碾施振于碾压层,随着碾压遍数增加逐步液化,水泥浆上浮,形成层面,浆层厚度为 3 ~ 5 mm。浆层凝结前在其上铺筑碾压混凝土,再次被碾压时,由于液化作用上层碾压混凝土中的骨料下沉,与层面接触,有较好的胶结、嵌固和啮合作用,所以本体和层面有较好的连续性;当浆层凝结后在其上铺筑碾压混凝土,再次被碾压时,在垂直振动力作用下,不可能使骨料沉入到浆层中发生胶结、嵌固和啮合作用,本体与层面连续性较差。因此,层面浆体凝结状态将直接影响层面胶结性能。

上层底部骨料与层面浆体接触,间隙由凝胶析出的氢氧化钙所填充,形成黏附膜。黏附膜从浆体水化开始就产生,随着时间增长而减弱。黏附作用减弱到一定限值,再覆盖碾压混凝土,即使长期养护,层面黏结强度也不能恢复。层面一定要保持潮湿状态,否则层面干燥将终止浆体水化和黏附膜生成。

层面黏附力由黏附膜作用和骨料嵌入浆体摩阻力组成。研究碾压混凝土层面质量就是寻找一种判断层面黏附力的方法。

3. 贯入阻力法测定碾压混凝土胶砂的凝结与硬化

大量试验表明,混凝土的凝结表现在加水后水泥凝胶体由凝聚结构向结晶网状结构转变时有一个突变。这一理化现象被多种物理量测定表现出来。用测针测定胶砂贯入阻力也存在一个突变点。因此,采用贯入阻力法来测定碾压混凝土凝结过程。

用高精度贯入阻力仪测定 12 个碾压混凝土配合比,贯入阻力与历时关系见图 9-22。

图 9-22 的特征是:贯入阻力—历时关系由两段直线组成,水化初期贯入阻力值较低,增长速率也较缓慢,至一定历时,直线出现一个拐点,直线斜率变陡,增长速度增加。按常规出现拐点的历时称为初凝时间,贯入阻力达到 28 MPa 的历时称为终凝时间。

碾压混凝土初凝时间只是根据水泥胶凝材料水化,由凝胶变为结晶时物理量突变来确定的,没有考虑层间亲合力,与层面力学特性和渗流特性变化没有直接联系,显然用初凝时

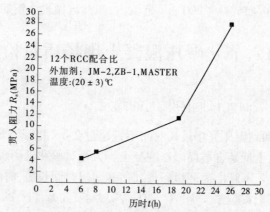

图 9-22　贯入阻力与历时关系试验结果

间来控制层面质量是不科学的。

（二）层面外露时间与其力学和渗透特性的关系

碾压混凝土拌和出机后，经运送、摊铺到碾压结束形成层面，再浇筑上层碾压混凝土，不论间隔时间多少，都构成含层面碾压混凝土，其力学和抗渗性能都将降低。

1. 与抗压强度的关系

由于立方体试件端面约束，试件破坏呈锥形。试件中部留下一个未完全破坏的锥形体，而层面就在此锥形体内，所以层面对抗压强度的影响不明显。与碾压混凝土本体相比，抗压强度降低不超过 5% ~ 8%，可不予以注意。

2. 与轴拉强度关系

层面外露时间对含层面碾压混凝土轴拉强度有显著性影响，外露时间愈长，轴拉强度降低愈多。历时 8 h，含层面碾压混凝土轴拉强度比本体降低 15%，历时 24 h，降低 45%，见图 9-23。

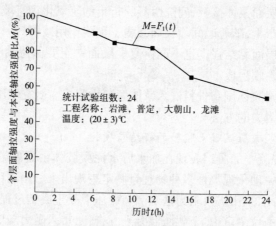

图 9-23　轴拉强度与历时关系试验结果

3. 与抗剪强度关系

碾压混凝土抗剪强度可通过库仑方程计算：

$$\tau = c' + f'\sigma \tag{9-36}$$

式中　τ——剪应力,MPa;

　　　c'——黏聚力,MPa;

　　　f'——摩擦系数;

　　　σ——法向应力,MPa。

试验表明,对于给定的碾压混凝土,其层面上的黏聚力变化幅度要比抗滑摩阻力大许多。如果施工中采取合理的质量控制措施,层面间隔时间和状况对层面抗滑摩阻力的影响已处于次要地位。黏聚力既受材料配合比影响,也受施工过程的影响,如层面间隔时间、层面处理方法等。

综上所述,采用黏聚力反映层面状况对抗剪强度的影响更为直接。在标准试验条件下,层面外露时间对黏聚力有显著性影响,黏聚力与历时关系试验结果见图9-24。

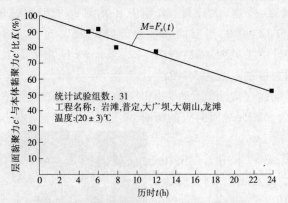

图9-24　层面黏聚力与历时关系试验结果

4.与渗透性的关系

两个工程抗渗等级试验结果表明,层面间隔8 h以后抗渗等级明显下降,见表9-12。

表9-12　不同层面间隔时间抗渗等级试验结果

层面间隔时间 （h）	层面状况	抗渗等级	
		NO.1	NO.2
0	本体	W8	W6
4	不处理	W8	
6			W6
8		W8	
12			W4
16		W6	
24		W4	
48		W2	

（三）贯入阻力与层面特性的关系

层面砂浆的贯入阻力与层面特性的关系是通过贯入阻力—历时关系、轴拉强度—历时关系和黏聚力—历时关系三者联系起来。随着历时增长,贯入阻力增加,而轴拉强度、黏聚力和抗渗性则降低,这是一个不争的事实。从设计角度,可以提出一个允许降低下限,在此限以上层面的各项性能是能够被大坝结构安全所接受的,以此下限作为层面质量控制标准。

连续浇筑的碾压混凝土,如果坝体结构设计安全系数认可层面各项性能比本体降低15%是可以接受的。由图 9-23 和图 9-24 曲线上可以得到降低 15% 所对应的历时 t_0(两者选小者)。由 t_0 查贯入阻力—历时曲线,得 t_0 对应的贯入阻力值,此值就是现场层面质量控制限值,超过此限值不允许连续浇筑,层面应进行处理。

(四)现场实时检控层面质量的方法

1.贯入阻力控制值的选定

层面质量贯入阻力控制值由两种方法确定。

1)经验统计法

统计样本取自岩滩、普定、大广坝、大朝山和龙滩五个工程试验资料统计数据。由图 9-23、图 9-24 和表 9-12 可知,当层面各项性能降低 15% 时,$t_0 = 8$ h。五个工程贯入阻力—历时关系曲线统计结果见图 9-22,查图 9-22,当 $t_0 = 8$ h,贯入阻力 $R_s = 5$ MPa,由此确定经验统计法的贯入阻力控制限值为 5 MPa。

采用统计法决定层面直接铺筑允许间隔时间的方法就是在现场仓面实测贯入阻力—历时关系,当贯入阻力为 5 MPa 时所对应的历时,就是层面连续直接铺筑允许间隔时间。

2)实际测定法

对大型重要工程,必须采用工程使用材料和结合工程实际工况,按下列步骤确定层面贯入阻力控制值。

(1)拌制施工配合比碾压混凝土,测定:①贯入阻力—历时关系;②不同历时,含层面碾压混凝土轴拉强度、黏聚力 c' 和渗透性与本体的关系。

(2)确定:①层面各项性能允许降低值;②层面贯入阻力控制值。

为现场仓面质量检控,研制了 JFT - 11 型 500 N 手持式贯入阻力仪,见图 9-25,其技术规格为测力精度 ± 0.2%,最小值 1 N。

图 9-25 JFT - 11 型 500 N 手持式贯入阻力仪
(中国水利水电科学研究院研制)

仓面的环境条件比室内标准试验条件复杂得多,气温、日光直射、风速变化加剧了水分蒸发,表面遮盖、喷雾等一系列不定条件,均影响层面浆体的贯入阻力值。但是,不论外界条件如何变化,同一碾压混凝土拌和物浆体对外力的阻抗能力应该是基本一致的。所以,不同环境条件下具有相同贯入阻力值的层面浆体,应有相同的层面胶结作用。当实测层面贯入阻力大于控制值时,就应该停止直接铺筑,进行层面处理。

2.现场实时检控层面质量的方法

(1)从运到施工现场的碾压混凝土拌和物中筛取砂浆试样 40 L。

(2)在平仓后的碾压混凝土层某一预定位置挖取面积为 40 cm × 40 cm、深为 20 cm 的坑,将砂浆分两层装入试样坑内,每层插捣 40 次,刮平试样,表面略高出碾压混凝土表面。

（3）将砂浆表面覆盖一层尼龙编织布，然后砂浆试样与碾压混凝土拌和物一起承受振动碾压，碾压制度按碾压混凝土碾压规定进行。碾压完毕后，除去覆盖编织布，与碾压混凝土暴露在相同的外界环境中。

（4）按不同时间间隔（以碾压混凝土拌和物加水搅拌时开始计时）分次用手持式贯入阻力仪测定现场砂浆试样的贯入力值。

（5）测试时，两手持贯入阻力仪，保持测针竖直。将测针端部与砂浆试样表面接触，通过手柄徐徐加压，使测针在 10 s 内贯入砂浆 25 mm，即测针顶端 25 mm 有一环刻印与层面浆体齐平，此时显示仪表上显示的荷载为最大贯入力。然后将测针徐徐拔出，贯入阻力仪水平放置在平稳处。

（6）每次在砂浆试样上测定贯入力时，按照先周边后中心的顺序进行，测点间距应不小于 25 mm。

（7）当实测层面贯入阻力等于控制值（按经验统计法选用贯入阻力为 5 MPa）时，对应历时为"直接铺筑允许时间"，当超过时应通知施工单位中止直接铺筑，进行层面处理。

二、碾压混凝土层间原位直剪试验（平推法）

直剪试验采用平推法，正应力和剪应力直接施加在碾压混凝土层面上。当沿层面进行剪断时称为抗剪断试验。剪断以后，复位沿前断面继续进行剪切试验称为抗剪试验，又称为摩擦试验。进行建筑物抗滑稳定计算的参数主要由抗剪断试验提供。

本试验的主体是现场预留试验块，试验加荷装置是现场安装的，因此试验结果的准确度受现场因素影响很大，所以工程质量检测人员应特别重视以下五点：

（1）施力方向应与预留试验块几何轴线一致。预留试验块是本试验的主体，层面为基准面，长向和宽向轴线的交点为原点，水平荷载通过层面施加，法向荷载垂直层面并通过原点与层面正交。

（2）理论上水平荷载应沿层面施加，实际操作会有困难，但是偏心距不得大于边长（剪切方向试件边长）的 5%，以减少附加弯矩对剪切面应力分布的影响。

（3）为施加法向荷载所设置的横梁和立柱必须有足够刚度，以免影响法向荷载的施加。

（4）法向荷载加荷系统必须具有调压保载功能。试验开始首先施加法向荷载，并保持恒定。当施加水平荷载时试件变形、体积膨胀，从而使法向荷载增大，因此必须有调压装置使荷载保持恒定。

（5）加荷系统现场组装精度，尤其是施加法向荷载的横梁、立柱和液压千斤顶的组合，是否能保证法向荷载垂直层面且通过原点施加，对试验结果的准确性至关重要。

（一）试体制备

（1）试体的试验层面应具有施工实际代表性。可在现场试验体上或建筑物顶部的合适层面选取。

（2）同一组试体，数量 4~5 块，需在同一高程的相同碾压混凝土层面上，层面条件力求一致，尽量接近建筑物层面的工作条件。

（3）每块试体的面积不小于 0.5 m×0.5 m，高度略大于边长的 2/3，试体间的净距应不少于 1.5 倍试体的最短边长，以免加荷变形互相影响。一组试体的试区开挖面积宜不小于 2.5 m×8.0 m。

（4）试区开挖应待碾压混凝土强度大于 10 MPa 后，再按预定布置，试体四周采用路面切割机切割，直至试验层面。另在试验需放水平千斤顶的位置，继续下挖安放水平千斤顶槽，挖槽尺寸以能放置水平千斤顶为度。全部开挖不允许放炮，严防试体扰动。

（5）完成试区开挖后，在试体受推方向两侧适当位置，用手风钻各钻 2 个直径为 50 mm、深为 1.5～2.0 m 的锚筋孔，将合适的锚筋用水泥砂浆埋固孔内，以供连接施加垂直荷载的反力装置。

（6）将试件受力面及坑壁为水平千斤顶反力座的碾压混凝土表面，用钢丝刷洗刷干净，并用合适的水泥砂浆修补平整。另在试体两侧靠近剪切面的四个角点处，用砂浆埋固好测量试体位移的标点。

（7）完成上述准备工作，向试坑内冲水，以使试体及其基层饱和，直至试验前抽水。试体的试验龄期按设计规定，一般采用 90 d。

（二）主要仪器设备安装

（1）试验前应对所有仪器设备、测表支架、千斤顶、测表、压力表、滚轴排等进行检查或率定，确认可靠后才能使用。滚轴排的磨擦系数率定应符合《水利水电工程岩石试验规程》（SL 264—2001）附录 F 的规定。

（2）按要求标出垂直及剪切荷载的安装位置，首先安装垂直加荷系统，然后安装剪切加荷系统与测量系统。

（3）垂直加荷系统安装：安装前，在试件顶面铺一橡皮垫板，在垫板上放置具有足够刚度的传压钢板，并用水平尺校平。然后依次在传压钢板上安放滚轴排、钢垫板及液压千斤顶、传力柱、上横梁、拉杆并与预埋锚杆相联结。

整个垂直加荷系统必须与剪切面垂直（可用水平尺和铅球吊线校核），垂直合力应通过剪切面中心。

（4）水平荷载系统的安装：安装水平千斤顶时，须严格定位，见图 9-26。水平推力应通过预定的剪切面（层面），当难以满足要求时，着力点距剪切面的距离应控制在试体边长（沿推力方向）的 5% 以内，且每次试验时，对这一距离都应进行实测记录，以供分析试验数据时用。

（5）测表的布置与安装：①在试体两侧靠近剪切面的四个角点处，至少布置水平向和垂直向测表各 1 支（共 8 只），以便测量试体的变形，见图 9-27。②测量变形的测表支架应牢固安放在支架座上，支架座应置于变形影响范围以外，支架座可采用两根槽钢梁固定在试体两侧的层面上。③支架固定后，安装测表。测表应注意防水、防潮。所有测表及标点要严格定向，初始读数要调整适当。

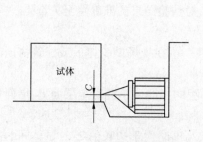

图 9-26　水平千斤顶安装

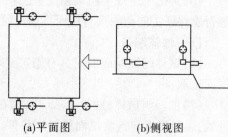

(a)平面图　　　　(b)侧视图

图 9-27　测表分布及安装

（三）试验步骤

1. 垂直荷载施加方法

（1）在每组 4~5 个试体上，分别施加不同的垂直荷载，其中最大垂直荷载以不小于设计计算压应力为宜。各试体的垂直荷载分配，可取最大垂直荷载 4~5 等分（由试体数量定），按等分级差递增。

（2）每个试体的预定施加垂直荷载，分 4~5 级施加。加荷用时间控制，每 5 min 加一级。加荷后立即读取垂直位移，5 min 后再读一次，即可施加下一级荷载。加到预定荷载后，仍按上述规定读取垂直位移，当连续两次垂直位移读数之差不超过 0.01 mm 时，即视为稳定，可以开始施加水平荷载。

2. 水平（剪切）荷载施加方法

（1）开始时应按预估最大剪切荷载的 1/10 分级均匀等量施加。当所加荷载引起的水平位移为前一级荷载引起位移的 1.5 倍时，加荷分级改为 1/20 施加，直至剪断。荷载的施加方法以时间控制每 5 min 加荷一次，每级荷载施加前后各测读一次水平位移。临近剪断时，应密切注视和测记水平千斤顶压力变化与相应的水平位移（压力和位移同步观测）。在全部剪切过程中，垂直荷载应始终控制在预定的垂直荷载加荷精度范围内。

（2）抗剪断试验结束后，检查、调整各项设备和仪表，用同一方法沿剪断面进行抗剪（摩擦）试验。水平荷载可参考抗剪断试验终止点稳定值进行分级。

（3）试验过程中，凡碰表、调表、换表、千斤顶漏油、补压、试体松动、掉块、出现裂缝等情况均应详细记录。

（4）全组试验结束，翻转试体，测量剪切面积。对剪切面的特征，如破坏形式、胶结密实性、起伏情况、擦痕范围等，详加描述和录像反映层面破坏情况。

（四）试验结果处理

（1）按下式计算各预定垂直荷载下，作用于剪切面上的应力：

$$\sigma_i = \frac{P}{F} \tag{9-37}$$

$$\tau_i = \frac{Q}{F} \tag{9-38}$$

式中　σ_i——剪切面上的法向应力，MPa；

　　　τ_i——剪切面上的剪应力，MPa；

　　　P——剪切面上的总垂直荷载，包括千斤顶出力、设备质量及试体质量，N；

　　　Q——剪切面上的总水平荷载，应减去滚轴排的摩擦阻力，N；

　　　F——剪切面积，mm²。

（2）根据各项预定垂直荷载下的法向应力和剪应力，在坐标图上作 $\sigma \sim \tau$ 直线，并用最小二乘法或作图法求得公式（9-39）中的 f' 和 c'：

$$\tau = f'\sigma + c' \tag{9-39}$$

式中　τ——极限抗剪强度，MPa；

　　　σ——法向应力，MPa；

　　　f'——摩擦系数；

　　　c'——黏聚力，MPa。

三、现场碾压混凝土表观密度及压实度检测

(一)核子密度法

1.测试原理

γ辐射在物质中的穿透能力较强,核子密度法就是应用γ辐射完成的,由铯137放射源和两只盖革计数管组成。利用γ射线束通过介质被吸收,其强度减弱的原理来测定介质密度。透射法测量密度,通过仪器的升降源杆将铯137源插入被测材料内预先打好的竖孔内,γ源发射出的γ射线束斜向穿透材料而抵达仪器底座下的盖革探测器,测量透射后的γ射线强度可确定材料的密度。

仪器内微处理机对γ计数率数据加以处理,最后显示被测材料的湿密度、干密度、含水量和含水率。

2.测试仪器和方法

1)测试仪器

20世纪70年代,美国、日本、德国等国家已研制出表面型核子水分 – 密度计。80年代我国从美国引进CPN公司MC – 2型和Troxler公司3411 – B型表面型核子水分 – 密度计。在此基础上开发出NDM – 50型核子密度 – 水分仪。三种型号的仪器基本原理是相同的,可用于测量材料的湿密度、干密度、含水量和含水率。对碾压混凝土压实度检验只使用其中一项湿密度测量。3411 – B型表面型核子水分 – 密度计测量碾压混凝土的表观密度工作原理见图9-28。

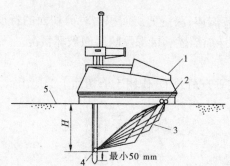

1—仪器;2—探测器;3—光子线路;4—放射源;5—表面

图9-28 核子密度计检测碾压混凝土表观密度工作原理

2)密度测量率定(出厂率定)

对于γ射线透射法和γ射线散射法密度测量,γ计数率 CR 与物质密度之间的关系为:

$$CR = Ae^{-BD} - C \tag{9-40}$$

式中 CR——γ射线计数率;

D——物质密度;

$A、B、C$——试验常数。

其中 $A、C$ 与放射源尺寸、强度、测量几何条件和探测器效率有关,而 B 则与物质的质量吸收系数有关。在一定测量条件下,确定被测物质的 $A、B、C$ 常数,那么就可根据测量的计数率(CR)数据,由公式(9-40)计算,求得物质的密度 D。

率定试验采用了具有标准密度的标样,分别是镁方块、铝方块、石灰岩方块、花岗岩方块

以及镁/聚乙烯方块。标样的密度是采用称重法测定的,精度为 0.1%。采用上述五种材料确定了公式(9-40)中的 A、B、C 试验常数。

率定适用于表观密度为 1 100～2 700 kg/m³ 的各种土壤、土石骨料、混凝土、沥青材料,一般情况下对表观密度检测勿须再校正,但也不尽然。对同一类材料化学成分有差异的,仪器读出密度与实际密度是不同的,需要求得修正因子对仪器标准计数进行修正。

仪器标准计数采用参照标准块对照。标准块有两个用途,其一建立与测量成比例的标准计数;其二为检验长期稳定与否提供参照标准。标准块为质量 6 kg 的聚乙烯块。

3. 仪器标准计数修正

在仪器检测前,应求证被测碾压混凝土配合比设计表观密度与仪器用标准计数检测出的表观密度是否一致,两者差值是否需要修正。修正方法如下。

1) 碾压混凝土配合比设计表观密度标定

(1) 标准试件箱:可以采用金属加工的试模,也可采用木板和钢件组合的试模。尺寸为 45 cm×45 cm×45 cm,立方体,数量 3 个。

(2) 按配合比规定的量拌和好碾压混凝土拌和物分 3 层或 4 层摊铺在试模内,并分层振实(按《水工混凝土试验规程》(SL 352—2006)的规定进行)。然后,精确测量试件体积、质量,并计算碾压混凝土实测表观密度 D_1。

2) 用核子密度计测定试件表观密度

试件振实 20 min 后,立即在试件中心处打孔,深度大于 30 cm。用核子密度计透射法测 3 点不同深度的表观密度值 D_{2i},求其平均值 D_2。

3) 计算修正因子 Δ

$$\Delta = D_2 - D_1 \tag{9-41}$$

式中　D_2——用仪器标准计数检测出的表观密度。

3 个试件 Δ 的平均值,即为仪器的修正因子。

4) 判则

(1) 当 $|\Delta|/D_1 < 1\%$ 时,可不修正仪器标准计数,直接用于工程压实度检测。

(2) 根据我国部分碾压混凝土坝统计结果,Δ 值为负,Δ 变动范围为 60～80 kg/m³,测试偏差(Δ/D_1)为 2.5%～3.5%。按规范要求,内部碾压混凝土压实度达到 97%,外部碾压混凝土达到 98%,显然测试偏差对压实度测值的影响不能忽视。所以,对测值进行修正是必要的。

4. 现场表观密度测试

操作人员使用仪器的要令是:操作快捷、看准读数、保持距离。

(1) 为使仪器的稳压器和探测器进入稳定状态,须开机运行 10 min。

(2) 测取标准计数:

①将参照标准块(质量为 6 kg 的聚乙烯块)置于表观密度大于 1 600 kg/m³ 的固体表面,压实的土壤、沥青、混凝土均可。在 3 m 距离内不得有大型物体,如车辆、墙壁,在 10 m 内不得有其他核子仪工作。

②将仪器坐在标准块上,仪器的前端靠紧金属板,一定要使仪器在凹进的平面上。

③将放射源杆在安全位置的锁打开,放射源杆仍应保持在原安全位置。

④将 Power/Time 开关置于慢档,同时按下 SHIFT 和 STANDARD 键,在显示窗口可见到

计算器在计数及左上角的 REE 标志。

⑤4 min 后,计数停止。此时密度及水分计数存入计算机。按 DS 键,记录下密度标准计数;按 MS 键,记录下水分标准计数。

⑥将标准块放回仪器箱。

⑦将标准计数填入试验日记,为检验仪器是否稳定,标准计数要逐日记录,以便对比。仪器的误差应在下述范围内:如果仪器是新购的或是重新返厂率定的,密度标准计数在开始的 4 d,每天不超过 ±2%;4 d 以后,每天测得的密度标准计数值与开始 4 d 的密度标准计数平均值比较,其误差限为 ±1%。如果标准计数超过上述误差限,则表明仪器稳定性有问题,应停止使用。

(3)仪器标准计数修正。将已取得的修正因子 Δ 对仪器标准计数进行修正。修正方法按仪器使用说明书的规定进行。

(4)测试应在碾压完后 20 min 内进行,并对测点附近进行表面整平处理。

(5)将导向板放于碾压层表面上,导向板应与碾压混凝土面接合,用钻杆造一个与层面垂直的放射源插入孔,孔深大于 30 cm。

(6)将仪器放射源对准测孔,把放射源插至预定位置,插入时不得扰动孔壁。将仪器向前移动,使放射源杆与孔壁贴紧。

(7)将 Power/Time 开关置于"Normal"(1 min 位置)。

(8)将 Measure 键按下,在显示窗口可看到仪器在计数及在左上角的 ERR 标志,1 min 计数停止。

(9)按下 WD 键读出碾压混凝土表观密度。每个测孔测 3 个不同深度的表观密度。

5. 测试结果处理

(1)按《水工碾压混凝土施工规范》(DL/T 5112—2009)规定:表观密度检测采用核子密度计。每铺筑 100 ~ 200 m² 至少应有一个检测点,每一铺筑层仓面内应不少于 3 个检测点。以碾压完毕 20 min 内进行,核子密度计测试结果作为表观密度判定依据:

$$D_3 = \frac{D_{31} + D_{32} + D_{33}}{3} \tag{9-42}$$

式中　D_3——每个测点平均表观密度,kg/m³;

　　D_{31}、D_{32}、D_{33}——每个测点 3 个不同深度的表观密度测值,kg/m³。

(2)按《水工碾压混凝土施工规范》(DL/T 5112—2009)规定:建筑物的外部碾压混凝土相对压实度不应小于 98%,内部碾压混凝土相对压实度不应小于 97%。

$$K = \frac{D_3}{D_1} \times 100\% \tag{9-43}$$

式中　K——相对压实度(%);

　　D_1——被测碾压混凝土配合比设计表观密度标准值,kg/m³。

(二)表面波法

1. 测试原理

(1)表面波是一种弹性波。在半无限弹性介质表面进行垂直激振时,介质中质点产生相应的纵向振动和横向振动,使介质表面的质点作椭圆运动,其振动沿介质表面层传播,产生表面波。表面波在材料中的传播速度与激振频率、传播深度具有如下关系:

$$v_R = \lambda f, \lambda = 2H \qquad\qquad (9\text{-}44)$$

式中　v_R——表面波波速，m/s；

　　　λ——波长，m；

　　　f——表面波振动频率，Hz；

　　　H——垂直振动平均深度范围，m。

试验表明，表面波在材料中的传播速度 v_R 与材料的表观密度有良好的相关性，可建立两者相关方程。因此，通过仓面检测表面波在碾压混凝土中的传播速度就可取得碾压混凝土的压实表观密度，故可对仓面碾压混凝土的相对压实度进行检控。

（2）表面波压实密度仪由控制检测装置、发射激振器和接收传感器三部分组成。使用时，将仪器安放在已碾压的材料表面，见图9-29。

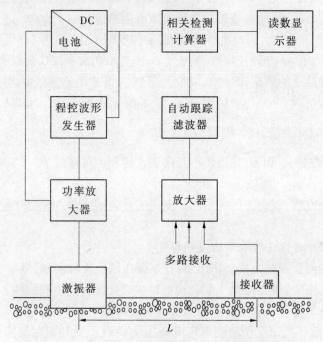

图 9-29　BZJ-3 表面波无损检测仪系统框图

当控制检测装置按给定频率激发激振器对被测材料进行垂直激振，在被测材料中产生表面波振动沿填筑材料传播，经距离 L 后由接收器（传感器）接收，这段传播时间 t 由仪器记录，表面波传播速度 $v_R = L/t$。由已率定的表观密度 D 与 v_R 的关系式，可取得表观密度 D，进而得到被碾压材料的压实度，以评定碾压材料的质量标准。

2.表面波表观密度的率定方法

仪器使用前，应根据施工工程选用的材料及填筑工艺要求，通过现场碾压试验来确定相关方程 $D = a + bv_R$ 中的系数 a 和 b。碾压混凝土的现场率定方法如下：

（1）在施工现场铺一条2 m 宽、30 m 长的试验带。基础部分应预先压实，表观密度不得低于1 600 kg/m³。按工程采用的碾压混凝土配合比拌制拌和物，分两层碾压。第一层（靠基础部分）厚15 cm，一次摊铺和碾压10遍。接着浇筑第二层，厚度为30 cm（取决于施工碾压层厚度），分两次摊铺、一次碾压。碾压要分段进行，各段碾压遍数如表9-13所示。

表 9-13　分段碾压各段累积碾压遍数

碾压往返次序	碾压路径	碾压遍数	累积碾压遍数
第一次	0~30 m	2 遍	2 遍
第二次	6~30 m	2 遍	4 遍
第三次	12~30 m	2 遍	6 遍
第四次	18~30 m	2 遍	8 遍
第五次	24~30 m	2 遍	10 遍

(2)试验带被划分为 5 个区段,每个区段选 3 个测点测定表面波传播速度 v_R。将发射激振器放在测点中心位置,接收传感器分别安放在互成 90°的 4 个方向上,3 个测点的波速平均值作为该区段的 v_R 值。以此类推,试验带取得 5 个 v_R 值。

(3)每个区段在检测 v_R 处挖坑取样,长 1.5 m、宽 1.0 m 和深 0.3 m(按取样规程挖坑)。称量挖出的碾压混凝土的质量 $M(\mathrm{kg})$。然后,沿坑四周铺设薄膜塑料,并贴紧四壁和坑底。将称量过的水灌入坑内,直至与坑顶面齐平,求得挖坑体积 $V(\mathrm{m}^3)$ 和碾压混凝土表观密度 $D = \dfrac{M}{V}(\mathrm{kg/m}^3)$。以此类推,试验带取得 5 个 D 值。

(4)由测得的数列 v_R 和 D,采用最小二乘法求得相关关系式 $D = a + bv_R$(可采用计算机 Excel 程序完成)。

完成以上率定方法,表面波压实密度仪测定的波速 v_R 已对被检碾压混凝土的表面密度赋值。

3.碾压混凝土配合比设计表面密度的标定

按工程实用的碾压混凝土配合比用量,拌制碾压混凝土拌和物,测定其表观密度的方法详见本节核子密度法中"碾压混凝土配合比设计表观密度标定"方法进行。

4.现场仓面碾压混凝土表观密度和相对压实度检测

(1)采用表面波压实密度仪检测碾压混凝土的表观密度和相对压实度,必须已获取碾压混凝土表面波波速 v_R 与表观密度 D 关系式。

(2)参数设定。

①激振频率 $f(\mathrm{Hz})$ 和测距 $L(\mathrm{m})$ 的设定:根据填料材料粒径和铺料厚度选定。对铺料厚度为 300 mm 的碾压混凝土,选用 $f(\mathrm{Hz})$ 为 100,$L(\mathrm{m})$ 为 0.5。

②公式常数 a、b 设定:仪器检测的表面波波速值是通过机内存储的相关公式 $D = a + bv_R$ 进行计算后,在显示口上显示出表观密度值。按使用说明书的规定方法输入 a、b 值。

③输入被检碾压混凝土配合比设计表观密度标准值 D_1。被检碾压混凝土相对压实度 K 按公式 $K = \dfrac{D}{D_1}$ 值显示。

(3)测点布置。按《水工碾压混凝土施工规范》(DL/T 5112—2009)规定:每铺筑 100~200 m^2 至少应有一个检测点。在碾压混凝土表面压实完毕后 20 min 内,随机选点进行表面波波速测定。发射激振器放在测点中心位置,接收传感器分别安放在互成 90°的 4 个方向上,与发射激振器中心间距为 0.5 m。在安装中应注意以下几点:

①为避免对检测试验的强干扰,选取测点应远离振动碾及推土机不少于 20 m。

②激振器和传感器安放处应平整,将激振器和传感器放在上面后,用手压一下,以得到良好的接触。

③传感器与激振器的中心距要准确,测量中心距若有困难,可用测量边缘距方法代替。

(4)表面波波速 v_R 的测量。仪器处于标定状态时,按 START 键,即可测量显示出表面波波速 v_R 值。

(5)表观密度及相对压实度测量。仪器处于测量状态时,按 START 键,即可测量显示出表观密度和相对压实度。内部碾压混凝土相对压实度不少于 97%,外部碾压混凝土相对压实度不少于 98% 为合格。

(三)核子密度计和表面波压实密度仪的现场应用

普定碾压混凝土拱坝曾采用核子密度法和表面波法,对同一坝段碾压混凝土表观密度进行过比对试验,主要检测结果如下。

1. 表面波法相关关系式 $D = a + bv_R$ 中的试验常数 a 和 b 的确定方法

对同一坝段碾压混凝土,先用核子密度法测定不同碾压遍数的表观密度 D。再用表面波法复测相应部位的表面波传播速度 v_R。由此得出 D 和 v_R 两者相对应的数列。然后,采用最小二乘法配线,得出相关关系式:

二级配碾压混凝土: $\qquad\qquad D = 2\,195 + 1.32v_R$ $\qquad\qquad$ (9-45)

三级配碾压混凝土: $\qquad\qquad D = 1\,979 + 2.29v_R$ $\qquad\qquad$ (9-46)

式(9-45)和式(9-46)是用已修正过的核子密度计对表面波法的波速 v_R 赋值,而不是采用挖坑法,其精度要比挖坑法高。

2. 测定结果

同一坝段碾压混凝土不同碾压遍数,采用核子密度法测定表观密度和表面波法测定表观密度的测定结果列于表 9-14 和表 9-15。

表 9-14　二级配混凝土对比试验数据

不同碾压遍数	1	2	3	4	5	6	7	8	9	10
面波仪读数 $D(\text{kg/m}^3)$	2 374	2 402	2 415	2 453	2 386	2 457	2 456	2 476	2 389	2 456
核子密度仪读数 $D_3(\text{kg/m}^3)$	2 350	2 412	2 435	2 418	2 405	2 413	2 500	2 494	2 415	2 407
$D - D_3$ (kg/m^3)	+24	-10	-20	+35	-19	+44	-44	-18	-26	+49
$\dfrac{D - D_3}{D_3}$ (%)	+1	-0.4	-0.8	+1.4	-0.8	+1.8	-1.8	-0.7	-1	+2.0

表 9-15   三级配混凝土对比试验数据

不同碾压遍数	1	2	3	4	5	6	7	8	9	10
面波仪读数 $D(\text{kg/m}^3)$	2 404	2 397	2 425	2 437	2 467	2 500	2 392	2 455	2 476	2 515
核子密度仪读数 $D_3(\text{kg/m}^3)$	2 456	2 407	2 402	2 399	2 486	2 437	2 427	2 432	2 451	2 501
$D-D_3$ (kg/m^3)	−52	−10	+23	+38	−19	+63	−35	+23	+25	+14
$\dfrac{D-D_3}{D_3}(\%)$	−2.1	−0.42	+0.96	+1.6	−0.8	+2.6	−1.4	+0.95	+1.0	+0.6

3. 两种方法的比较

（1）两种方法都是间接测定表观密度的方法。核子密度法由 γ 射线计数率 CR 与物质密度 D 的相关关系 $CR = Ae^{-BD} - C$，经过密度率定给常数 A、B、C 赋值。实测密度由公式计算得出。

核子密度法经过出厂率定和用户修正率定，两次率定使表观密度测值更接近期望值。而表面波法只经过一次现场率定，且率定方法尚不完善，因此表观密度测值不确定度比核子密度法低。

（2）核子密度法在碾压混凝土施工质量控制应用上是成功的，但仍有不足之处：①采用透射方式检测需要用钻杆造孔，时间较长；②仪器中装有放射源杆，使用时若有不慎会对操作人员健康有影响。表面波法从使用角度看比核子密度法操作简单、快捷，且无核辐射，安全性高。

（3）表 9-14 和表 9-15 测试结果表明，采用现场率定表面波波速 v_R 与表观密度 D 的相关关系式，相对误差有一半超过 ±1%，最大达 ±2%。显然，对仓面相对压实度检验误差较大。虽然表面波法检测土石坝压实表观密度已在土石坝工程应用，但是应用于碾压混凝土坝压实度检控仍需提高检测精度。

4. 推荐压实箱法率定 v_R 和 D 的相关关系式

压实箱率定方法如下：

（1）制作尺寸为 1.5 m（长）×1.5 m（宽）×0.45 m（深）（碾压层厚度 $H + 0.15$ m）的压实箱（木板和钢件组合结构），数量为 5 个。用它来制作不同表观密度的碾压混凝土试件。

（2）试验碾压混凝土配合比设计方法如下：以工程使用的碾压混凝土配合比设计参数为基准，即用水量 W、水灰比、掺合料掺量和砂率不变，只改变用水量 W、$0.95W$、$0.90W$、$0.85W$ 和 $0.80W$，重新设计相应的四种碾压混凝土试验配合比。

（3）按五种配合比设计用量，分别拌制碾压混凝土拌和物。每个试件分 3～4 层摊铺在试验箱内，并分层振实（按《水工混凝土试验规程》（SL 352—2006）的有关规定进行）。

（4）按分别称量试件中碾压混凝土的质量（kg），计算每个试件的体积和表观密度 D_1（kg/m^3）。

(5)在压实箱碾压混凝土表面中心处安放表面波激振器,互成90°方向上分别安放接收传感器,中心测距为0.5 m。然后进行深度为0.3 m($H=0.3$ m)、激振频率$f=100$ Hz的表面波波速测量,测得平均波速v_R。

(6)5个试件分别测得5个表观密度D和相对应的5个表面波波速v_R数列。采用最小二乘法得$D=a+bv_R$相关关系式。

第十章 大坝混凝土的强度溯源和全级配碾压混凝土

第一节 大坝混凝土设计强度的特征及其与国外的差异

一、大坝混凝土设计强度标准值

(一)美国大坝混凝土设计强度标准值的规定

美国大坝混凝土抗压强度设计规定以 $\phi 450$ mm $\times 900$ mm 圆柱体试件成型的全级配混凝土,1 年龄期,按标准试验方法测得的抗压强度。

混凝土坝设计先用线弹性方法计算应力,再按点应力控制,最大压应力不超过许用应力。结构计算最大压应力、许用应力和安全系数的关系见式(10-1)。

美国大坝设计规范规定,安全系数 K 不得低于 3.0。实际应用中如奥鲁威尔(Oroville)拱坝 K 采用 4.0。

因此,美国大坝混凝土设计强度标准值等于许用应力,即

$$f_{0,k} = \sigma_a = K\sigma_{max} \tag{10-1}$$

式中 $f_{0,k}$——设计强度标准值($\phi 450$ mm $\times 900$ mm 试件测定、龄期 1 年);

σ_a——设计许用应力;

σ_{max}——结构计算最大压应力;

K——结构设计安全系数。

(二)日本大坝混凝土设计强度标准值的规定

日本大坝混凝土设计强度规定以 $\phi 150$ mm $\times 300$ mm 圆柱体试件成型的湿筛混凝土,91 d 龄期,按标准试验方法测得的轴心抗压强度。

日本大坝设计规定,安全系数 $K = 4.0$。所以,日本大坝混凝土设计强度标准值仍等于许用应力,如式(10-1)所示,不过式中的 $f_{0,k}$ 为湿筛混凝土成型的 $\phi 150$ mm $\times 300$ mm 圆柱体试件,龄期 91 d 的抗压强度。

(三)中国大坝混凝土设计强度标准值的规定

中国设计规定:设计强度标准值应按照标准方法制作的边长为 150 mm 的立方体试件,在设计龄期(90 d 或 180 d)用标准试验方法测得的具有 80% 保证率的强度来确定。

中国规范的特点:①抗压强度设计规定为边长为 150 mm 的立方体,龄期 90 d 或 180 d 测得的抗压强度;②许用应力计算安全系数为 4.0,选用 $\phi 150$ mm $\times 300$ mm 圆柱体轴心抗压强度;③设计强度标准值由试件形状效应系数转换,将 $\phi 150$ mm $\times 300$ mm 圆柱体强度转换为边长为 150 mm 的立方体强度。所以,设计强度标准值为:

$$f_{cu,k} = b_{1.1}\sigma_a = b_{1.1}K\sigma_{max} \tag{10-2}$$

式中 $f_{cu,k}$——150 mm 立方体抗压强度,龄期 90 d 或 180 d;

$b_{1,1}$——形状效应系数;

其余符号意义同前。

二、大坝混凝土配合比的配制强度

(一)配制强度的计算

大坝混凝土配合比的配制强度由设计强度标准值、结构要求强度保证率和施工质量控制水平相关的变异系数决定,见式(10-3):

$$f_m = \frac{f_k}{1 - tc_v} \tag{10-3}$$

式中 f_k——混凝土设计强度标准值,其与各国规范的定义相吻合;

f_m——混凝土配制强度,其与定义设计强度标准值的试件尺寸和龄期相一致;

t——强度保证率系数,当保证率 $P = 80\%$ 时 $t = 0.84$;

c_v——施工质量控制水平相关的变异系数,c_v 选用 $0.15 \sim 0.25$。

(二)配制强度计算工程实例

1. 美国奥鲁威尔(Oroville)拱坝

美国大坝混凝土配合比设计直接采用全级配混凝土,成型 $\phi 450$ mm $\times 900$ mm 圆柱体试件测定轴心抗压强度。

结构计算最大压应力 σ_{max} 为 7.87 MPa,安全系数 $K = 4.0$(考虑到拱坝结构没有采用 3.0)。由式(10-1)计算设计强度标准值 $f_{0,k}$ 得

$$f_{0,k} = \sigma_a = 4.0 \times 7.87 = 31.48 (MPa)$$

$f_{0,k}$ 是指龄期 1 年,$\phi 450$ mm $\times 900$ mm 试件的抗压强度。

混凝土配制强度由式(10-3)计算,假设施工质量控制水平优良 $c_v = 0.15$,则

$$f_m = \frac{f_{0,k}}{1 - tc_v} = \frac{31.48}{1 - 0.84 \times 0.15} = 36.02 (MPa)$$

2. 日本大川重力坝

日本大坝混凝土设计强度标准值规定,由湿筛混凝土制作 $\phi 150$ mm $\times 300$ mm 圆柱体的抗压强度。

坝体结构计算主压应力为 2 MPa,安全系数 $K = 4.0$。由式(10-1)计算设计强度标准值得

$$f_{0,k} = \sigma_a = 4.0 \times 2 = 8 (MPa)$$

$f_{0,k}$ 是指龄期 91 d,$\phi 150$ mm $\times 300$ mm 试件抗压强度。

混凝土配制强度由式(10-3)计算,大川坝对施工质量控制水平没有把握,选用了较大的变异系数 $c_v = 0.35$,则

$$f_m = \frac{f_{0,k}}{1 - tc_v} = \frac{8}{1 - 0.84 \times 0.35} = 11.33 (MPa)$$

3. 中国岩滩碾压混凝土重力坝

中国大坝混凝土设计强度标准值规定,由湿筛混凝土制作的边长为 150 mm 立方体试件的抗压强度。

岩滩坝结构计算最大点压应力为 3.0 MPa,安全系数 $K=4.0$,设计许用应力 $\sigma_a = 4.0 \times 3.0 = 12(MPa)$。许用应力由圆柱体强度转换为立方体强度,形状效应系数 $b_{1.1} = 1.22$,由式(10-2)计算得

$$f_{cu,k} = b_{1.1}\sigma_a = 1.22 \times 4.0 \times 3.0 = 14.64(MPa)$$

$f_{cu,k}$ 是指龄期 90 d,边长为 150 mm 立方体的强度,混凝土设计强度等级为 $C_{90}15$。

混凝土配制强度由式(10-3)计算,岩滩坝对施工质量控制水平采用中等水平 $c_v = 0.20$,则

$$f_m = \frac{f_{cu,k}}{1 - tc_v} = \frac{15}{1 - 0.84 \times 0.2} = 18.0(MPa)$$

三、大坝混凝土的比尺效应

美国对大坝混凝土比尺效应进行了大量试验,其数量是相当可观的,其他国家资料较少,且不系统。笔者统计分析了相关试验数据,提出试件尺寸效应系数、湿筛效应系数和尺寸、龄期、养护转换系数。

(一)试件尺寸效应

试验选用 4 种圆柱体试件,即 $\phi 150 \text{ mm} \times 300 \text{ mm}$、$\phi 200 \text{ mm} \times 400 \text{ mm}$、$\phi 450 \text{ mm} \times 900$ mm 和 $\phi 600 \text{ mm} \times 1\ 200 \text{ mm}$。混凝土拌和物的最大骨料公称粒径均为 40 mm($1\frac{1}{2}$寸),试验龄期 90 d。不同水泥用量的混凝土成型不同试件抗压强度试验结果和试件尺寸效应系数见表 10-1。

表 10-1　不同尺寸圆柱体 90 d 龄期抗压强度和尺寸效应统计

最大骨料 (mm)	水泥用量 (kg/m³)	抗压强度[3 系列](MPa)				抗压强度[4 系列](MPa)			
		150 mm × 300 mm	200 mm × 400 mm	450 mm × 900 mm	600 mm × 1 200 mm	150 mm × 300 mm	200 mm × 400 mm	450 mm × 900 mm	600 mm × 1 200 mm
40	278	44.66	38.15	35.77	36.10	36.90	29.82	32.60	28.14
		1.0	0.854	0.801	0.810	1.0	0.823	0.901	0.777
	334	52.08	47.74	42.63	44.73	36.26	30.24	33.18	32.40
		1.0	0.916	0.818	0.858	1.0	0.833	0.915	0.895
	390	55.23	50.96	46.06	48.58	43.89	39.41	37.03	33.60
		1.0	0.922	0.833	0.879	1.0	0.854	0.843	0.765
尺寸效应系数平均值		1.0	0.897	0.817	0.849	1.0	0.836	0.886	0.872
[3 系列]+[4 系列] 尺寸效应系数平均值		1.0	0.866	0.851	0.860				

表 10-1 表明,随着试件尺寸增大,混凝土抗压强度下降。$\phi 150 \text{ mm} \times 300 \text{ mm}$ 试件与 $\phi 450 \text{ mm} \times 900 \text{ mm}$ 试件的抗压强度比为 1:0.851,即尺寸效应系数 $b_{1.2}$ 为 0.851。

(二)湿筛效应

试件全部采用 $\phi 450\ mm \times 900\ mm$ 圆柱体试件。混凝土拌和物最大骨料公称粒径分别为 40 mm、80 mm 和 150 mm。试验龄期 90 d，不同水泥用量的混凝土抗压强度和湿筛效应试验结果见表 10-2。

表 10-2　$\phi 450\ mm \times 900\ mm$ 试件不同最大骨料粒径混凝土 90 d 龄期抗压强度湿筛效应系数统计

水泥用量 （kg/m³）	最大骨料粒径 （mm）	1 系列		2 系列		3 系列		4 系列	
		抗压强度 （MPa）	效应系数	抗压强度 （MPa）	效应系数	抗压强度 （MPa）	效应系数	抗压强度 （MPa）	效应系数
390	150	36.61	0.823	34.09	0.815	38.36	0.832	33.39	0.901
	80	41.51	0.933	37.17	0.889	44.73	0.971	32.62	0.888
	40	44.45	1.0	41.79	1.0	46.06	1.0	37.03	1.0
334	150	—	—	—	—	37.17	0.872	28.91	0.871
	80	—	—	—	—	43.19	1.013	32.90	0.991
	40	—	—	—	—	42.63	1.0	33.18	1.0
278	150	33.04	0.969	33.95	1.0	37.94	1.060	32.48	0.995
	80	34.51	1.012	33.18	0.977	43.19	1.207	29.19	0.894
	40	34.09	1.0	33.95	1.0	35.77	1.0	32.62	1.0
抽样数		4		4		6		6	
平均值			0.934		0.920		0.992		0.923
4 个系列平均值	$\dfrac{18.913}{20} = 0.94$								

表 10-2 表明，小粒径骨料混凝土的抗压强度比大粒径骨料高，40 mm 骨料对 80 mm 和 150 mm 骨料抗压强度比为 $1:0.94$，即湿筛效应系数 $b_{1.3}$ 为 0.94。

(三)试件形状效应

我国混凝土抗压强度等级(或标号)规定为边长为 150 mm 的立方体试件抗压强度，而设计惯用轴心抗压强度，许用应力指 $\phi 150\ mm \times 300\ mm$ 圆柱体试件测定的轴心抗压强度。两者必须采用形状效应系数由标准圆柱体强度转换为标准立方体强度。

英国 BS 1881:Part 4 标准规定:标准圆柱体抗压强度等于标准立方体强度的 80%。试验表明，标准圆柱体抗压强度与标准立方体抗压强度的比值，主要取决于混凝土抗压强度，强度愈高，其比值亦愈高。在大坝混凝土抗压强度等级范围内，大量试验表明:标准圆柱体试件抗压强度比标准立方体抗压强度低，其比值为 0.82，即

$$\frac{\phi 150\ mm \times 300\ mm\ 抗压强度}{150mm \times 150\ mm\ 150\ mm\ 立方体抗压强度} = 0.82$$

或

$$150\ mm \times 150\ mm \times 150\ mm\ 立方体抗压强度 = b_{1.1} \times (\phi 150\ mm \times 300\ mm\ 圆柱体抗压强度)$$
$$= 1.22 \times (\phi 150\ mm \times 300\ mm\ 圆柱体抗压强度)$$

式中　$b_{1.1}$——试件形状效应系数，$b_{1.1} = 1.22$。

(四)尺寸和龄期综合效应

美国大坝设计标准,混凝土设计强度标准值为全级配混凝土、$\phi 450\ mm \times 900\ mm$ 试件、1 年龄期的抗压强度;而施工质量验收强度为湿筛混凝土、$\phi 150\ mm \times 300\ mm$ 试件、28 d 龄期的抗压强度。因此,需要对试件尺寸和龄期进行转换。

因为混凝土抗压强度增长率与水泥品种和掺合料活性指数有关。各工程选用水泥品种、掺合料类别等原材料不同,会得出不同的抗压强度增长率。现以美国奥鲁威尔(Oroville)拱坝全级配混凝土为例,说明尺寸和龄期综合效应的建立方法和步骤。

奥鲁威尔拱坝混凝土配合比:美国Ⅱ型水泥,150 kg/m³;天然火山灰,45 kg/m³;火山灰掺量 23%;外加剂为木质素 OP;天然河砂及卵石,最大骨料粒径 150 mm;砂率 19.5%。

1. 全级配混凝土抗压强度增长率

全级配混凝土(最大骨料粒径 150 mm)成型 $\phi 450\ mm \times 900\ mm$(mass)试件,养护采用 mass 养护,测定 28 d、90 d 和 1 年龄期抗压强度,其增长率见表 10-3。

表 10-3 mass 试件 mass 养护抗压强度增长率

龄期(d)	28	90	1 年
相对抗压强度试验	0.97	1.30	1.40
抗压强度增长率	1.0	1.34	1.44

美国Ⅱ型水泥外掺 23% 火山灰掺合料,1 年龄期抗压强度增长率只有 1.44,如果掺加 40% ~60% 粉煤灰,推算 1 年龄期抗压强度增长率会达到 1.60~1.80。

大型试件采用 mass 养护是指 mass 试件没有放在雾室标准养护,而是试件用铁皮焊接密封,放在可调控温度的室内。由于试件得不到充分的水分水化,故抗压强度有所降低,不到 2%,见表 10-4。

表 10-4 mass 试件 mass 养护和标准养护的强度差异

混凝土(1 年龄期)		mass 养护	标准雾室养护
30 组掺加火山灰 AB	抗压强度(MPa)	28.76	29.22
	增长率(%)	100	101.6
5 组掺加其他火山灰	抗压强度(MPa)	28.55	29.15
	增长率(%)	100	101

2. 龄期 28 d、试件尺寸和养护综合效应

湿筛混凝土、标准养护、龄期 28 d、$\phi 150\ mm \times 300\ mm$ 抗压强度与全级配混凝土 mass 试件和 mass 养护的龄期 28 d 抗压强度的比值为 1:1.13,即

$$\frac{28\ d\ \phi 150\ mm \times 300\ mm\ 标准养护相对抗压强度试验}{28\ d\ \phi 450\ mm \times 900\ mm\ mass\ 养护相对抗压强度试验} = \frac{1.10}{0.97} = 1.13$$

3. 奥鲁威尔拱坝混凝土施工质量验收强度系数

28 d 龄期中 $\phi 150\ mm \times 300\ mm$ 试件标准养护的抗压强度与 1 年龄期 $\phi 450\ mm \times 900\ mm$ 全级配混凝土 mass 养护试件的抗压强度比为 1:0.786。

$$M = \frac{28\ d\ 龄期 \phi 150\ mm \times 300\ mm\ 标准养护相对抗压强度试验}{1\ 年龄期 \phi 450\ mm \times 900\ mm\ mass\ 养护相对抗压强度试验} = \frac{1.10}{1.40} = 0.786$$

式中 M——强度验收系数。

强度验收系数包括了龄期、试件尺寸、湿筛和养护条件等综合效应。

四、大坝混凝土施工质量强度验收

(一)一般准则

国内外混凝土工程施工质量强度验收的惯例是验收强度等于或大于混凝土配制强度，而配制强度应同时满足设计规范规定的设计强度龄期、强度保证率和施工变异性要求。

(二)大坝混凝土强度验收工程实例

1. 美国大坝混凝土强度验收(以奥鲁威尔拱坝为例)

美国大坝混凝土配制强度采用 1 年龄期 $\phi 450\ mm \times 900\ mm$ 全级配混凝土抗压强度，而验收强度却采用 28 d 龄期 $\phi 150\ mm \times 300\ mm$ 标准试件抗压强度。

前述奥鲁威尔拱坝混凝土配制强度 $f_m = 36.02\ MPa$，施工质量强度验收系数 $M = 0.786$，所以施工质量验收强度 R_y 为：

$$R_y \geq M f_m = 0.786 \times 36.02 = 28.3\ (MPa)\ (28\ d\ 龄期 \phi 150\ mm \times 300\ mm\ 抗压强度)$$

2. 日本大坝混凝土强度验收(以日本大川重力坝为例)

日本大坝混凝土配制强度采用 91 d 龄期 $\phi 150\ mm \times 300\ mm$ 圆柱体抗压强度，验收强度等于或大于配制强度。

前述大川坝混凝土配制强度 $f_m = 11.33\ MPa$，所以验收强度 $R_y \geq f_m = 11.33\ MPa$(91 d 龄期 $\phi 150\ mm \times 300\ mm$ 抗压强度)。

3. 中国大坝混凝土强度验收(以岩滩碾压混凝土重力坝为例)

前述岩滩重力坝设计强度等级为 $C_{90}15$，配制强度 $f_m = 18.0\ MPa$，验收强度与配制强度相同，验收强度 $R_y \geq 18.0\ MPa$(90 d 龄期 150 mm 立方体抗压强度)。

第二节　大坝混凝土强度溯源

一、大坝混凝土的实有抗压强度

我国大坝混凝土设计规定设计强度采用湿筛混凝土抗压强度，即筛除大于公称粒径 40 mm 骨料的混凝土强度来表征大坝混凝土强度。实际大坝用全级配混凝土浇筑，承受荷载的是全级配混凝土，骨料公称粒径为 80 mm 或 150 mm。原型和模型材料组成存在较大差别。根据混凝土原型和模型比尺效应理论，只有模型尺寸大于原型混凝土中最大骨料粒径的 3 ~ 4 倍时，比尺效应影响才能减至最小。因此，美国大坝混凝土设计规定试件尺寸为 $\phi 450\ mm \times 900\ mm$，又称为 mass 试件。由 mass 试件测定轴心抗压强度才能代表原型混凝土的抗压强度。

美国大坝混凝土规定用全级配混凝土浇制 mass 试件，测定抗压强度确定混凝土配制强度，所以不存在比尺效应。我国大坝混凝土是用湿筛混凝土浇制边长为 150 mm 的立方体试件，测定抗压强度确定混凝土配制强度，这个强度是名义的，不能真实地反映原型大坝混凝土的实有强度。对大坝结构强度安全度评估需要确定原型大坝混凝土实有强度，采用比尺效应转换评估方法是简单、实用和经济的方法。

比尺效应转换的流程见表 10-5。

表 10-5　大坝混凝土强度溯源流程

序号	混凝土	试件规格	效应系数名称	效应系数	设计安全系数	安全系数折减	实有安全系数
1	湿筛	边长为 150 mm 的立方体	形状效应	$b_{1.1} = 1.22$			
2	湿筛	ϕ 150 mm × 300 mm 圆柱体	基准	1.0	4.0	1.0	$1 \times 4 = 4.0$
3	湿筛	mass 试件圆柱体	尺寸效应	$b_{1.2} = 0.85$		$1 \times 0.85 = 0.85$	$0.85 \times 4 = 3.4$
4	全级配	mass 试件圆柱体	湿筛效应	$b_{1.3} = 0.94$		$1 \times 0.85 \times 0.94 = 0.80$	$0.8 \times 4 = 3.2$

表 10-5 中效应系数是取用美国垦务局的试验数据,见表 10-1 和表 10-2,mass 试件是指试件最小尺寸大于最大骨料粒径 3～4 倍。

上述分析表明,我国大坝设计规定与美国大坝设计起点是不同的。我国规定 ϕ 150 mm × 300 mm 试件测定的轴心抗压强度为设计强度,许用应力安全系数为 4.0;美国是以全级配混凝土 ϕ 450 mm × 900 mm 试件测定的抗压强度为设计强度,许用应力安全系数不低于 3.0。表 10-5 强度溯源表明,我国大坝原型全级配混凝土实有安全系数为 3.2。终点是一致的,结构强度安全度基本相同,我国的安全度略高一点,最终要由实测比尺效应系数确定。但是,两者的设计龄期是不同的,美国标准设计龄期为 1 年。

二、大坝混凝土配合比的关注点

(一)全级配混凝土与湿筛混凝土拌和物的差异

现以工程实例来说明拌和物组成的变化,某工程四级配大坝混凝土配合比和湿筛后混凝土配合比变化见表 10-6。湿筛筛除大于 40 mm 骨料的体积,还应考虑骨料表面黏附的水泥浆液和胶砂的体积,按筛除骨料体积的 5% 估算。

表 10-6　全级配混凝土配合比和湿筛后混凝土配合比变化

混凝土	1 m³ 混凝土材料用量(kg)					1 m³ 混凝土材料体积(m³)					
	水	水泥	掺合料	砂	石	水	水泥	掺合料	砂	石	含气量
全级配	85	128	43	429	1 719	0.085	0.039 6	0.015 6	0.165 6	0.661 1	0.04
湿筛后	145.7	219.4	71.7	735	1 178	0.145 7	0.067 9	0.026 1	0.283 9	0.453 1	0.03

湿筛后配合比明显变化的是砂率和粗骨料级配,砂率由 0.20 增大到 0.38,粗骨料级配由四级配变到二级配(中石: 小石 = 50: 50)。湿筛混凝土的砂率(0.38)与正常设计的二级配混凝土砂率(0.28～0.32)截然不同,已超出判断最优砂率的范围。因此,根据湿筛混凝土拌和物判断全级配混凝土拌和物的最优砂率是不真实的,全级配混凝土的最优砂率必须由全级配混凝土的拌和、运送和浇筑试验来判断。

(二)试验重点不同,导致试验与结构设计安全度实际脱离

美国大坝混凝土配合比设计以全级配混凝土为主体,配合比设计参数取自全级配混凝土的特性,如用水量、水灰比、胶材用量和抗压强度。我国大坝混凝土配合比设计参数选取重点在于由全级配混凝土拌和物湿筛出的湿筛混凝土,而忽视了全级配混凝土拌和物的性

能和设计抗压强度,导致试验与结构设计安全度实际脱离。

(三)改变设计理念,吸取美国大坝混凝土全级配配合比设计经验

笔者无意改变我国大坝混凝土设计规定,采用全级配混凝土设计强度方法,但是需要指出的是,大坝混凝土配合比设计关注点应放在全级配混凝土性能上。

对大型水利水电工程大坝混凝土配合比设计应增加全级配混凝土试验内容,将关注点有所转移,以便更接近大坝原型。

此前,我国三峡、东风坝等大型水利水电工程都是在工程施工近半,才进行全级配混凝土试验,既无助于大坝混凝土配合比参数选择,又没有针对大坝结构安全度评估,有较大盲目性。笔者认为全级配混凝土 mass 试件试验应在开工前进行,其目的是:

(1)通过少量试验,从拌和物形态、浇筑试验了解全级配混凝土拌和物的和易性、砂率等参数选择是否合适;

(2)mass 试件所能达到的抗压强度水平,(1)和(2)两项工作必须在配合比选择阶段同时进行,才能摆脱大坝混凝土研究只注重湿筛混凝土,而忽略对大坝原型混凝土的试验缺陷。

(3)为大坝结构混凝土强度安全度评估做好强度溯源试验测定。

(四)美国大坝全级配混凝土试验、研究经验初步总结

从 20 世纪 50 年代,美国大坝混凝土设计标准改用全级配混凝土抗压强度为设计强度标准值以来,已进行了大量试验、研究工作,摘其部分内容以供参考。

(1)美国垦务局研究全级配混凝土抗压强度和胶材用量的关系表明,大坝混凝土的胶材用量不宜低于 160 kg/m³,低于 160 kg/m³ 的大坝混凝土抗压强度的规律性将失衡,且波动增大,难以进行施工质量控制。

(2)奥鲁威尔(Oroville)拱坝混凝土配合比设计共计浇制了 915 个 φ450 mm×900 mm mass 试件。研究:①不同水泥用量、火山灰掺量的混凝土与抗压强度的关系,龄期包括 7 d、28 d、90 d、180 d、1 年、2 年至 4 年;②养护条件:标准雾室养护与 mass 养护对混凝土强度的影响;③不同圆柱体试件的尺寸效应,龄期效应,龄期由 28 d、90 d、180 d 至 1 年;④砂率对全级配混凝土密实性和强度的影响;⑤火山灰掺合料和木质素外加剂对混凝土干缩的影响。

现今,我国科技发展水平已具备拥有大型试验机开展这方面的研究。如何在美国已有研究成果基础上更上一层,本文只是作个铺垫。

第三节　全级配碾压混凝土

一、概述

我国坝工设计标准对大体积混凝土规定了设计强度等级(或设计标号),以 150 mm×150 mm×150 mm 立方体试件强度作为标准值。从执行规范角度看,只要大体积混凝土湿筛强度满足设计强度等级即可。为什么还要研究全级配混凝土呢? 其目的如下:

(1)从理论上讲,150 mm×150 mm×150 mm 立方体试件强度只是一个公称强度,因为立方体试件测定抗压强度受试验方法上难以消除端面摩擦阻力的影响,测得的强度不能反映混凝土的轴心抗压强度。

(2)湿筛混凝土缺失大粒径骨料,不能反映大体积混凝土的真实状况,必须还原到全级配混凝土试验。

（3）混凝土轴心抗压强度必须用高度/直径≥2的圆柱体试件测定。全级配混凝土试验是为了寻找试件比尺效应系数，包括尺寸影响系数、形状影响系数和湿筛影响系数。

（4）掌握大体积混凝土实有强度，对大体积混凝土结构进行安全评估。

全级配碾压混凝土试验的特点：

（1）骨料最大粒径为80 mm，试件尺寸不低于粒径的3倍，立方体试件规格采用300 mm×300 mm×300 mm；圆柱体试件规格采用φ300 mm×600 mm，轴向抗拉拉伸试验试件规格采用φ300 mm×900 mm。

（2）碾压混凝土与常态混凝土施工工艺不同，常态混凝土柱状浇筑成型，碾压混凝土采用薄层连续碾压成型，在研究碾压混凝土性能时要考虑层面影响。

本节以龙滩坝碾压混凝土全级配试验为主，以美国垦务局20世纪50～60年代大体积混凝土大试件资料为辅，阐述全级配碾压混凝土试验成果。

二、全级配碾压混凝土的强度

依据龙滩公司所提供的施工配合比，分别掺用珞璜Ⅰ级粉煤灰和凯里Ⅱ级粉煤灰进行全级配碾压混凝土特性试验，在确定每方混凝土材料用水量不变的条件下，调整两种粉煤灰所用的减水剂掺量，满足 VC 值（5±2）s，含气量3%～4%。配合比见表10-7。

表10-7　全级配碾压混凝土特性试验配合比

粉煤灰种类	级配	配合比参数				VC（s）	含气量（%）	每立方米材料用量（kg/m³）							外加剂及掺量	
		$\frac{W}{C+F}$	W	F（%）	S（%）			水	水泥	粉煤灰	人工砂	碎石			JM-Ⅱ	ZB-1G
												小石	中石	大石		
珞璜Ⅰ级	三	0.41	79	56	34	4.4	3.4	79	86	109	743	437	583	437	0.2%	5×10⁻⁴
凯里Ⅱ级	三	0.41	79	56	34	5.2	3.7	79	86	109	743	437	583	437	0.8%	5×10⁻⁴

（一）抗压强度

全级配碾压混凝土抗压强度试件规格采用300 mm×300 mm×300 mm立方体，标准试件为150 mm×150 mm×150 mm立方体。两种试件的成型和试验方法见《水工混凝土试验规程》（SL 352—2006），抗压强度试验结果列于表10-8。

表10-8　全级配碾压混凝土和湿筛混凝土抗压强度试验结果

粉煤灰种类	试件标志	不同龄期抗压强度（MPa）			
		28 d	90 d	180 d	365 d
珞璜Ⅰ级	L（大试件）	25.4	35.6	40.7	42.6
	S（小试件）	27.0	38.1	45.2	47.3
	大小试件强度比 L/S	0.94	0.93	0.90	0.90
凯里Ⅱ级	L（大试件）	27.8	41.2	42.7	44.0
	S（小试件）	29.1	44.1	46.8	48.1
	大小试件强度比 L/S	0.96	0.93	0.91	0.91

300 mm×300 mm×300 mm 立方体试件与标准立方体试件抗压强度比平均值为 0.92。

（二）轴向抗拉强度

全级配碾压混凝土轴向抗拉强度试件规格采用 φ300 mm×900 mm 圆柱体,标准轴向抗拉强度试件为 100 mm×100 mm×550 mm 方 8 字形。两种试件的成型和试验方法见《水工混凝土试验规程》（SL 352—2006）,轴向抗拉强度试验结果列于表 10-9。

表 10-9　全级配碾压混凝土和湿筛混凝土轴向抗拉强度试验结果

| 粉煤灰种类 | 试件标志 | 轴向抗拉强度（MPa） | | |
		28 d	90 d	180 d
珞璜Ⅰ	L（大试件）	1.87	2.25	2.79
	S（小试件）	2.56	3.19	3.99
	大小试件轴向抗拉强度比 L/S	0.73	0.71	0.70
凯里Ⅱ	L（大试件）	1.78	2.35	2.82
	S（小试件）	2.43	3.32	4.03
	大小试件轴向抗拉强度比 L/S	0.73	0.71	0.70

φ300 mm×900 mm 圆柱体试件与标准轴向抗拉强度试件轴向抗拉强度比平均值为 0.71。

（三）劈裂抗拉强度

1. 全级配碾压混凝土劈裂抗拉强度与标准试件劈裂抗拉强度的关系

全级配碾压混凝土劈裂抗拉强度试件规格采用 300 mm×300 mm×300 mm 立方体,标准劈裂抗拉强度试件为 150 mm×150 mm×150 mm 立方体。两种试件的成型和试验方法见《水工混凝土试验规程》（SL 352—2006）,劈裂抗拉强度试验结果列于表 10-10。

表 10-10　全级配碾压混凝土和湿筛混凝土劈裂抗拉强度试验结果

| 粉煤灰种类 | 试件标志 | 劈裂抗拉强度（MPa） | | | |
		28 d	90 d	180 d	365 d
珞璜Ⅰ级	L（大试件）	1.54	2.58	2.71	2.88
	S（小试件）	2.07	2.93	3.16	3.47
	大小试件劈裂抗拉强度比 L/S	0.74	0.88	0.86	0.83
凯里Ⅱ级	L（大试件）	1.51	2.47	2.58	2.81
	S（小试件）	2.18	3.06	3.14	3.39
	大小试件劈裂抗拉强度比 L/S	0.69	0.81	0.82	0.83

300 mm×300 mm×300 mm 立方体试件与标准劈裂抗拉强度试件劈裂抗拉强度比平均值为 0.81。

2. 全级配碾压混凝土轴拉强度与劈裂抗拉强度的关系

计算劈裂抗拉强度的理论公式是由圆柱体径向受压推导出来的。采用立方体试件,假设圆柱体是立方体的内切圆柱,由此将圆柱体水平拉应力计算公式变换成立方体计算公式,圆柱体直径变换成立方体边长。立方体试件劈裂试验时,试验机压板是通过垫条加载,理论上应该是一条线接触,而实际上是面接触,所以以垫条宽度影响计算公式的准确性。试验也表明,垫条尺寸和形状对劈裂抗拉强度有显著影响。

对碾压混凝土来说,全级配碾压混凝土轴拉强度试件为$\phi300$ mm×900 mm 圆柱体,劈裂抗拉强度试件为300 mm×300 mm×300 mm 立方体,劈裂抗拉强度试验垫条宽度为15 mm,在此试验条件下轴拉强度与劈裂抗拉强度的关系见表10-11。

表 10-11　全级配碾压混凝土轴向抗拉强度与劈裂抗拉强度的比值

粉煤灰种类	轴向抗拉强度 (MPa)			劈裂抗拉强度 (MPa)			$\dfrac{轴向抗拉强度(R_t)}{劈裂抗拉强度(R_s)}$		
	28 d	90 d	180 d	28 d	90 d	180 d	28 d	90 d	180 d
珞璜Ⅰ	1.87	2.25	2.79	1.54	2.58	2.71	1.21	0.87	1.03
凯里Ⅱ	1.78	2.35	2.82	1.51	2.47	2.58	1.18	0.95	1.09
平均值							1.05		

所以,全级配碾压混凝土轴向抗拉强度(R_t)与劈裂抗拉强度(R_s)的关系式为:

$$R_t = 1.05R_s \tag{10-4}$$

式(10-4)估值误差不超过±15%。

劈裂抗拉强度试验方法是非直接测定抗拉强度的方法之一。试验方法简单,对试验机要求、操作方法和试件尺寸与抗压强度试验相同,只需要增加简单的夹具和垫条。

对中小型碾压混凝土坝可以采用式(10-4)估算全级配碾压混凝土的轴向抗拉强度。

三、全级配碾压混凝土的变形性能

(一)压缩弹性模量

全级配碾压混凝土压缩弹性模量试件规格采用$\phi300$ mm×600 mm 圆柱体,标准弹性模量试件为$\phi150$ mm×300 mm 圆柱体。两种试件的成型和试验方法见《水工混凝土试验规程》(SL 352—2006),压缩弹性模量试验结果列于表10-12。

表 10-12　全级配碾压混凝土和湿筛混凝土压缩弹性模量试验结果

粉煤灰种类	试件标志	压缩弹性模量(GPa)		
		28 d	90 d	180 d
珞璜Ⅰ	L(大试件)	37.7	43.2	45.5
	S(小试件)	36.5	42.7	45.2
	大小试件弹性模量比 L/S	1.03	1.01	1.01
凯里Ⅱ	L(大试件)	35.4	42.1	43.2
	S(小试件)	34.8	41.3	42.8
	大小试件弹性模量比 L/S	1.02	1.02	1.01

$\phi300$ mm×600 mm 圆柱体试件与标准弹性模量试件压缩弹性模量比平均值为1.02,全级配碾压混凝土压缩弹性模量略高于湿筛混凝土标准弹性模量,约高出2%。因为碾压混凝土最大骨料粒径为80 mm,湿筛后大于40 mm 的骨料的体积缺失不到16%,所以两者差别不大。

(二)极限拉伸

全级配碾压混凝土极限拉伸试验与轴向抗拉强度相同,极限拉伸试验结果列于表10-13。

表 10-13　全级配碾压混凝土和湿筛混凝土极限拉伸试验结果

粉煤灰种类	试件标志	极限拉伸($\times 10^{-6}$)		
		28 d	90 d	180 d
珞璜Ⅰ	L(大试件)	63	76	85
	S(小试件)	80	108	119
	大小试件极限拉伸比 L/S	0.79	0.70	0.71
凯里Ⅱ	L(大试件)	59	73	83
	S(小试件)	77	101	114
	大小试件极限拉伸比 L/S	0.77	0.72	0.73

ϕ 300 mm $\times$ 900 mm 圆柱体试件与标准极限拉伸试件极限拉伸比平均值为 0.74。

（三）徐变度

全级配碾压混凝土压缩徐变度试验试件规格采用 ϕ 300 mm $\times$ 900 mm,标准徐变度试验试件为 ϕ 150 mm $\times$ 450 mm 圆柱体。两种试件的成型和试验方法见《水工混凝土试验规程》（SL 352—2006）。两种粉煤灰全级配碾压混凝土不同加荷龄期徐变度试验结果见表 10-14、表 10-15、图 10-1 和图 10-2。

表 10-14　珞璜粉煤灰全级配碾压混凝土不同加荷龄期徐变度试验结果　　（单位: $\times 10^{-6}$ /MPa）

试验编号	加荷龄期	持荷时间(d)								
		1	2	3	5	7	10	15	20	25
珞璜大试件	28 d	3.5	5.3	5.1	6.6	7.3	7.2	8.4	8.4	8.9
	90 d	2.6	3.0	3.7	4.0	4.4	4.4	5.3	5.5	5.7
	180 d	0.5	0.8	1.1	1.3	1.7	2.0	2.4	2.6	3.1
	加荷龄期	28	35	40	45	50	60	70	80	90
	28 d	9.3	9.8	10.1	10.8	10.8	11.2	11.4	11.5	11.5
	90 d	5.9	6.0	6.6	6.7	6.7	6.7	6.8	6.9	7.0
	180 d	3.3	3.3	3.5	3.7	3.8	4.2	4.3	4.2	4.2

表 10-15　凯里粉煤灰全级配碾压混凝土不同加荷龄期徐变度试验结果　　（单位: $\times 10^{-6}$ / MPa）

试验编号	加荷龄期	持荷时间(d)								
		1	2	3	5	7	10	15	20	25
凯里大试件	28 d	8.7	9.0	10.0	12.7	14.1	15.5	17.1	18.2	18.5
	90 d	4.0	5.0	5.2	5.5	5.6	5.2	6.9	6.6	7.1
	180 d	2.5	2.5	2.3	1.8	2.0	2.5	4.8	4.7	5.0
	加荷龄期	28	35	40	45	50	60	70	80	90
	28 d	19.0	19.2	18.5	19.2	19.4	20.1	19.7	20.6	20.7
	90 d	7.1	7.5	7.7	7.6	7.9	7.8	8.1	8.6	8.6
	180 d	5.4	5.5	5.4	5.9	6.1	6.3	6.3	7.4	7.5

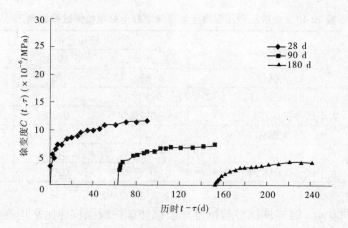

图 10-1　珞璜粉煤灰全级配碾压混凝土不同加荷龄期徐变度过程线

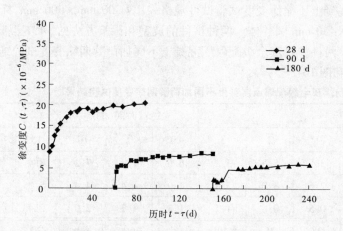

图 10-2　凯里粉煤灰全级配碾压混凝土不同加荷龄期徐变度过程线

两种粉煤灰湿筛混凝土不同加荷龄期徐变度试验结果见表10-16、表10-17、图10-3 和图10-4。

表 10-16　珞璜粉煤灰湿筛混凝土不同加荷龄期徐变度试验结果　　　（单位：×10⁻⁶/MPa）

试验编号	加荷龄期	持荷时间（d）								
		1	2	3	5	7	10	15	20	25
珞璜小试件	28 d	4.2	5.8	6.4	6.9	8.1	8.5	9.2	9.4	10.3
	90 d	2.5	3.1	3.4	4.1	4.5	4.7	4.9	6.2	5.7
	180 d	2.4	3.1	3.1	3.5	4.3	4.5	4.8	4.9	5.0
	加荷龄期	28	35	40	45	50	60	70	80	90
	28 d	10.4	11.2	11.5	11.6	11.9	12.4	12.6	13.1	13.2
	90 d	6.3	6.5	6.8	6.9	7.2	7.6	8.0	8.1	8.1
	180 d	5.1	5.3	5.5	5.8	6.1	5.9	6.2	6.2	6.3

表 10-17　凯里粉煤灰湿筛混凝土不同加荷龄期徐变度试验结果　　　　（单位: $\times 10^{-6}$/MPa）

试验编号	加荷龄期	持荷时间(d)								
		1	2	3	5	7	10	15	20	25
凯里小试件	28 d	7.5	9.6	10.7	11.6	14.1	17.1	17.4	17.8	18.5
	90 d	2.6	3.3	3.4	4.7	4.2	4.6	6.3	7.1	7.6
	180 d	2.4	3.1	3.3	4.5	4.3	4.0	4.7	5.4	6.1
	加荷龄期	28	35	40	45	50	60	70	80	90
	28 d	19.6	20.4	20.8	20.9	23.1	24.1	24.7	25.0	25.1
	90 d	8.2	8.8	10.4	10.1	11.6	12.1	12.8	13.1	13.1
	180 d	6.6	6.7	6.9	7.4	7.2	7.6	8.5	8.6	8.6

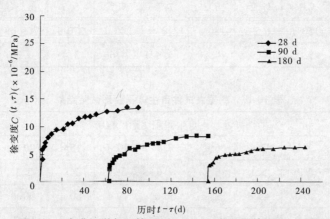

图 10-3　珞璜粉煤灰湿筛混凝土不同加荷龄期徐变度过程线

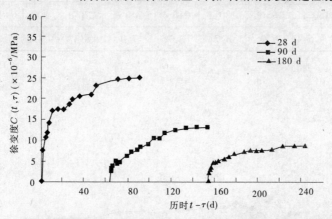

图 10-4　凯里粉煤灰湿筛混凝土不同加荷龄期徐变度过程线

　　由表 10-14 和表 10-16 对比,湿筛混凝土不同加荷龄期的徐变度均高于全级配碾压混凝土的徐变度;表 10-15 和表 10-17 对比也同样表明,湿筛混凝土不同加荷龄期的徐变度高于全级配碾压混凝土的徐变度。徐变度高出 $(2\sim4)\times10^{-6}$/MPa,分析其原因与压缩弹性模量试验相类似。

(四)自生体积变形

在恒温绝湿条件下,由于胶凝材料的水化作用引起的体积变形称为自生体积变形。全级配碾压混凝土自生体积变形试验试件规格采用$\phi 300 \text{ mm} \times 900 \text{ mm}$,标准自生体积变形试验试件为$\phi 200 \text{ mm} \times 600 \text{ mm}$。两种试件的成型和试验方法见《水工混凝土试验规程》(SL 352—2006)。两种粉煤灰全级配碾压混凝土自生体积变形试验结果见表10-18、表10-19、图10-5和图10-6。

表10-18　珞璜大试件自生体积变形试验结果

试验编号	自生体积变形($\times 10^{-6}$)									
珞璜大试件	1 d	2 d	3 d	5 d	7 d	10 d	15 d	20 d	25 d	28 d
	-0.1	1.1	0.2	1.1	2.7	4.2	4.6	4.6	3.6	3.1
	35 d	40 d	45 d	50 d	60 d	70 d	80 d	90 d	105 d	120 d
	6.6	8.1	7.2	6.2	7.7	5.2	5.5	6.3	5.2	5.2
	135 d	150 d	165 d	180 d	210 d	240 d	270 d	300 d	330 d	360 d
	4.9	5.0	4.9	4.1	4.8	4.6	3.4	3.3	3.3	3.3

表10-19　凯里大试件自生体积变形试验结果

试验编号	自生体积变形($\times 10^{-6}$)									
凯里大试件	1 d	2 d	3 d	5 d	7 d	10 d	15 d	20 d	25 d	28 d
	3.1	0.7	5.1	6.2	7.6	5.2	3.9	2.3	4.1	6.9
	35 d	40 d	45 d	50 d	60 d	70 d	80 d	90 d	105 d	120 d
	4.1	6.5	8.3	11.9	9.7	13.1	12.8	10.3	9.5	9.1
	135 d	150 d	165 d	180 d	210 d	240 d	270 d	300 d	330 d	360 d
	11.3	9.5	9.9	8.7	8.7	7.9	8.3	8.2	8.2	8.1

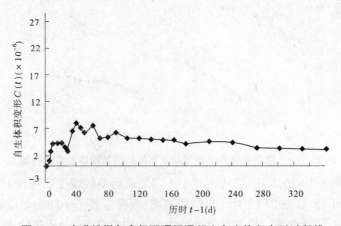

图10-5　珞璜粉煤灰全级配碾压混凝土自生体积变形过程线

两种粉煤灰湿筛混凝土自生体积变形试验结果见表10-20、表10-21、图10-7和图10-8。

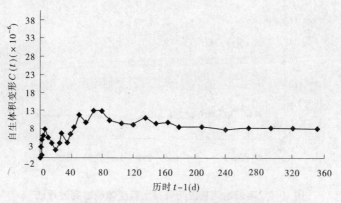

图 10-6　凯里粉煤灰全级配碾压混凝土自生体积变形过程线

表 10-20　珞璜小试件自生体积变形试验结果

试验编号	自生体积变形（×10⁻⁶）									
珞璜小试件	1 d	2 d	3 d	5 d	7 d	10 d	15 d	20 d	25 d	28 d
	−0.1	−0.5	−2.5	−1.8	2.8	4.0	2.7	2.9	3.9	3.2
	35 d	40 d	45 d	50 d	60 d	70 d	80 d	90 d	105 d	120 d
	5.1	5.6	5.1	5.0	6.9	6.5	4.8	6.7	5.6	5.9
	135 d	150 d	165 d	180 d	210 d	240 d	270 d	300 d	330 d	360 d
	4.6	4.3	4.8	4.7	3.7	5.2	5.3	5.3	5.3	5.3

表 10-21　凯里小试件自生体积变形试验结果

试验编号	自生体积变形（×10⁻⁶）									
凯里小试件	1 d	2 d	3 d	5 d	7 d	10 d	15 d	20 d	25 d	28 d
	5.6	20.9	24.5	21.6	29.6	25.7	23.1	24.7	30.6	26.9
	35 d	40 d	45 d	50 d	60 d	70 d	80 d	90 d	105 d	120 d
	28.7	26.1	30.2	33.4	31.3	32.6	30.9	31.2	31.3	28.4
	135 d	150 d	165 d	180 d	210 d	240 d	270 d	300 d	330 d	360 d
	30.5	29.4	32.1	29.4	29.2	29.7	29.5	28.0	29.4	28.2

从以上试验结果可得出：

（1）全级配碾压混凝土自生体积变形试验表明：掺珞璜粉煤灰的碾压混凝土自生体积变形，开始膨胀至 40 d 达到最高值，约为 8×10^{-6}，此后下降至 270 d 稳定，保持 3 个膨胀微应变（3×10^{-6}）。掺凯里粉煤灰的碾压混凝土自生体积变形开始膨胀，至 70 d 达到最高值，约为 13×10^{-6}；此后下降，270 d 后稳定，保持 8 个膨胀微应变（8×10^{-6}）。

（2）珞璜粉煤灰湿筛混凝土开始微有收缩，然后膨胀至 60 d 达到最高值，约为 7×10^{-6}，此后下降至 240 d 稳定，保持 5 个膨胀微应变（5×10^{-6}）。凯里粉煤灰湿筛混凝土开始膨胀至 50 d 达到最高值 34×10^{-6}，自此后逐渐下降至 180 d 稳定，保持 28 个膨胀微应变

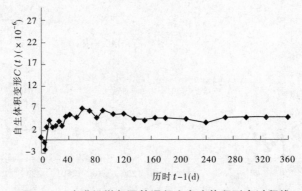

图 10-7　珞璜粉煤灰湿筛混凝土自生体积形变过程线

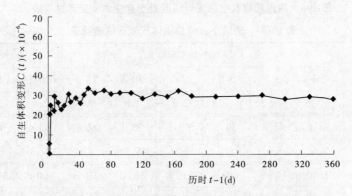

图 10-8　凯里粉煤灰湿筛混凝土自生体积形变过程线

(28×10^{-6})。

（3）全级配碾压混凝土自生体积变形明显地低于湿筛混凝土的自生体积变形。掺凯里粉煤灰的约低 20 个微应变 (20×10^{-6})；掺珞璜粉煤灰的约低 5 个微应变 (5×10^{-6})。

（4）碾压混凝土的自生体积变形受粉煤灰组成影响，凯里粉煤灰产生的自生体积变形比珞璜粉煤灰大。

四、全级配碾压混凝土的抗渗透耐久性

渗透性对于防止碾压混凝土结构出现孔隙水压力至关重要。如果渗透水在碾压混凝土结构内高度饱和，则加剧冻融破坏。同时，渗流可以将碾压混凝土结构中的氢氧化钙和水化水泥浆中的其他成分带走，使其强度降低。

国内外研究混凝土渗透性能的试验方法有两种：其一是测定混凝土的抗渗等级，其二为测定混凝土的渗透系数。抗渗等级方法是苏联的国标规定方法，已不采用。我国只有水利水电行业和建工行业标准采用，其他行业标准已取消。

（一）抗渗等级

全级配碾压混凝土抗渗等级试件规格采用 300 mm × 300 mm × 300 mm 立方体；标准抗渗等级试件为上口直径 175 mm、下口直径 185 mm、高 150 mm 的截圆锥体。

龙滩坝全级配碾压混凝土（配合比见表 10-7）和湿筛混凝土成型后标准养护 90 d，然后施加水压力，加到 4 MPa 后保持恒荷，持荷 30 d 未出现渗漏。停止试验，将试件劈开，量测渗水高度，见表 10-22。

表 10-22　全级配碾压混凝土和湿筛混凝土抗渗等级试验结果

粉煤灰种类	试件标志	透水情况	渗水高度(mm)
珞璜Ⅰ	L(全级配试件)	未透	63
	S(标准试件)	未透	76
凯里Ⅱ	L(全级配试件)	未透	42
	S(标准试件)	未透	59

全级配碾压混凝土抗渗等极可达到 W40 抗渗等级指标,远远超出坝高 300 m 量级设计抗渗等级指标。

(二)渗透系数

早在龙滩坝开工前,曾在岩滩坝现场进行过三次碾压混凝土现场试验。本节介绍从第二次现场试验钻取的芯样进行本体、不含层面的全级配碾压混凝土渗透系数试验。

1.芯样的试验方法

由钻取的芯样切割成边长为 150 mm 的立方体。试验时,芯样放入试验容器内,并做好密封。试验从 0.1 MPa 水压力开始,每隔 8 h 增加 0.1 MPa 水压力。直至试件渗水,保持此水压力恒定,每隔 8～16 h 测量一次渗水量。

在直角坐标纸上绘制累积渗水量 W 与历时 t 关系线。当 $W=f(t)$ 呈直线时,取 100 h 时段的直线斜率,即为通过碾压混凝土孔隙的渗流量。每个试验周期大约需要 300 h。

2.计算渗透系数

压力水通过碾压混凝土孔隙的渗流量(稳定流)可用达西定律(Darcy's law)表示。渗流量和渗透系数按式(4-40)和式(4-41)计算。

由式(4-41)知,水头 H、试件面积 F 和试件高度 L 都是常数,只有渗流量 Q 需要确定。所以,试验测定的渗流量必须达到恒定不变。

3.试验成果

(1)现场试验碾压混凝土配合比。

现场试验碾压混凝土配合比见表 10-23。

表 10-23　第二次现场试验碾压混凝土配合比

试验段	强度等级	水胶比	粉煤灰掺量(%)	级配	单方材料用量(kg/m³)				
					水	水泥	粉煤灰	砂	石
C、E	C₉₀25	0.46	68	三	100	70	150	724	1 422
F		0.56	58		100	75	105	735	1 476

(2)现场试验温度。

仓面气温为 32～36 ℃,碾压混凝土入仓温度为 23～24 ℃,浇筑温度为 25～28 ℃。

(3)芯样试验结果。

试验段共钻取 27 个芯样,其中 11 个是碾压混凝土本体(不含层面)龄期一年余。芯样渗透系数测定结果见表 10-24。

表 10-24 第二次现场试验碾压混凝土芯样渗透系数试验结果

工况	试件编号	计算参数					渗透系数（cm/s）	平均值（cm/s）
		试件长（cm）	试件宽（cm）	试件高（cm）	水头（m）	渗流量（mL/h）		
C、E	C8-8-1	15	15	15.3	220	0.28	2.4×10^{-10}	0.94×10^{-9}
	C8-8-2	14.8	15	15.3	190	0.10	1.0×10^{-10}	
	C8-8-3	15	15	15.1	220	0.37	3.1×10^{-10}	
	E5-4-3	15	15.5	14.9	120	0.43	6.4×10^{-10}	
	E5-5-3	15.2	15	15	80	1.94	4.4×10^{-9}	
	E5-1-2	15	15.1	15.1	80	0.33	7.7×10^{-10}	
	E5-1-3	15.1	15	15.1	240	0.20	1.5×10^{-10}	
F	F8-16-6	15	15	15	200	1.15	1.4×10^{-10}	1.37×10^{-9}
	F8-17-3	14.8	15.3	15.5	150	0.68	8.6×10^{-10}	
	F5-1-1	15.1	15.1	14.2	80	1.84	3.9×10^{-9}	
	F5-1-3	15	14.6	15	120	0.36	5.8×10^{-10}	

英国邓斯坦教授在第十六届国际大坝会议上撰文提出，对坝高 200 m 混凝土重力坝混凝土渗透系数应达到 10^{-9} cm/s 量级。表 10-24 试验结果表明，龙滩坝现场试验已达到此水平。第二次现场试验是 1991 年 9 月 1 日在岩滩坝现场进行的，基本没有采取温控措施。

五、层面对全级配碾压混凝土性能影响

碾压混凝土重力坝施工特点是通仓、薄层、连续浇筑，每个铺筑层厚 0.3 m，每米坝高就含有 3 个水平层面。研究表明：水平层面压实后，再在其上铺筑上层碾压混凝土，间隔时间不论长或短，都构成含层面碾压混凝土，都使层面处的强度和抗渗性能下降。

文献提出：碾压混凝土胶砂贯入阻力低于 5 MPa，层面轴拉强度和黏聚力下降不超过 15%，由此提出以贯入阻力为 5 MPa 对应的时间作为层面直接铺筑允许间隔时间。

龙滩坝为此曾在岩滩坝现场进行过三次现场碾压试验，实验室对工程实用配合比进行过多次胶砂贯入阻力对比试验。龙滩坝下部碾压混凝土，掺用珞璜 I 级和凯里 II 级粉煤灰，JM-II 高效缓凝减水剂，胶砂贯入阻力试验结果见表 10-25。

表 10-25 胶砂贯入阻力特征值试验结果

配合比	粉煤灰	JM-II 掺量	用水量（kg/m³）	贯入阻力为 5 MPa 相应历时（h）	历时 6 h 时相应贯入阻力值（MPa）
No.2	珞璜 I 级	0.6	74	6.8	3.9
No.3	凯里 II 级	0.6	83	6.8	4.2

总结室内和现场碾压试验成果，龙滩坝提出直接铺筑允许间隔时间为 6 h，即从碾压混凝土加水拌和出机至铺筑，碾压结束形成水平层面，到铺筑上层碾压混凝土不超过 6 h，允许继续上升。

(一)层面对抗压强度影响

掺加珞璜Ⅰ级和凯里Ⅱ级两种粉煤灰的全级配碾压混凝土,配合比见表10-7。

试件尺寸为300 mm×300 mm×300 mm立方体,层面间隔时间为6 h。抗压强度试验时施力方向与层面平行,层面对抗压强度影响试验结果见表10-26。

表10-26　龙滩坝碾压混凝土抗压强度层面影响系数试验结果

粉煤灰种类		珞璜Ⅰ		凯里Ⅱ	
工况		无层面(D_1)	有层面(D_2)	无层面(D_1)	有层面(D_2)
抗压强度 (MPa)	28 d	25.4	23.1	27.8	25.6
	90 d	35.6	32.9	41.2	37.8
	180 d	40.7	37.5	42.7	40.5
	365 d	42.6	39.7	44.0	42.4
层面影响系数 $\left(\dfrac{D_2}{D_1}\right)$	28 d	0.91		0.92	
	90 d	0.92		0.92	
	180 d	0.92		0.95	
	365 d	0.93		0.96	
	平均值	0.92		0.93	

由于立方体试件受压端面约束,试件破坏呈锥形。试件中部留下一个未完全破坏的锥形体,而层面就在锥形体内,层面影响系数为0.93。与碾压混凝土本体相比,含层面碾压混凝土抗压强度降低7%。

(二)层面对轴拉强度影响

试件尺寸为ϕ300 mm×900 mm圆柱体,层面间隔时间为6 h。两种粉煤灰的全级配碾压混凝土层面对轴拉强度影响的试验结果见表10-27。

表10-27　龙滩坝碾压混凝土轴拉强度层面影响系数试验结果

粉煤灰种类		珞璜Ⅰ		凯里Ⅱ	
工况		无层面(D_1)	有层面(D_2)	无层面(D_1)	有层面(D_2)
轴拉强度(MPa)	28 d	1.87	1.53	1.78	1.43
	90 d	2.25	1.84	2.35	1.95
	180 d	2.79	2.63	2.82	2.59
层面影响系数 $\left(\dfrac{D_2}{D_1}\right)$	28 d	0.82		0.80	
	90 d	0.82		0.83	
	180 d	0.94		0.92	
	平均值	0.86		0.85	

层面外露时间对含层面碾压混凝土轴拉强度有显著性影响。层面间隔时间为6 h,层面影响系数为0.85;含层面碾压混凝土轴拉强度比本体降低15%。这也是龙滩坝施工、设计允许的连续浇筑层面间隔时间。随着龄期增长,层面影响系数也有增加。

（三）层面对压缩弹性模量影响

试件尺寸为 $\phi300\ mm\times600\ mm$ 圆柱体,层面间隔时间为 6 h。两种粉煤灰的全级配碾压混凝土层面对压缩弹性模量的影响试验结果见表 10-28。

表 10-28　龙滩坝碾压混凝土压缩弹性模量层面影响系数试验结果

粉煤灰种类		珞璜 I		凯里 II	
工况		无层面(D_1)	有层面(D_2)	无层面(D_1)	有层面(D_2)
压缩弹性模量 （GPa）	28 d	37.7	37.1	35.4	35.2
	90 d	43.2	42.5	42.1	41.9
	180 d	45.5	44.9	43.2	43.0
层面影响系数 $\left(\dfrac{D_2}{D_1}\right)$	28 d	0.98		0.99	
	90 d	0.98		1.0	
	180 d	0.99		1.0	
	平均值	0.983		0.997	

弹性模量试验施荷方向垂直于层面,且试验加荷只有破坏荷载的 40%,处于弹性阶段,层面影响尚难显现。所以,层面影响系数接近于 1.0,可视为层面对压缩弹性模量无影响。

（四）层面对极限拉伸影响

两种粉煤灰的全级配碾压混凝土层面间隔时间为 6 h,极限拉伸层面影响系数试验结果见表 10-29。

表 10-29　龙滩坝碾压混凝土极限拉伸层面影响系数试验结果

粉煤灰种类		珞璜 I		凯里 II	
工况		无层面(D_1)	有层面(D_2)	无层面(D_1)	有层面(D_2)
极限拉伸 （$\times10^{-6}$）	28 d	63	47	59	46
	90 d	76	64	73	66
	180 d	85	78	83	78
层面影响系数 $\left(\dfrac{D_2}{D_1}\right)$	28 d	0.75		0.78	
	90 d	0.84		0.90	
	180 d	0.92		0.94	
	平均值	0.84		0.87	

碾压混凝土极限拉伸层面影响系数与轴拉强度相当,约为 0.85。

（五）层面对抗渗透耐久性影响

1. 抗渗等级比较

两种粉煤灰的全级配碾压混凝土,含层面和本体试件进行抗渗等级比较,试件尺寸为 $300\ mm\times300\ mm\times300\ mm$ 立方体,龄期 90 d 后进行压水试验,持荷 30 d 含层面碾压混凝土出现渗水,而碾压混凝土本体试件没有渗水。劈开试件观察,渗水高度只有 50 mm,约为试件高度的 1/6,显然层面对碾压混凝土抗渗透性有明显影响。

2.含层面碾压混凝土的渗透系数

含层面两种粉煤灰的全级配碾压混凝土,加水压至 4 MPa,持荷 30 d 出现渗水,其累积渗出水量过程线见图 10-9 和图 10-10。直线的斜率为通过孔隙的渗流量 Q,珞璜粉煤灰的全级配碾压混凝土渗流量 $Q = 0.113\ 2$ g/h;凯里粉煤灰的全级配碾压混凝土渗流量 $Q = 0.083\ 1$g/h。由式(4-41)计算渗透系数,结果见表 10-30。

表 10-30　含层面碾压混凝土的渗透系数

粉煤灰种类	计算参数				渗透系数（cm/s）
	厚度 L(cm)	面积 F(cm^2)	水头 H(cm)	渗流量 Q(mL/s)	
珞璜Ⅰ级	30	900	40 000	3.14×10^{-5}	2.62×10^{-11}
凯里Ⅱ级	30	900	40 000	2.3×10^{-5}	1.92×10^{-11}

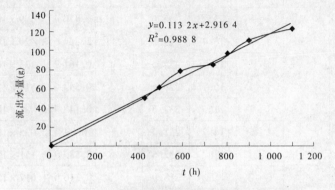

图 10-9　珞璜有层面大试件累积流出水量过程线

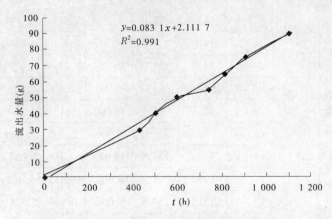

图 10-10　凯里有层面大试件累积流出水量过程线

表 10-30 表明,龙滩坝层面间隔时间为 6 h,含层面的全级配碾压混凝土渗透系数达 10^{-11} cm/s 量级,其抗渗透性能是相当高的。

3.现场芯样渗透系数检测

第二次现场试验碾压混凝土配合比见表 10-23,第三次现场试验碾压混凝土配合比见表 10-31。钻取芯样切割成边长为 150 mm 立方体试件,测定其渗透系数。试验计算参数和渗透系数计算结果见表 10-32。

表 10-31　第三次现场试验碾压混凝土配合比

配合比	水胶比	粉煤灰掺量（%）	级配	单方材料用量（kg/m³）					实测 VC 值（s）
				水	水泥	粉煤灰	砂	石	
I	0.50	55	三	100	90	110	761	1 470	8.2
G	0.53	58	三	95	75	105	782	1 485	9.2

表 10-32　含层面芯样及中断层面处理后的芯样渗透系数测定结果

现场试验	工况	配合比	芯样编号	计算参数				渗透系数（cm/s）	平均值（cm/s）
				厚度 L（cm）	面积 A（cm²）	水头 H（cm）	渗流量（mL/s）		
第三次	连续浇筑层面间隔 5.0 h	I	I-1	15	235.6	26 000	0.470 4	3.199×10^{-10}	3.105×10^{-10}
			I-2	15.4	229.5		1.224 6	8.229×10^{-10}	
			I-3	15.3	232.5		0.161 2	1.133×10^{-10}	
			I-4	15.7	229.5		0.343 6	2.511×10^{-10}	
			I-5	15	232.5		0.142 3	0.981×10^{-10}	
			I-6	14.7	231.0		0.298	2.025×10^{-10}	
	连续浇筑层面间隔 4.5 h	G	G-1	15.2	232.6		0.880 9	6.151×10^{-10}	6.555×10^{-10}
			G-2	15.3	218.9		0.216 6	1.617×10^{-10}	
			G-3	15.1	219.0		0.335 8	2.473×10^{-10}	
			G-4	15	225.0		1.611 1	11.475×10^{-10}	
			G-5	14.6	225.0		1.311 1	9.089×10^{-10}	
			G-6	14.5	225.0		1.238 6	8.527×10^{-10}	
第二次	间隔 7.5 h 中断，层面铺水泥砂浆，厚度小于 1 cm	C	C8-1	15	225.0	7 000	0.95	2.516×10^{-9}	4.053×10^{-9}
			C8-2	15.1	226.5	15 000	1.493	1.844×10^{-9}	
			C8-3	15	225.0	5 000	2.105	7.8×10^{-9}	
	间隔 7 h 中断，层面铺小骨料混凝土 2~3 cm 厚	F	F5-1-1	14.3	226.5	15 000	0.345	4.034×10^{-10}	2.534×10^{-9}
			F5-1-3	15	218.9	4 000	1.433	6.817×10^{-9}	
			F5-2	15.5	229.5	9 000	0.409	8.525×10^{-10}	
			F5-3	15.3	228.0	4 000	0.443	2.064×10^{-9}	

　　表 10-32 渗透系数测定结果表明:含层面碾压混凝土芯样,层面间隔时间不超过 6 h,渗透系数均低于 1×10^{-9} cm/s;层面间隔时间超过 6 h,应该中断浇筑,对层面铺 1 cm 厚水泥砂浆或 2~3 cm 小骨料混凝土,然后接着浇筑上层碾压混凝土,使层面渗透系数达到 10^{-9} cm/s 量级,以满足坝高 200 m 级重力坝设计对渗透系数要求的指标。

综合思考题

思考题旨在使初学读者加深对水工混凝土性能及检测的认识、特征和方法的基本掌握，以供参考。

一、多项选择题

1. 水工混凝土工程质量检测的依据是 <u>A B D</u>。

A. 国家标准、水利水电行业标准　　　　B. 工程承包合同认定的其他标准和文件

C. 承包单位自定规程

D. 批准的设计文件、金属结构、机电设备安装等技术说明书

2. 提高水泥强度的技术措施包括 <u>A C</u>。

A. 提高 C_3S 矿物成分含量　　　　　　B. 提高 C_3A 矿物成分含量

C. 增加水泥比表面积　　　　　　　　　D. 增加石膏掺量

3. 优质粉煤灰对混凝土性能的影响包括 <u>A C D</u>。

A. 改善混凝土的和易性　　　　　　　　B. 提高混凝土早期强度

C. 降低胶凝材料水化热温升　　　　　　D. 抑制混凝土碱骨料反应

4. 影响外加剂与水泥适应性的主要因素包括 <u>A C D</u>。

A. C_3A 含量　　　　　　　　　　　　B. C_2S 含量

C. 石膏形态和掺量　　　　　　　　　　D. 水泥碱含量

5. 大坝混凝土选用水泥时，从控制温控裂缝角度考虑，选出下列 7 d 水化热试验（直接法）指标的哪几种水泥 <u>A B C</u>，能达到 42.5 中热硅酸盐水泥标准？

A. 7 d 水化热为 273 kJ/kg　　　　　　B. 7 d 水化热为 283 kJ/kg

C. 7 d 水化热为 293 kJ/kg　　　　　　D. 7 d 水化热为 313 kJ/kg

6. 试验表明，掺加优质粉煤灰是抑制混凝土碱骨料反应的有效方法，粉煤灰掺量宜占胶凝材料的多少才有明显效果 <u>C D</u>。

A. 15%　　　　　　　　　　　　　　　B. 20%

C. 25%　　　　　　　　　　　　　　　D. 30%

7. 海水环境下用硅酸盐水泥拌制混凝土，为提高其抗氯离子侵蚀能力宜掺加矿渣粉，其掺量不少于胶凝材料用量的 <u>C D</u>。

A. 30%　　　　　　　　　　　　　　　B. 40%

C. 50%　　　　　　　　　　　　　　　D. 60%

8. 下列 4 个粉煤灰样品的需水量比检验结果，哪几个达到 I 级粉煤灰质量标准 <u>A B</u>？

A. 需水量比为 90%　　　　　　　　　　B. 需水量比为 94%

C. 需水量比为 98%　　　　　　　　　　D. 需水量比为 105%

9. 下列骨料碱活性检验方法中，试件养护温度符合试验方法规定的有 <u>A B D</u>。

A. 化学法试件养护温度（80 ± 1）℃　　B. 砂浆棒快速法试件温度（80 ± 2）℃

C. 砂浆长度法试件温度(80±2)℃   D. 混凝土棱柱体法试件温度(38±2)℃

10. 通过砂料颗粒级配筛分试验,可以取得砂的下列参数和类别有 __A__ __B__ __C__ 。

A. 砂的细度模数   B. 砂料的粗、中、细分类

C. 砂料的平均粒径   D. 砂料的表观密度

11. 混凝土自生体积变形测试时,试件应处在 __A__ __C__ __D__ 条件下。

A. 恒温   B. 恒湿

C. 绝湿   D. 无外部荷载

12. 提高混凝土抗裂性有哪些技术措施 __A__ __B__ __C__ ?

A. 选择线胀系数低的骨料   B. 掺加优质掺合料

C. 选用发热量低的水泥   D. 夏季高温时浇筑混凝土

13. 碾压混凝土配合比的特点包括 __A__ __B__ __D__ 。

A. 粉煤灰掺量比普通混凝土大   B. 流动性不用坍落度表征

C. 砂率比普通混凝土小   D. 引气剂掺量比普通混凝土多

14. 喷射混凝土配合比的特点包括 __A__ __B__ __C__ 。

A. 需掺加混凝土速凝剂   B. 胶凝材料用量比普通混凝土多

C. 砂率比普通混凝土大   D. 骨料粒径比普通混凝土大

15. 水下不分散混凝土配合比的特点包括 __A__ __B__ __D__ 。

A. 需掺加水下不分散剂   B. 胶凝材料用量多

C. 宜采用高性能减水剂   D. 骨料粒径不宜大于 20 mm

16. 大中型水利水电工程,混凝土配合比设计多采用绝对体积法,请列出配合比设计应考虑的设计参数 __A__ __B__ __C__ __D__ 。

A. 设计强度标准值   B. 水灰比

C. 用水量   D. 砂率

17. 混凝土静力弹性模量试验需要测出应力—应变曲线,曲线上选两点连成直线,直线的斜率即是混凝土弹性模量,压缩弹性模量取曲线上 __A__ 和 __C__ 两点间直线的斜率。

A. 0.5 MPa   B. 5 MPa

C. 40% 极限抗压强度   D. 50% 极限抗压强度

18. 混凝土抗冻性试验,相对动弹性模量下降至初始值的 __A__ 或质量损失达 __C__ 时,即可认为试件已达破坏。

A. 60%   B. 50%

C. 5%   D. 3%

19. 在混凝土中传播的超声波穿过缺陷时,其4个声学参数将发生变化,选出正确的变化 __A__ __B__ __D__ 。

A. 声速降低   B. 频率减小

C. 波幅增大   D. 波形畸变

20. 大坝外部碾压混凝土相对压实度不得小于 __D__ ,内部碾压混凝土相对压实度不得小于 __C__ 。

A. 95%   B. 96%

C. 97%   D. 98%

21. 混凝土轴向抗拉拉伸试验,可同时测出以下参数 <u>A B C</u>。

A. 轴向抗拉强度　　　　　　　　　B. 拉伸弹性模量

C. 极限拉伸　　　　　　　　　　　D. 泊松比

22. 水下不分散混凝土可在水深不大于 <u>A B</u> 的情况下直接浇筑。

A. 30 cm　　　　　　　　　　　　B. 50 cm

C. 70 cm　　　　　　　　　　　　D. 90 cm

23. 提高水工建筑物过水面混凝土抗冲磨强度的措施有 <u>A B C</u>。

A. 采用 42.5 中热硅酸盐水泥

B. 混凝土强度等级选用 C40,为控制混凝土脆性不宜过高

C. 选用硬质耐磨骨料,如花岗岩、铁矿石等

D. 面层铺木条保护

24. 水泥品质检验,哪项指标不合格被定为废品: <u>A B C D</u>。

A. MgO　　　　　　　　　　　　 B. SO_3

C. 初凝时间　　　　　　　　　　　D. 安定性

25. 碾压混凝土配合比设计龄期选用 <u>B C</u>。

A. 28 d　　　　　　　　　　　　　B. 90 d

C. 180 d　　　　　　　　　　　　 D. 360 d

26. 为保证结构的耐久性,在设计混凝土配合比时应考虑允许的 <u>A B</u>。

A. 最大水灰比　　　　　　　　　　B. 最小水泥用量

C. 最大水泥用量　　　　　　　　　D. 最小水灰比

27. 对于水工混凝土自生体积变形测试,下列热学性能参数中 <u>A B C</u> 是不需要的。

A. 导热系数　　　　　　　　　　　B. 导温系数

C. 比热　　　　　　　　　　　　　D. 线胀系数

28. 影响混凝土徐变的外部因素主要有 <u>A B C</u>。

A. 环境温度与湿度　　　　　　　　B. 加荷应力

C. 持荷时间　　　　　　　　　　　D. 混凝土外加剂掺量过度,不凝固

29. 钢筋保护层厚度检测方法主要有 <u>A C D</u>。

A. 钻孔或剔凿等局部破损法　　　　B. 超声波法

C. 电磁感应法　　　　　　　　　　D. 雷达法

30. 钢纤维混凝土配合比的特点包括 <u>A B C</u>。

A. 砂率比普通混凝土大　　　　　　B. 胶凝材料用量多

C. 单位用水量比普通混凝土高　　　D. 骨料粒径不宜大于 40 mm

31. 大坝常态混凝土拌和物检测的内容包括 <u>A D</u>。

A. 坍落度　　　　　　　　　　　　B. 扩散度

C. VC 值　　　　　　　　　　　 D. 含气量

32. 影响混凝土绝热温升值大小的因素有 <u>A B C</u>。

A. 水泥水化热　　　　　　　　　　B. 掺合料品种与掺量

C. 浇筑温度　　　　　　　　　　　D. 骨料含水率

33. 混凝土膨胀剂的类型包括 <u>A C D</u>。

A. 硫铝酸钙类　　　　　　　　　　　　　B. 松香热聚物类

C. 氧化钙类　　　　　　　　　　　　　　D. 轻烧氧化镁类

34. 混凝土掺合料分活性掺合料和非活性掺合料两种,请指出下列掺合料中的活性掺合料　A　C　D　。

A. 矿渣粉　　　　　　　　　　　　　　　B. 石灰岩粉

C. 磷渣粉　　　　　　　　　　　　　　　D. 钢渣粉

35. 优质粉煤灰对混凝土性能的影响为　A　C　D　。

A. 提高混凝土可泵性　　　　　　　　　　B. 提高混凝土早期强度

C. 降低胶凝材料水化热　　　　　　　　　D. 抑制混凝土碱－骨料反应

36. 水泥胶砂强度检验环境条件为　A　D　。

A. 实验室温度:(20±2)℃,湿度≥50%　B. 实验室温度大于17℃且小于25℃

C. 养护室温度:(20±3)℃,湿度≥90%　D. 养护室温度:(20±1)℃,湿度≥90%

37. 碎石或卵石的压碎指标,是指粒径为　A　的颗粒,在　C　荷载作用下压碎颗粒含量的百分率。

A. 10～20 mm　　　　　　　　　　　　B. 5～20 mm

C. 200 kN　　　　　　　　　　　　　　D. 100 kN

38. 提高混凝土强度,细骨料品质改善措施有　A　B　C　。

A. 宜采用细度模数在2.4～2.8范围的中粗砂　　B. 降低砂的含泥量

C. 采用高密度砂　　　　　　　　　　　　　　　D. 采用高吸水率砂

39. 混凝土碱骨料反应的必要条件为　A　B　D　。

A. 骨料碱活性　　　　　　　　　　　　　B. 混凝土中足够的碱含量

C. 低温环境　　　　　　　　　　　　　　D. 潮湿环境

40. 泵送混凝土配合比的特点包括　B　C　。

A. 粉煤灰掺量比普通混凝土大　　　　　　B. 胶凝材料用量比普通混凝土多

C. 砂率比普通混凝土大　　　　　　　　　D. 引气剂掺量比普通混凝土大

41. 采用以下措施中的　A　B　D,改善粗骨料品质,可提高混凝土强度。

A. 降低粗骨料针片状颗粒含量　　　　　　B. 降低粗骨料含泥量

C. 采用高压碎指标值的骨料　　　　　　　D. 优化粗骨料级配

42. 下列说法正确的有　A　B　D　。

A. 混凝土拌和物的性能主要有工作性、含气量与凝结时间三项

B. 混凝土拌和物工作性包括流动性、可塑性、稳定性、易密性四种特性

C. 骨料最大粒径越大,在相同用水量情况下混凝土拌和物的流动性就越小

D. 砂率过大或过小均会使混凝土拌和物工作性降低

43. 喷射混凝土必须掺用减水剂和　C　,一般不掺用　A　。

A. 引气剂　　　　　B. 缓凝剂　　　　　C. 速凝剂　　　　　D. 泵送剂

44. 水泥颗粒越细,则　A　B　C　D　。

A. 水化速度越快且越充分　　　　　　　　B. 水泥的需水量越大

C. 早期强度也越高　　　　　　　　　　　D. 水泥石体积收缩率越大

45. 砂的含泥量超过标准要求时,对混凝土的　A　B　C　D　等性能均会产生不利的影响。

A. 强度　　　　　　B. 干缩　　　　　　C. 抗冲磨　　　　　　D. 抗冻

46. 大体积混凝土应尽量采用较大粒径的石子,这样可以　A　B　C　。

A. 降低砂率　　　　　　　　　　　　B. 减少混凝土用水量和水泥用量

C. 减少混凝土温升及干缩裂缝　　　　D. 提高混凝土强度

47. 原则上,凡是　A　B　C　D　的水,不得用于拌制混凝土。

A. 影响混凝土的和易性及凝结　　　　B. 有损混凝土强度增长

C. 降低混凝土耐久性,加快钢筋腐蚀及导致预应力钢筋脆断

D. 污染混凝土表面

48. 影响硅酸盐水泥安定性的不良原因有　A　B　C　。

A. f–CaO 的量过多　　　　　　　　　B. f–MgO 的量过多

C. 过量的石膏　　　　　　　　　　　D. Ca(OH)$_2$ 的量过多

49. 优质粉煤灰掺入混凝土中的效果是　A　B　C　。

A. 改善和易性　　　　　　　　　　　B. 降低绝热温升

C. 抑制碱骨料反应　　　　　　　　　D. 后期徐变增大

50. 抑制混凝土碱骨料反应的掺合料有　B　C　。

A. 石粉　　　　B. 粉煤灰　　　　C. 磨细矿渣粉　　　　D. 粉土

51. 哪些试验条件使混凝土极限拉伸试验测值偏小　A　B　C　。

A. 试件成型装料不均匀,骨料集中,导致测值偏低

B. 试件几何形心与试验机轴心有偏心,使测值偏小

C. 加荷速率没有按要求控制过快,导致拉伸值偏低

D. 养护室相对湿度过大

52. 混凝土拌和物的性能主要表现在哪些方面　A　B　C　?

A. 流动性　　　　B. 含气量　　　　C. 凝结时间　　　　D. 表观密度

二、单项选择题

1. 泵送混凝土水泥不宜选用　　D　　。

A. 硅酸盐水泥　　　　　　　　　　　B. 普通硅酸盐水泥

C. 中热硅酸盐水泥　　　　　　　　　D. 矿渣硅酸盐水泥

2. 提高混凝土抗冻性的措施有:严格限制水灰比、选用优质骨料和掺加　　A　　。

A. 引气剂　　　　　　　　　　　　　B. 早强剂

C. 高性能减水剂　　　　　　　　　　D. 抗冻剂

3. 人工砂生产细度模数控制较佳范围为　　B　　。

A. 2.0~2.4　　　　　　　　　　　　B. 2.4~2.8

C. 2.8~3.2　　　　　　　　　　　　D. 大于 3.0

4. 水泥的物理力学性能技术要求包括细度、凝结时间、安定性和　　B　　等。

A. 烧失量　　　　　　　　　　　　　B. 强度

C. 碱含量　　　　　　　　　　　　　D. 三氧化硫

5. 水泥熟料中水化速率最快、发热量最高的矿物为　　C　　。

A. C$_3$S　　　　　　　　　　　　　B. C$_2$S

C. C$_3$A　　　　　　　　　　　　　D. C$_4$AF

6. 粉煤灰的细度检验采用方孔筛的尺寸为 __D__ 。

A. 150 μm
B. 80 μm
C. 88 μm
D. 45 μm

7. 粗骨料的吸水率要求小于 __C__ 。

A. 1.5%
B. 2.0%
C. 2.5%
D. 3.0%

8. 采用砂浆棒快速法检测骨料碱活性,当为 __A__ 时判为非活性骨料。

A. 砂浆试件 14 d 的膨胀率小于 0.1%
B. 砂浆试件 28 d 的膨胀率小于 0.1%
C. 砂浆试件 14 d 的膨胀率小于 0.2%
D. 砂浆试件 28 d 的膨胀率小于 0.2%

9. 下列热物理参数中, __C__ 的含义是单位质量的混凝土温度升高 1 ℃ 或降低 1 ℃ 所吸收或放出的热量。

A. 导热系数
B. 热传导率
C. 比热容
D. 线胀系数

10. 碾压混凝土拌和物工作度测定的指标为 __D__ 。

A. 坍落度
B. 坍扩度
C. 维勃稠度 VB 值
D. VC 值

11. 下列措施中,不利于提高混凝土的抗裂性的技术措施是 __D__ 。

A. 采用高 MgO 含量 3.5% ~5.0% 的水泥
B. 适当引气
C. 采用线胀系数低的骨料
D. 采用矿渣粉等量替代粉煤灰

12. 自流平自密实混凝土不宜掺用 __D__ 。

A. 减水剂
B. 缓凝剂
C. 引气剂
D. 速凝剂

13. 掺合料等量取代水泥,不能降低胶凝材料水化热的掺合料为 __B__ 。

A. 粉煤灰
B. 硅粉
C. 矿渣粉
D. 石灰岩粉

14. 采用超声回弹综合法检测混凝土强度,超声测点应布置在回弹测试的同一测区内,在每个测区内的相对测试面上,应各布置 __C__ 个测点。

A. 1
B. 2
C. 3
D. 8

15. 大坝结构设计和温度应力计算,抗拉强度宜用哪种抗拉强度作为标准值 __A__ 。

A. 轴向抗拉强度
B. 劈裂抗拉强度
C. 弯曲抗拉强度
D. 断裂强度

16. 根据《水工混凝土施工规范》(DL/T 5144—2001),混凝土拌和生产过程中,砂子、小石的含水率每 __A__ 检测 1 次。

A. 4 h
B. 8 h
C. 台班
D. 天

17. 现场抽样测定标准立方体抗压强度的试件尺寸是 __B__ 立方体。

A. 100 mm × 100 mm × 100 mm
B. 150 mm × 150 mm × 150 mm
C. 200 mm × 200 mm × 200 mm
D. 300 mm × 300 mm × 300 mm

18.根据《水工混凝土施工规范》(DL/T 5144—2001),混凝土拌和生产过程中,坍落度每 __B__ 应检测 1~2 次。

A. 2 h
B. 4 h
C. 8 h
D. 台班

19.现场抽样测定混凝土的坍落度是为了控制混凝土的 __A__ 。

A. 用水量
B. 超逊径
C. 砂率
D. 泌水率

20.混凝土搅拌楼(站)应定期校正 __A__ 。

A. 称量设备
B. 电压
C. 水压
D. 风压

21.对有抗冻性要求的混凝土,现场抽样测定混凝土的 __B__ 。

A. 表观密度
B. 含气量
C. 含水率
D. 压力泌水率

22.常态混凝土含气量测试中,用振动台振实时,振动时间符合《水工混凝土试验规程》(SL 352—2006)规定的是 __A__ 。

A. 振动时间宜为 15~30 s
B. 宜振动至表面泛浆为止
C. 振动时间宜至表面开始冒出气泡为止
D. 振动时间宜按坍落度大小确定

23.混凝土坍落度为坍落后的试样顶部 __B__ 与坍落筒高度之差。

A. 最高点
B. 中心点
C. 最低点
D. 平均高度

24.采用标准立方体试件,测定强度等级为 C20 的普通混凝土抗压强度,应选用量程为 __D__ 的压力机。

A. 100 kN
B. 300 kN
C. 500 kN
D. 1 000 kN

25.测定混凝土的静力弹性模量时,至少应成型 __C__ 个 ϕ 150 mm × 300 mm 试件。

A. 2
B. 3
C. 4
D. 6

26.碾压混凝土 VC 值测试时计时终点为 __D__ 。

A. 透明塑料压板整个底面与碾压混凝土接触面的空隙都被水泥浆填满
B. 透明塑料压板的整个底面都与水泥浆接触允许存在少量闭合气泡
C. 塑料压板的周边侧面全部被泛上来的水泥浆覆盖
D. 塑料压板周边全部出现水泥浆

27.海水环境混凝土配合比设计中,混凝土配制强度应满足 __D__ 。

A. 设计强度
B. 耐久性要求所决定的强度
C. 设计强度或耐久性要求所决定的强度
D. 设计强度和耐久性要求所决定的强度

28.测定混凝土中砂浆水溶性氯离子含量时,试样应 __C__ 。

A. 用小锤敲碎,剔除砂粒
B. 敲碎试样,取 0.63 mm 筛以下的
C. 研磨砂浆至全部通过 0.63 mm 筛
D. 用水浸泡溶出

29.导热系数是指厚度 1 m、表面积 1 m² 的材料,当两侧面温差为 1 ℃时,在 1 h 内所传

导的热量,其单位为 kJ/(m·h·℃)。导热系数越小,材料的隔热性能愈 __A__ 。

A. 好 　　　　　　 B. 差 　　　　　　 C. 不变

30. 超声波还测法检测裂缝深度时,将发射、接收换能器置于裂缝两侧,两换能器 __A__ 距离等间隔增大,测量并记录声时,计算得到裂缝深度。

A. 内边缘 　　　　 B. 中到中 　　　　 C. 外边缘

31. 工程中需要使用海砂配置混凝土时,必须对海砂检验的项目是 __D__ 。

A. 颗粒级配 　　　 B. 含泥量 　　　 C. 泥块含量 　　　 D. 氯离子含量

32. 硅酸盐水泥熟料矿物水化速率排序正确的是 __C__ 。

A. $C_3A > C_2S > C_4AF > C_3S$ 　　　　 B. $C_3S > C_2S > C_3A > C_4AF$

C. $C_3A > C_3S > C_4AF > C_2S$ 　　　　 D. $C_3S > C_3S > C_4AF > C_3A$

33. 测定水泥的标准稠度用水量,是为测定其 __B__ 做准备,使其具有准确的可比性。

A. 胶砂强度和凝结时间 　　　　　　 B. 凝结时间和安定性

C. 胶砂强度和安定性 　　　　　　　 D. 比表面积和安定性

34. 砂石中含泥量的定义是:粒径小于 __C__ 的颗粒的含量。

A. 1. 25 mm 　　 B. 0. 16 mm 　　 C. 0. 08 mm 　　 D. 0. 63 mm

35. 骨料碱活性砂浆棒快速法适用于测定骨料在砂浆中的潜在有害的 __A__ 反应。

A. 碱 – 硅酸盐 　　 B. 碱 – 碳酸盐 　　 C. 碱 – 磷酸盐 　　 D. 碱 – 铝酸盐

36. 水泥取样应有代表性,可以连续取,也可以从 20 个以上不同部位取等量样品,总量不少于 __A__ 。

A. 12 kg 　　 B. 20 kg 　　 C. 10 kg 　　 D. 25 kg

37. 砂的筛分析试验,是评价其 __B__ 的方法。

A. 最大粒径 　　 B. 粗细程度和颗粒级配

C. 含泥量 　　　 D. 松散堆积密度

38. Ⅱ级粉煤灰的需水量比不大于 __B__ 。

A. 110% 　　 B. 105% 　　 C. 100% 　　 D. 95%

39. 混凝土强度回弹检测中,碳化深度的测量值 __D__ 时,按无碳化处理。

A. 大于 4. 0 mm 　　 B. 小于 4. 0 mm 　　 C. 大于 0. 4 mm 　　 D. 小于 0. 4 mm

40. 混凝土强度等级是根据 __B__ 标准值来确定的。

A. 圆柱体抗压强度 　　　 B. 立方体抗压强度 　　　 C. 劈裂抗拉强度

41. 拌和水和养护水采用符合国家标准的饮用水。采用其他水质时,pH 值 __A__ 。

A. > 4 　　　　 B. > 5 　　　　 C. > 6

42. 混凝土抗冻等级 F15 号中的 15 是指 __A__ 。

A. 承受冻融循环的次数不少于 15 次

B. 冻结后在 15 ℃ 的水中融化

C. 最大冻融次数后强度损失率不超过 15%

D. 最大冻融次数后质量损失率不超过 15%

43. 硅酸盐水泥凝结时间在施工中有重要意义,其正确的范围是 __B__ 。

A. 初凝时间≥45 min,终凝时间≤600 min

B. 初凝时间≥45 min,终凝时间≤390 min

C. 初凝时间≤45 min,终凝时间≥150 min

44. 掺抗分散剂的水下不分散混凝土的 28 d 水气强度比应 __B__ 。

A. >60%　　　　　　B. >70%　　　　　　C. >80%　　　　　　D. >90%

45. 在设计混凝土配合比时,配制强度要比设计要求的强度等级高,提高幅度的多少,取决于 __D__ 。

A. 设计要求的强度保证率　　　　B. 对坍落度的要求

C. 施工水平的高低　　　　　　　D. 设计要求的强度保证率和施工水平的高低

46. 机械拌和一次拌和量不宜大于搅拌机容量的 __C__ 。

A. 70%　　　　　　B. 75%　　　　　　C. 80%　　　　　　D. 90%

47. 回弹法检测混凝土强度时,碳化深度测点数量不少于构件回弹测区数的 __C__ 。

A. 10%　　　　　　B. 20%　　　　　　C. 30%

48. 混凝土劈裂抗拉强度试验采用断面为 5 mm × 5 mm 正方形钢垫条,试件尺寸为 __A__ 立方体。

A. 15 cm × 15 cm × 15 cm　　　B. 20 cm × 20 cm × 20 cm　　　C. 45 cm × 45 cm × 45 cm

49. 回弹法推定混凝土抗压强度时,宜优先采用 __C__ 。

A. 统一测强曲线　　　B. 地区测强曲线　　　C. 专用测强曲线　　　D. 经验公式

50. 混凝土劈裂抗拉强度试验,标准试件所用混凝土最大骨料粒径不应大于 __B__ 。

A. 20 mm　　　　　　B. 40 mm　　　　　　C. 60 mm　　　　　　D. 80 mm

51. 选用下列哪种外加剂可提高混凝土的抗冻性 __B__ 。

A. 防冻剂　　　　　　B. 引气剂　　　　　　C. 缓凝剂　　　　　　D. 减水剂

52. 自流平自密实混凝土用粗骨料最大粒径不宜大于 __B__ 。

A. 15 mm　　　　　　B. 20 mm　　　　　　C. 10 mm

53. 掺膨胀剂混凝土的抗裂性与抗渗性均比普通混凝土的 __A__ 。

A. 高　　　　　　B. 低

54. 喷射混凝土用粗骨料最大粒径不宜大于 __A__ 。

A. 15 mm　　　　　　B. 20 mm

三、判断题

1. 水泥加水拌和后水化反应就开始,可分四个阶段,即初始反应期、休止期、凝结期与硬化期。(√)

2. 水泥水化速率与温度成反比,温度愈高,凝结硬化愈慢。(×)

3. 在相同用水量条件下,选用需水量比低的粉煤灰,混凝土有较好的流动性。(√)

4. 粉煤灰的需水量比硅粉小许多。(√)

5. 粉煤灰必须在碱性激发剂和硫酸盐激发剂作用下,才能发挥二次水化反应。(√)

6. 碾压混凝土采用人工砂时,石粉含量不易超过 10%,否则会对和易性不利。(×)

7. 钢筋混凝土结构钢筋锈蚀的主要原因是碳化和氯离子含量超标。(√)

8. 未凝固碾压混凝土拌和物性能与常态混凝土完全不同。(√)

9. 碾压混凝土拌和可以采用人工拌和与机械拌和两种。(×)

10. 劈裂抗拉强度试验时,需在试件与压板之间垫上垫条,垫条形状和尺寸与试验结果无关。(×)

11. 常态混凝土和碾压混凝土测定初凝时间都采用贯入阻力仪,所用测针直径一样。(×)

12. 水工混凝土掺用引气剂以增强其抗冻性,含气量应控制在 3.5% ~ 5.5% 范围内。(√)

13. 石料的吸水率大,会影响骨料界面和水泥石的黏结强度,同时会降低其抗冻性。(√)

14. 水泥安定性用试饼法检验时,试饼直径 70 ~ 80 mm,中心厚约 10 mm,边缘渐薄。(√)

15. 为提高大坝混凝土的抗裂性,要求提高水泥质量,水泥颗粒越细越好。(×)

16. 用于混凝土内部缺陷和裂缝深度检测的超声波属于纵波。(√)

17. 对同一种混凝土,换能器的频率越高,超声波衰减越小,穿透的距离就越远。(×)

18. 混凝土质量检控,混凝土强度验收是采用抽样检验法。(√)

19. 总体混凝土强度呈正态分布。(√)

20. 混凝土自生体积变形包括混凝土水化反应的变形和干缩变形。(×)

21. 混凝土拌和物的坍落度随含气量增加而降低。(×)

22. 坍扩度适用于坍落度大于 22 cm 的自流平自密实混凝土。(√)

23. 混凝土抗拉强度有轴拉强度和劈裂抗拉强度两种,同一种混凝土,两种抗拉强度测值是相同的。(×)

24. 直径相同而高度不同的混凝土芯样,抗压强度试验结果表明,测值不相同,高度愈高,抗压强度则愈低。(√)

25. 普通减水剂主要有木质素磺酸钙(木钙)、木质素磺酸钠(木钠)、木质素磺酸镁、三乙醇胺。(×)

26. 拌和及养护用水泥配制的水泥砂浆 28 d 抗压强度不得低于用标准饮用水配制的砂浆抗压强度的 90%。(√)

27. 大坝混凝土强度验收的首要标准是必须有 80% 以上的抽样强度超过设计强度标准值。(√)

28. 搅拌楼(站)及出机口混凝土拌和物稠度和含气量以设计要求的平均值为基础。(×)

29. 混凝土线胀系数主要由骨料的线胀系数决定。(√)

30. 混凝土绝热温升随水泥用量增加而减小。(×)

31. 钢筋混凝土用水要求氯化物(以 Cl^- 计)含量不大于 1 200 mg/L。(√)

32. 除成型碾压混凝土试件振动密实时必须加压重块(试件表面压强为 4 900 Pa)外,碾压混凝土性能试验方法与常态混凝土试验方法相同。(√)

33. V 形漏斗试验方法用于测定自密实混凝土拌和物流动性。(×)

34. 当试件高度/直径大于 2 时,试件中间部分不受端面摩阻力影响而处于单轴压缩状态。(√)

35. 混凝土热物理性能试验结果用于大体积结构混凝土温度应力计算,决定是否需要分缝、表面保温或者是对原材料预冷,以防止温度裂缝。(√)

36. 水泥安定性检验有试饼法和雷氏夹法。(√)

37. 人工砂中的石粉是有害物质。（×）

38. 水泥混凝土粗、细骨料试验筛均采用方孔筛。（√）

39. 混凝土抗压强度试验，加荷速率愈快，混凝土抗压强度愈大。（√）

40. 水泥品种相同情况下，水灰比越大，混凝土凝结时间越短。（×）

41. 混凝土徐变试验保持加到试件上的应力不变。（√）

42. 混凝土抗剪强度随法向应力增加而增大，并呈线性关系。（√）

43. 同一种混凝土用标准立方体试件测定的抗压强度比标准圆柱体测定的抗压强度低。（×）

44. 轻烧 MgO 膨胀剂是由菱镁矿石（$MgCO_3$）经过 600 ℃左右温度煅烧、粉磨而成的。（×）

45. 骨料的岩石种类对混凝土干缩试验结果的影响表明，砂岩骨料的混凝土干缩最小，石英岩骨料的混凝土干缩最大。（×）

46. 钢纤维混凝土试验方法与普通混凝土基本相同，其特有试验方法有钢纤维混凝土拌和物钢纤维体积率、钢纤维混凝土弯曲韧性和弯曲初裂强度及纤维混凝土收缩开裂等试验方法。（√）

47. 混凝土的抗渗等级，以每组六个试件中三个出现渗水时的水压力乘以 10 表示。（×）

48. 混凝土水胶比越大，混凝土越不密实、孔隙率越大，外界 CO_2 易侵入，越容易碳化。（√）

49. 混凝土抗压强度标准差高(4.5 MPa)表示混凝土生产管理水平高。（×）

50. 超声回弹综合法需要测量的参数包括回弹值、碳化值和声速值。（×）

51. 根据介质质点的振动方向和波的传播方向的关系，波的种类分为纵波、横波、表面波。（√）

52. 超声波传播遇到两种介质的界面时，这两种介质的特性阻抗相差越大，则声波在介面上透射越少，反射越多。（√）

53. 反映混凝土强度波动程度的统计参数，经常采用的是标准差（变异系数也对）。（√）

54. 粉煤灰在水泥混凝土中有三种效应：①形态效应；②火山灰活性效应；③微填料效应。（√）

55. 水中的氯离子会引起钢筋锈蚀，这是一种电化学的过程。（√）

参 考 文 献

[1] 中国水利工程协会. 混凝土工程类(水利水电工程质量检测人员从业资格考核培训系列教材)[M]. 郑州:黄河水利出版社,2008.

[2] 水利水电科学研究院结构材料研究所. 大体积混凝土[M]. 北京:水利电力出版社,1990.

[3] 姜福田. 混凝土力学性能与测定[M]. 北京:中国铁道出版社,1989.

[4] 姜福田. 碾压混凝土[M]. 北京:中国铁道出版社,1991.

[5] 姜福田. 碾压混凝土坝[C]//第十六届国际大坝会议论文译文集. 北京:水利电力出版社,1989.

[6] 美国内务部垦务局. 混凝土手册[M]. 王圣培,等,译. 北京:水利电力出版社,1990.

[7] 中华人民共和国水利部. SL 352—2006 水工混凝土试验规程[S]. 北京:中国水利水电出版社,2006.

[8] A. M. 内维尔. 混凝土的性能[M]. 北京:中国建筑工业出版社,1983.

[9] 中华人民共和国国家质量监督检验检疫总局,中国国家标准化管理委员会. GB 175—2007 通用硅酸盐水泥[S]. 北京:中国标准出版社,2007.

[10] 中华人民共和国国家质量监督检验检疫总局. GB 200—2003 中热硅酸盐水泥、低热硅酸盐水泥、低热矿渣硅酸盐水泥[S]. 北京:中国标准出版社,2003.

[11] 中华人民共和国国家质量监督检验检疫总局,中国国家标准化管理委员会. GB/T 1596—2005 用于水泥和混凝土中的粉煤灰[S]. 北京:中国标准出版社,2005.

[12] 中华人民共和国国家质量监督检验检疫总局,中国国家标准化管理委员会. GB/T 18046—2008 用于水泥和混凝土中的粒化高炉矿渣粉[S]. 北京:中国标准出版社,2008.

[13] 中华人民共和国国家发展和改革委员会. DL/T 5387—2007 水工混凝土掺用磷渣粉技术规范[S]. 北京:中国电力出版社,2007.

[14] 中华人民共和国国家质量监督检验检疫总局,中国国家标准化管理委员会. GB/T 20491—2006 用于水泥和混凝土中的钢渣粉[S]. 北京:中国标准出版社,2007.

[15] 中华人民共和国国家质量监督检验检疫总局. GB/T 18736—2002 高强高性能混凝土用矿物外加剂[S]. 北京:中国标准出版社,2002.

[16] 中华人民共和国国家质量监督检验检疫总局,中国国家标准化管理委员会. GB 8076—2008 混凝土外加剂[S]. 北京:中国标准出版社,2009.

[17] 国家质量技术监督局. GB/T 8077—2000 混凝土外加剂匀质性试验方法[S]. 北京:中国标准出版社,2000.

[18] 中国长江三峡开发总公司,中国葛洲坝水利水电工程集团公司. DL/T 5144—2001 水工混凝土施工规范[S]. 北京:中国电力出版社,2002.

[19] 中华人民共和国国家能源局. DL/T 5112—2009 水工碾压混凝土施工规范[S]. 北京:中国电力出版社,2009.

[20] 中华人民共和国国家质量监督检验检疫总局,中国国家标准化管理委员会. GB 23439—2009 混凝土膨胀剂[S]. 北京:中国标准出版社,2009.

[21] 李金玉,等. 水工混凝土耐久性的研究和应用[M]. 北京:中国电力出版社,2004.

[22] 中华人民共和国住房和城乡建设部,中华人民共和国国家质量监督检验检疫总局. GB/T 50476—2008 混凝土结构耐久性设计规范[S]. 北京:中国建筑工业出版社,2009.

[23] 中华人民共和国电力工业部. DL/T 5082—1998 水工建筑物抗冰冻设计规范[S]. 北京:中国电力出版社,1998.

[24] 姜福田. 混凝土抗空蚀性能的研究[J]. 水利学报,1980(10).

［25］姜福田.混凝土绝热温升的测定及其表达式［J］.水利水电技术,1989(11).

［26］姜福田.碾压混凝土的抗冻性［J］.水利水电技术,1991(9).

［27］姜福田.碾压混凝土筑坝技术［J］.土木工程学报,1989,22(4).

［28］中华人民共和国住房和城乡建设部.JGJ/T 23—2011 回弹法检测混凝土抗压强度技术规程［S］.北京:中国建筑工业出版社,2011.

［29］中国建筑科学研究院.CECS 02:2005 超声回弹综合法检测混凝土抗压强度技术规程［S］.北京:中国建筑工业出版社,2005.

［30］中国建筑科学研究院.CECS 03:2007 钻芯法检测混凝土强度技术规程［S］.北京:中国建筑工业出版社,2007.

［31］陕西省建筑科学研究设计院,上海同济大学.CECS 21:2000 超声波检测混凝土缺陷技术规程［S］.

［32］中华人民共和国国家质量监督检验检疫总局,中国国家标准化管理委员会.GB/T 12573—2008 水泥取样方法［S］.北京:中国标准出版社,2008.

［33］姜福田.高流速过水表面混凝土施工［J］.水利水电技术,1982(8).

［34］美国垦务局.重力坝设计［M］.北京:水利电力出版社,1981.

［35］中华人民共和国住房和城乡建设部.JG 237—2008 混凝土试模［S］.北京:中国标准出版社,2009.

［36］中华人民共和国住房和城乡建设部.JGJ/T 221—2010 纤维混凝土应用技术规程［S］.北京:中国建筑工业出版社,2010.

［37］中华人民共和国水利部.SL 264—2001 水利水电工程岩石试验规程［S］.北京:中国标准出版社,2001.

［38］Elmo C. Higginson:Effect of Maximum Size Aggregate on Compressive Strength of Mass Concrete. Symposium on Mass Concrete, ACI Special Publication sp－6.

［39］Lewis H. Tuthill:Mass Concrete for Oroville Dam. Symposium on Mass Concrete, ACI Special Publication sp－6.